教育部职业教育与成人教育司推荐教材
技能型紧缺人才培养培训建筑设备类专业教学用书

室内供暖与室外管网

主　编　陆家才
副主编　高桂芝
编　写　刘永哲　吴　昊
　　　　李雨德　于建春
主　审　丁廷军　夏喜英

中国电力出版社
CHINA ELECTRIC POWER PRESS

内 容 提 要

本书为教育部职业教育与成人教育司推荐教材。全书共十一章，主要内容包括供暖设计热负荷、采暖系统的分类和组成、散热器、采暖系统的安装与调节、热水采暖系统的水力计算、采暖系统的调节与控制装置、供热管网工程、集中供热系统的热力站及系统的主要设备、供热系统验收与运行管理、供热系统施工图等。本书简化了工程计算方面的内容，尤其是蒸汽采暖的计算和室外管网的计算；增加了系统形式的内容，比如地板辐射式采暖和分户计量供暖；增加了一些新型设备的介绍，比如温控阀、平衡阀及其应用等。

本书可作为高职高专院校建筑设备类、供热通风与空调专业教材，也可作为中职院校相关专业教材，还可作为施工、管理和销售人员培训或自学用书。

图书在版编目（CIP）数据

室内供暖与室外管网/陆家才主编. —北京：中国电力出版社，2007.10（2020.2 重印）

教育部职业教育与成人教育司推荐教材

ISBN 78 - 7 - 5083 - 6035 - 5

Ⅰ. 室… Ⅱ. 陆… Ⅲ. ①建筑—供热系统—职业教育—教材 ②建筑—供热管道：管网—职业教育—教材 Ⅳ. TU833

中国版本图书馆 CIP 数据核字（2007）第 130755 号

中国电力出版社出版、发行

（北京市东城区北京站西街 19 号 100005 http：//www. cepp. sgcc. com. cn）

北京传奇佳彩数码印刷有限公司印刷

各地新华书店经售

*

2007 年 10 月第一版 2020 年 2 月北京第五次印刷

787 毫米×1092 毫米 16 开本 15.5 印张 324 千字

定价 **30.00** 元

前 言

本书为教育部职业教育与成人教育司推荐教材，是根据教育部审定的建筑设备类专业主干课程的教学大纲编写而成的，并列入教育部《2004～2007年职业教育教材开发编写计划》。

本书体现了职业教育的性质、任务和培养目标；符合职业教育的课程教学基本要求和有关岗位资格和技术等级要求；具有思想性、科学性、适合国情的先进性和教学适应性；符合职业教育的特点和规律，具有明显的职业教育特色；符合国家有关部门颁发的技术质量标准。本书既可以作为学历教育教学用书，也可作为职业资格和岗位技能培训教材。

本书针对高职和中专培养目标，注重理论联系实际，在内容上充分体现了专业领域内新的科技成果，贯彻新规范、新标准。在编写中比较注重实际应用，体现在以下几个方面：

1. 简化了工程计算方面的内容，尤其是蒸汽采暖的计算和室外管网的计算。

2. 增加了系统形式的内容，比如地板辐射式采暖和分户计量供暖。

3. 增加了一些新型设备，比如温控阀、平衡阀及其应用。

4. 增加了更适用于高职和中专学生的系统安装内容。

5. 增加了供暖施工图的内容。

全书共十一章，主要讲述室内供热部分，同时简要介绍室外供热管网部分。另外增加了室内供热系统的安装和供暖施工图的识读，通过学习使学生能够全方位地掌握供暖系统。

本书由山东城市建设职业学院陆家才主编；河北工程技术高等专科学校高桂芝任副主编；山东城市建设职业学院刘永哲、吴昊、莱芜市钢城区规划局李雨德、莱州市建筑工程质量监督站于建春参与了编写。全书由陆家才统稿，由夏喜英和梁山县安装公司丁廷军主审。

由于时间和水平所限，不足之处恳请有关专家学者批评指正。

编者

2007年4月

目 录

第一章

绪　　论

知识点：供热系统的组成和基本型式。

教学目标：了解供热技术在国内外的发展概况。

第一节　供热工程研究对象

人们在日常生活和社会生产中需要大量的热能。热能工程是将自然界的能源直接或间接地转化成热能，供给人们使用的一门综合性应用技术。热能工程中，生产、输配和利用热媒（热水、蒸汽或其他工作介质）供应热能的工程技术称为供热工程。随着技术经济的发展和节约能源的需要，供热工程已经日益得到人们的重视而发展起来。

热能的供应是通过供热系统完成的。一个供热系统包括三个组成部分：

（1）热源：生产和制备一定参数（温度、压力）的热水和蒸汽的锅炉房或热电厂。

（2）供热管网：输送热媒的室外供热管路系统。

（3）热用户：直接使用或消耗热能的室内供暖、通风空调、热水供应和生产工艺用热系统等。

根据三个主要组成部分的相互位置关系来分，供暖系统可分为局部供暖系统和集中供暖系统。热源、供热管网和热用户三个主要组成部分在构造上连在一起的供暖系统称为局部供暖系统，如烟气供暖（火炉、火墙和火炕等）、电热供暖和燃气供暖等；热源、热用户的散热设备分别设置，用管道将其连接，由热源向热用户供应热量的供暖系统称为集中供暖系统。

第二节　集中供热系统的基本型式

本课程主要研究以热水和蒸汽作为热媒的建筑物供暖系统和集中供热系统。

供暖就是根据热平衡原理，在冬季以一定方式向建筑物供应热量，以维持人们日常生活、工作和生产活动所需的环境温度。

室内供暖系统将介绍室内供暖系统的型式、组成，设备构造和工作原理，管路的布置与敷设要求以及设计计算的基本知识等内容。

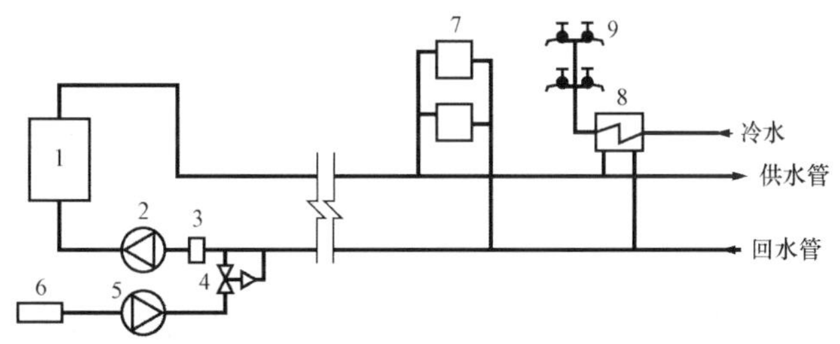

图 1-1　区域热水锅炉房供热系统

1—热水锅炉；2—循环水泵；3—除污器；4—压力调节阀；5—补给水泵；6—补充水处理装置；7—供暖散热器；8—生活热水加热器；9—水龙头

集中供热系统是以水或水蒸气作为热媒通过室外管网将热能输送到一个城镇或较大区域的系统。以区域锅炉房（装置热水锅炉或蒸汽锅炉）为热源的供热系统称为区域锅炉房集中供热系统。图 1-1 为区域热水锅炉房集中供热系统。

“集中供热系统”部分主要以热网和热用户为主，阐述集中供热系统的工作原理、设计计算的基本知识，系统的型式，设备构造以及运行调节、维护管理方面的内容。

热源处主要设备有热水锅炉、循环水泵、补给水泵及水处理设备等。室外管网由一条供水管和一条回水管组成。热用户包括供暖用户、生活热水供应用户等。系统中的水在锅炉中被加热到所需要的温度，以循环水泵作动力使水沿供水管流入各用户，散热后回水沿回水管返回锅炉，水不断地在系统中循环流动。系统在运行过程中的漏水量或被用户消耗的水量，由补给水泵把经水处理装置处理后的水从回水管补充到系统内。补充水量的多少可通过压力调节阀控制。除污器设在循环水泵吸入口侧，用以清除水中的污物、杂质，避免进入水泵与锅炉内。

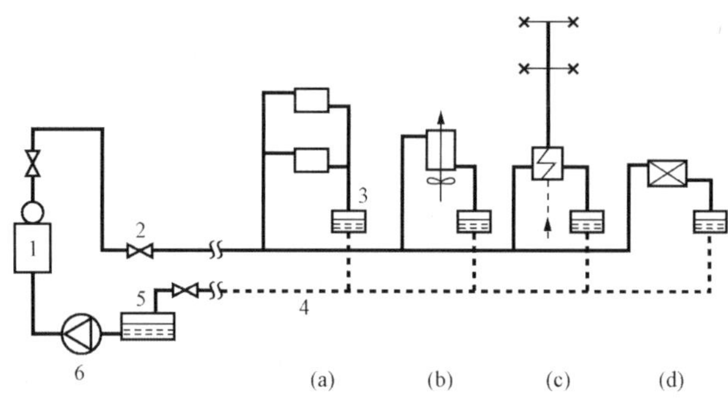

图 1-2　区域蒸汽锅炉房集中供热系统

(a)、(b)、(c)、(d) 室内供暖、通风、热水供应和生产工艺用热系统

1—蒸汽锅炉；2—蒸汽干管；3—疏水器；4—凝结水干管；5—凝结水箱；6—锅炉给水泵

图 1-2 为区域蒸汽锅炉房集中供热系统。

蒸汽锅炉产生的蒸汽，通过蒸汽干管输送到各热用户，如供暖、通风、热水供应和生产工艺系统等。各室内用热系统的凝结水经疏水器和凝结水干管后返回锅炉房的凝结水箱，再由锅炉补给水泵将水送进锅炉重新被加热。

以热电厂作为热源，电能和热能联合生产的供热系统称为热电厂集中供热系统。图 1-3 为抽汽式热电厂集中供热系统。

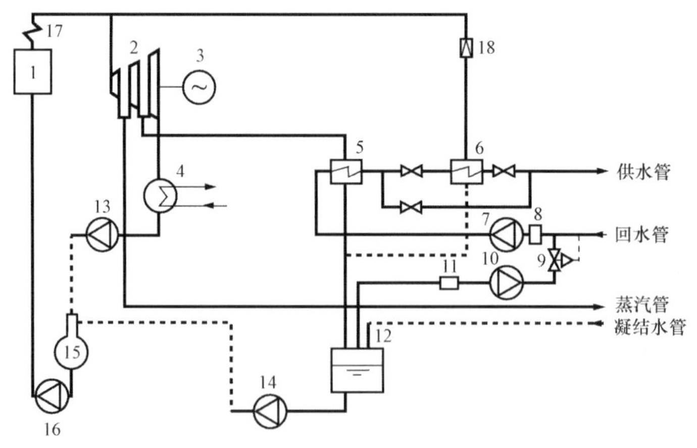

图 1-3　抽汽式热电厂供热系统

1—锅炉；2—汽轮机；3—发电机；4—凝汽器；5—主加热器；6—高峰加热器；7—循环水泵；8—除污器；9—压力调节阀；10—补给水泵；11—补充水处理装置；12—凝结水箱；13、14—凝结水泵；15—除氧器；16—锅炉给水泵；17—过热器；18—减压装置

蒸汽锅炉产生的高温高压蒸汽进入汽轮机膨胀做功，带动发电机组发出电能。该汽轮机组带有中间可调节抽汽口，故称抽汽式。可以从绝对压力为0.8～1.3MPa的抽汽口抽出蒸汽，向工业用户直接供应蒸汽。也可以从绝对压力为0.12～0.25MPa的抽汽口抽出蒸汽用以加热热网循环水，通过主加热器可使水温达到95～118℃，再通过高峰加热器进一步加热后，水温可达到130～150℃或更高温度以满足供暖、通风与热水供应等用户的需要。在汽轮机最后一级做完功的乏汽排入凝汽器后变为凝结水和水加热器内产生的凝结水，以及工业用户返回的凝结水，经凝结水回收装置收集后，作为锅炉给水送回锅炉。

图1-4　为背压式热电厂集中供热系统。

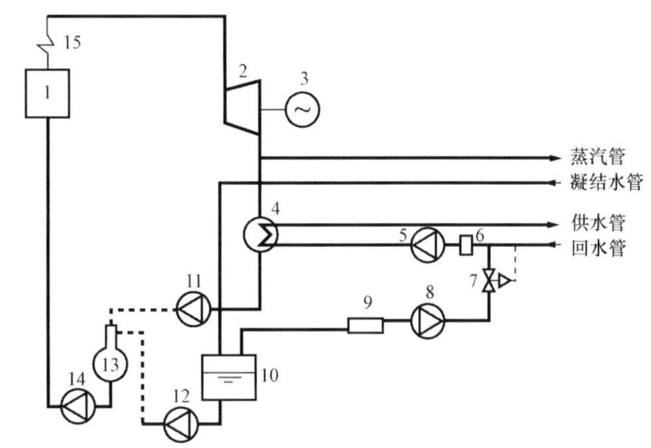

图1-4　背压式热电厂供热系统

1—锅炉；2—汽轮机；3—发电机；4—凝汽器；5—循环水泵；6—除污器；7—压力调节阀；8—补给水泵；9—水处理装置；10—凝结水箱；11、12—凝结水泵；13—除氧器；14—锅炉给水泵；15—过热器

第三节　供热技术在国内外的发展概况

火的使用、蒸汽机的发明、电能的应用以及原子能的利用，使人类利用能源的历史经历了四次重大的突破，也带来了供热工程技术的不断发展。

我国在西安半坡村挖掘出土的新石器时代仰韶时期的房屋中，就发现有长方形灶坑，屋顶有小孔用以排烟，还有双连灶形的火炕。从已出土的古墓中发现，汉代就有带炉箅的炉灶和带烟道的局部供暖设备。这些利用烟气供暖的方式，如火炉，火墙和火炕等，在我国北方农村至今还被广泛使用。

集中供暖的最初形式是利用中心火炉的烟气通过地下烟道向几个房间供暖，或是用热风火炉把加热后的空气送入几个房间取暖。蒸汽机发明以后，促进了锅炉制造业的发展，直到19世纪初期在欧洲的一些国家才出现了以热水或蒸汽作为热媒，由一个集中设置的锅炉向一栋建筑物各房间供暖的集中供暖系统。

20世纪初期，一些工业发达的国家开始利用发电厂汽轮机的排汽，供给生产和生活用热，其后逐渐成为现代化的热电厂。

在旧中国，只有在大城市很少建筑中装设了集中供暖系统。在工厂中，也只装设了简陋的锅炉设备和供热管道供应生产用热，供热事业的发展非常落后。

新中国成立后，随着经济建设的发展，供热事业逐步发展起来，普遍采用了以小型锅炉房作为热源向一幢或数幢房屋供热的供暖系统。一些大型工业企业建立了热电厂，铺设和架设了用以满足生产用热和供暖用热的供热管网。

我国城市的集中供热是从北京开始的，北京第一热电厂是在1959年建国十周年大庆前夕建成的，并于当年向东西长安街十大建筑及部分工厂企业供应热能。

现在我国的供暖和集中供热事业得到了迅速的发展。在东北、西北、华北地区，许多民用建筑和多数工业企业设置了集中供暖系统，很多城镇实现了集中供热。

在20世纪50年代期间，我国供暖工程的设计、施工和运行管理工作，主要是学习原苏联的做法，数十年来，广大供暖通风技术工作者进行了大量的研究，编制出了适合我国国情的国家标准《采暖通风与空气调节设计规范》（简称《暖通规范》），其成果与世界先进国家的规范相比，毫不逊色。我国在供热管网敷设、换热设备、预制保温管等新技术、新设备、新工艺方面也有了可喜的突破，并得到了广泛的推广应用。

近年来，太阳能、原子能、地热等新能源研制的科技成果不断出现，在西北地区、北京、天津等地，20世纪80年代就建造了一批太阳能供暖建筑。天津、北京等地也相继出现了地热供暖。目前已有20多个省市和地区开展了地热的勘探和开发利用。

虽然，我国的供热工程建设和技术取得了显著的成就，但我国的供热状况还是原始供暖与现代化的集中供热并存，小型分散的供热形式还普遍存在。从供热技术整体看，我国与先进国家相比，城市住宅和公共建筑集中供热率较低，供热系统的热能利用率、供热产品的品种、质量以及供热系统的运行管理和自动控制水平等方面，还有不小差距。随着经济建设和人民生活水平的日益提高，对供热技术的要求也会越来越高，这就需要广大供热技术人员共同努力。

《室内供暖与室外管网》是供热专业的一门主要专业课。学习本课程之前，应首先学习《传热学》、《工程热力学》、《流体力学·泵与风机》等专业基础课。要求学生学习本课程前应具有扎实的基础理论知识，这样才能深入地理解和掌握本课程所阐述的专业理论知识。

第二章

供暖设计热负荷

知识点：热负荷的概念，基本耗热量，附加耗热量。

教学目标：掌握热负荷的计算方法。

人们进行生产和生活时要求保持一定的室内温度。一个房间或建筑物会得到各种热量，也会产生各种热量损失。在冬季，当失热量大于得热量时，就需要通过室内设置的供暖系统以一定方式向室内补充热量，以维持所要求的室温。在该室温下达到得热量和失热量的平衡。

供暖系统的设计热负荷是指在供暖室外计算温度 t_{wn}下，为保证所要求的室内计算温度 t_n，供暖系统在单位时间内向房间供应的热量 Q。供暖系统设计热负荷是系统散热设备计算、管道水力计算和系统主要设备选择计算的最基本依据。它直接影响着供暖系统方案的选择，进而影响系统工程造价、运行管理费用以及使用效果。

供暖系统设计热负荷应根据房间得、失热量的平衡进行计算，即

房间设计热负荷 = 房间总失热量 − 房间总得热量

房间的失热量包括：

（1）围护结构传热耗热量 Q_1；

（2）加热由门、窗缝隙渗入室内的冷空气的耗热量 Q_2，简称冷风渗透耗热量；

（3）加热由门、孔洞及相邻房间侵入室内的冷空气的耗热量 Q_3，简称冷风侵入耗热量；

（4）水分蒸发耗热量 Q_4；

（5）加热由外部运入的冷物料和运输工具的耗热量 Q_5；

（6）通风耗热量 Q_6，即通风系统将空气从室内排到室外所带走的热量；

（7）其他失热量 Q_7。

房间的得热量包括：

（1）生产车间最小负荷班工艺设备散热量 Q_8；

（2）非供暖系统的热管道和其他热表面的散热量 Q_9；

（3）热物料的散热量 Q_{10}；

（4）太阳辐射进入室内的热量 Q_{11}；

（5）其他得热量 Q_{12}。

对于民用建筑或产生热量很少的工业建筑，计算供暖系统的设计热负荷时，失热量只考虑围护结构传热耗热量、冷风渗透耗热量和冷风侵入耗热量；得热量只考虑太阳辐射进入室内的热量。其他得失热量不普遍存在，只有当其经常而稳定存在时，才能将其计入设计热负荷中，否则不予计入。

第一节　围护结构的基本耗热量

围护结构的基本耗热量是指在设计的室内、室外温度条件下通过房间各围护结构稳定传

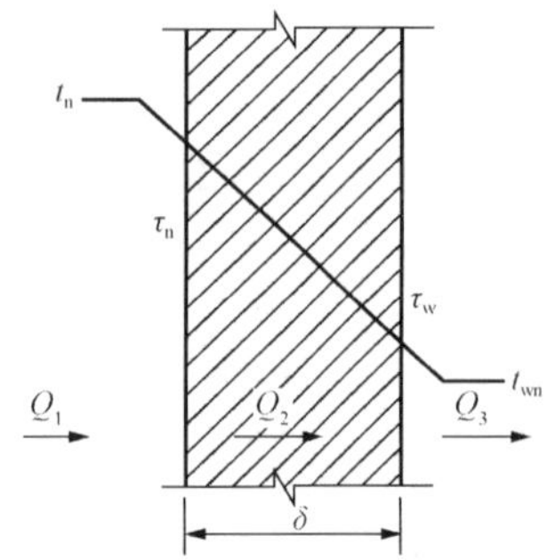

图 2-1 围护结构的传热过程

热量的总和。

由于室内散热设备的散热量不稳定，而且室外空气温度随季节和昼夜也不断变化，实际上围护结构的传热是一个不稳定的过程。但不稳定传热的计算非常复杂，所以在工程设计中，对于室温允许有一定波动幅度的建筑物，围护结构的基本耗热量可以按一维稳定传热进行计算，即假设在计算时间内，室内外空气温度和其他传热过程参数都不随时间发生变化，如图 2-1 所示。这样可以简化计算，而且计算结果基本能满足工程需要。

围护结构稳定传热时，基本耗热量可按下式计算：

$$Q = \alpha KA(t_n - t_{wn}) \tag{2-1}$$

式中 K——围护结构的传热系数，W/(m^2 · ℃)；

A——围护结构的面积，m^2；

t_n——冬季室内计算温度，℃；

t_{wn}——供暖室外计算温度，℃；

α——围护结构的温差修正系数。

将整个房间围护结构按材料、结构类型、朝向及室内外温差的不同，划分为不同的部分，整个房间的基本耗热量等于各部分围护结构耗热量的总和。

此外，如果两个相邻房间的温差大于或等于 5℃时，应计算通过隔墙和楼板的传热量。与相邻房间的温差小于 5℃，且通过隔墙和楼板等的传热量大于该房间热负荷的 10%时，也应计算其传热量。

1. 室内计算温度 t_n

室内计算温度 t_n 通常指距室内地面 2m 以内人们活动区域的平均空气温度。室内计算温度的选定，应满足人们生活和生产工艺的要求。生产要求的室温，一般由工艺设计人员提出。生活用房间的温度，主要决定于人体的生理热平衡。它和许多因素有关，如与房间的用途、室内的潮湿状况和散热强度、劳动强度以及生活习惯、生活水平等有关。

依据我国国家标准《采暖通风与空气调节设计规范》（GB50019—2003)。（以下简称"暖通规范"）设计集中供暖系统时，冬季室内计算温度 t_n 应根据建筑物的用途而定，按下列规定采用：

（1）民用建筑的主要房间宜采用 16～24℃。

（2）生产厂房的工作地点温度：

1）轻作业生产厂房不应低于 15℃，宜采用 18～21℃。轻作业指的是能量消耗在 140W 以下的工种，如仪表、机械加工、印刷、针织等工种。

2）中作业生产厂房不应低于 12℃，宜采用 16～18℃。中作业指的是能量消耗在 140～220W 的工种，如木工、钣金工、焊接等工种。

3）重作业生产厂房不应低于 10℃，宜采用 14～16℃。重作业指的是能量消耗在 220～290W 的工种，如人力运输、大型包装等工种。

4）过重作业生产厂房宜采用 12～14℃。

应注意，对于空间高度超过 4m、室内设备散热量大于 23W/m^3 的生产厂房，由于对流作用，热空气上升的影响，房间上部空气温度高于下部温度，使上部围护结构的散热量增加。因此，对室内计算温度 t_n 有如下规定：

①计算地面传热量时，采用工作地点温度 t_g，即 $t_n=t_g$。

②计算屋顶、天窗传热量时采用屋顶下的温度 t_d，即 $t_n=t_d$。屋顶下的温度，可按已有的类似厂房进行实测，也可按温度梯度法确定，即

$$t_d = t_g + \Delta t(H-2) \tag{2-2}$$

式中　H——屋顶距地面的高度，m；

Δt——温度梯度，应根据车间散热设备的散热情况而定，通常取 $\Delta t=0.3\sim0.5$℃/m。

③计算墙、门和窗传热量时采用室内的平均温度 t_p，即

$$t_p = (t_g + t_d)/2 \tag{2-3}$$

对于散热量小于 23W/m^3 的生产厂房，当温度梯度不能确定时，可先用工作地点温度计算围护结构耗热量，再用高度附加的方法进行修正，增加其计算耗热量。

（3）辅助建筑物及辅助用室的冬季室内计算温度值见表 2-1。

表 2-1　　辅助用室的冬季室内计算温度（℃）

辅助用室名称	室内空气温度	辅助用室名称	室内空气温度
厕所、盥洗室	12	淋浴室	25
食堂	14	淋浴室的换衣室	23
办公室、休息室	16～18	女工卫生室	23
技术资料室	16	哺乳室	20
存衣室	16		

2. 供暖室外计算温度 t_{wn}

按稳定传热计算围护结构基本耗热量时，室外温度应取一个定值，即供暖室外计算温度 t_{wn}。合理地确定供暖室外计算温度对供暖系统的设计有重要影响，如果采用的 t_{wn} 值过低，将增加供暖系统造价和运行管理费用；如果采用的 t_{wn} 值过高，则不能保证供暖系统的使用效果。

我国的《暖通规范》采用了不保证天数的方法确定北方城市的供暖室外计算温度 t_{wn}，即人为允许每年有几天的实际室外温度低于规定的供暖室外计算温度值，也就是这几天的实际室内温度可以稍低于室内计算温度值。《暖通规范》规定："供暖室外计算温度，应采用历年平均不保证 5 天的日平均温度"。采用这种方法确定的 t_{wn} 值，降低了供暖系统的设计热负荷，节约了费用，只要供暖系统在室外温度低于或等于 t_{wn} 时，能按设计工况正常、合理地连续运行或间歇时间较短，就会取得良好的供暖效果，这对人们的舒适感也不会有太大的影响。

我国主要城市的供暖室外计算温度 t_{wn} 值可查阅相关设计手册。

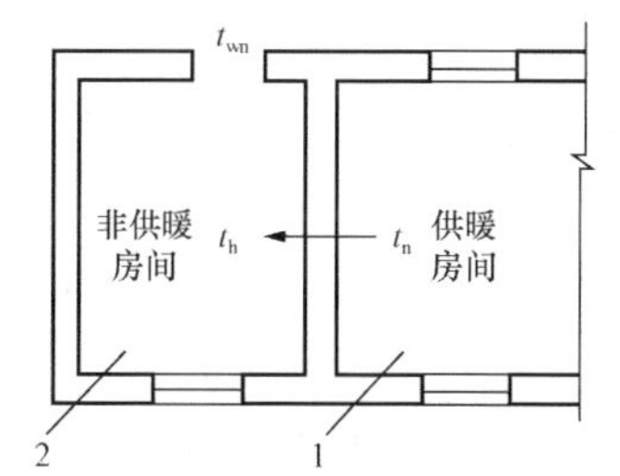

图 2-2　计算温差修正系数示意图
1—供暖房间；2—非供暖房间

3. 温差修正系数 α

如果供暖房间的外围护结构不直接与室外空气接触，中间隔着不供暖的房间（图 2-2）或空间（如地下室），该

围护结构传热量的计算公式为

$$Q = KA(t_n - t_h) \tag{2-4}$$

式中 t_h——传热达到平衡时，非供暖房间或空间的温度。

因 t_h 值不易确定，计算与大气不直接接触的外围护结构基本耗热量时，可采用下式：

$$Q = KA(t_n - t_h) = \alpha KA(t_n - t_{wn}) \tag{2-5}$$

$$\alpha = \frac{t_n - t_h}{t_n - t_{wn}} \tag{2-6}$$

围护结构的温差修正系数 α 值的大小取决于非供暖房间或空间的保温性能和透气状况，若其保温性能差，且容易与室外空气流通，则 t_h 值就越接近于 t_{wn}，温差修正系数就越接近于1。

各种条件下的温差修正系数见表 2-2。

表 2-2　　温差修正系数 α 值

围护结构特征	α
外墙、屋顶、地面以及与室外相通的楼板等	1.00
闷顶和室外空气相通的非供暖地下室上面的楼板等	0.90
非供暖地下室上面的楼板、外墙有窗时	0.75
非供暖地下室上面的楼板、外墙无窗且位于室外地坪以上时	0.60
非供暖地下室上面的楼板、外墙无窗且位于室外地坪以下时	0.40
与有外门窗的非供暖房间相邻的隔墙	0.70
与无外门窗的非供暖房间相邻的隔墙	0.40
伸缩缝墙、沉降缝墙	0.30
防震缝墙	0.70
1～6 层建筑	0.60
7～30 层建筑	0.50

4. 围护结构的传热系数 K

(1) 多层匀质材料平壁结构的传热系数：一般建筑物的外墙和屋顶属于多层匀质材料组成的平壁结构，其传热系数 K 可用下式计算：

$$K=\frac{1}{R}=\frac{1}{(R_n+\sum R_i+R_w)}=\frac{1}{\dfrac{1}{\alpha_n}+\dfrac{\sum\delta_i}{\lambda_i}+\dfrac{1}{\alpha_w}} \tag{2-7}$$

式中 R——围护结构的传热热阻，$(m^2 \cdot ℃)/W$；

R_n、R_w——围护结构的内、外表面热阻，$(m^2 \cdot ℃)/W$；

$\sum R_i$——由单层或多层材料组成的围护结构格材料层热阻，$(m^2 \cdot ℃)/W$；

α_n、α_w——围护结构的内、外表面换热系数，$W/(m^2 \cdot ℃)$；

δ_i——围护结构各层材料的厚度，m；

λ_i——维护结构各层材料的导热系数，$W/(m^2 \cdot ℃)$。

内表面换热系数 α_n 与换热热阻 R_n 值见表 2-3。

表 2-3 **内表面换热系数 α_n 与换热热阻 R_n**

围护结构内表面特征	α_n[W/(m^2·℃)]	R_n[(m^2·℃)/W]
墙、地面、表面平整或有肋状突出物的顶棚，当 $h/s \leqslant 0.3$ 时	8.7	0.115
有肋状突出物的顶棚，当 $h/s > 0.3$ 时	7.6	0.132

注 h—肋高，m；s—肋间净距，m。

外表面换热系数 α_w 与换热热阻 R_w 值见表 2-4。

表 2-4 **外表面换热系数 α_w 与换热热阻 R_w**

围护结构外表面特征	α_w[W/(m^2·℃)]	R_w[(m^2·℃)/W]
外墙与屋顶	23	0.04
与室外空气相通的非供暖地下室上面的楼板	17	0.06
闷顶和外墙上有窗的非供暖地下室上面的楼板	12	0.08
外墙上无窗的非供暖地下室上面的楼板	6	0.17

常用围护结构的传热系数 K 值见表 2-5。

表 2-5 **常用围护结构的传热系数 K 值**

类型		K	类型		K
A. 门			金属框	单层	6.40
实体木制外门	单层	4.65		双层	3.26
	双层	2.33	单框双层玻璃窗		3.49
带玻璃的阳台外门	单层（木框）	5.82	商店橱窗		4.65
	双层（木框）	2.68	C. 外墙		
	单层（金属框）	6.40	内表面抹灰砖墙	24 砖墙	2.03
	双层（金属框）	3.26		37 砖墙	1.57
单层内门		2.91		49 砖墙	1.27
B. 外窗及天窗			D. 内墙		
木框	单层	5.82		12 砖墙	2.31
	双层	2.68		24 砖墙	1.72

(2) 空气间层传热系数：围护结构中如果设置封闭的空气间层，间层中的空气的导热系数比围护结构其他材料的导热系数小，这可以增大围护结构的热阻，减少传热量，提高保温效果，如双层玻璃、复合墙体的空气层等。

空气间层热阻值难以用理论公式确定，在工程设计中，可按表 2-6 选用。

表 2-6 **空气间层热阻 R' [(m^2·℃)/W]**

位置、热流状况	间层厚度 δ(cm)						
	0.5	1	2	3	4	5	6 以上
热流向下（水平、倾斜）	0.103	0.138	0.172	0.181	0.189	0.198	0.198
热流向上（水平、倾斜）	0.103	0.138	0.155	0.163	0.172	0.172	0.172
垂直空气间层	0.103	0.138	0.163	0.172	0.181	0.181	0.181

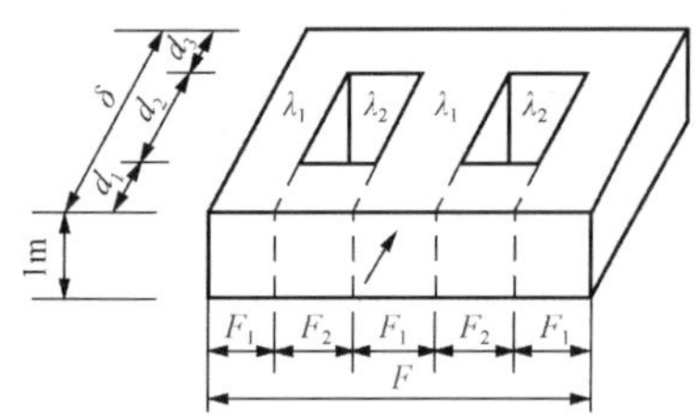

图 2-3 非匀质材料围护结构传热系数计算图示

空气间层热阻值与间层厚度、间层设置的方向、形状和密封性等因素有关。由表 2-3 可以看出，同样厚度时，热流由上向下空气间层的热阻值最大，竖向空气层次之，热流由下向上空气间层的热阻值最小。另外，空气间层厚度超过 5cm 以后，由于传热空间增大，反而易于空气的对流换热，热阻的大小几乎不再随厚度的增加而增大，因此空气间层厚度不是越大越好，应适当选择。

带空气间层维护结构的传热系数，仍可按式（2-7）计算，只是计算时，在分母项中增加一项空气间层热阻。

（3）非匀质材料围护结构的传热系数：工程上有的围护结构在宽度和厚度方向上是由两种以上不同材料组成的非匀质围护结构，如各种空心砌块、保温材料的填充墙等。在这种结构中，热量传递时，不仅在平行热流方向上有传热，而且在垂直热流方向不同材料的接触面上也存在传热，如图 2-3 所示。

非匀质围护结构的平均传热阻可按下式计算：

$$R_{pj}=\left[\frac{A}{\sum\frac{A_i}{R_i}}-(R_n+R_w)\right]\varphi \tag{2-8}$$

式中 R_{pj}——平均传热阻，(m² · ℃)/W；

A——垂直热流方向的总传热面积，见图 2-3，m²；

A_i——平行热流方向划分的各个传热面积，见图 2-3，m²；

R_i——传热面积 A_i 上的总热阻，(m² · ℃)/W；

R_n、R_w——维护结构内、外表面换热阻，(m² · ℃)/W；

φ——平均传热阻修正系数，见表 2-7。

表 2-7　修正系数 φ 值

序号	λ_2/λ_1 或 $(\lambda_2+\lambda_3)/2\lambda_1$	φ	序号	λ_2/λ_1 或 $(\lambda_2+\lambda_3)/2\lambda_1$	φ
1	0.09～0.19	0.86	3	0.40～0.69	0.96
2	0.20～0.39	0.93	4	0.70～0.99	0.98

非匀质材料围护结构的传热系数可按下式计算：

$$K=\frac{1}{R}=\frac{1}{R_n+R_{pj}+R_w} \tag{2-9}$$

（4）地面传热系数：室内的热量通过地面传至室外，传热量的多少与地面据外墙的距离有关，据外墙近的地面向室外传递的热量多，热阻小而传热系数大；据外墙远的地面传热量少，热阻大而传热系数小，地面距外墙距离超 8m 后，传热量基本不变。工程上采用近似计算的方法，把距外墙 8m 以内的地面沿与外墙平行的方向分成四个地带。如图 2-4 所示。

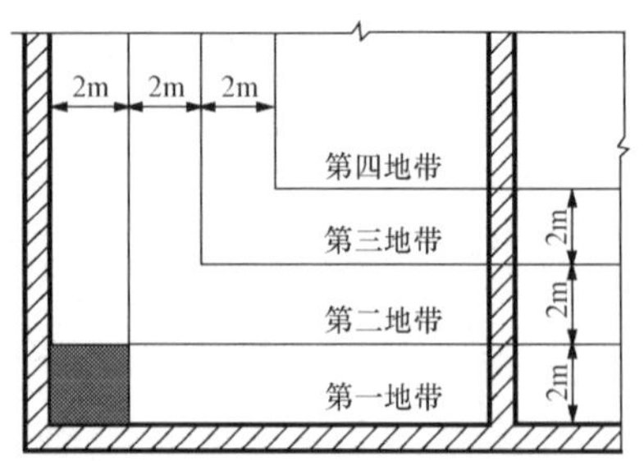

图 2-4 地面传热地带的划分

对于不保温地面［组成地面的各层材料的导热系数 λ

都大于 1.16W/(m² · ℃)]，各地带的传热系数见表 2-8。第一地带图中的阴影部分，需要计算两次。工程计算中也可采用整个房间地面取平均传热系数的方法。

表 2-8　　非保温地面的传热热阻及传热系数

地　带	R_o[(m² · ℃)/W]	R_o[(m² · ℃)/W]	地　带	R_o[(m² · ℃)/W]	R_o[(m² · ℃)/W]
第一地带	2.15	0.47	第三地带	8.60	0.12
第二地带	4.30	0.23	第四地带	14.20	0.07

5. 围护结构传热面积的丈量

不同维护结构传热面积的丈量方法如图 2-5 所示。

(1) 门窗面积按外墙外表面上的的净空尺寸计算。

(2) 外墙面积高度从本层地面（底层除外）算起。平屋顶建筑物，顶层的高度，是从顶层地面算到平屋顶的上表面。外墙的平面长度，拐角房间应从外墙外表面算到内墙中心线；非拐角房间应计算两内墙中心线间的距离。

(3) 闷顶和地面面积可从外墙内表面算至内墙中心线或按两内墙中心线丈量。平屋顶的顶棚面积按建筑物外轮廓尺寸计算。

(4) 地下室面积：把地下室外墙在室外地面以下的部分看作地下室地面的延伸，采用与地面相同的地带法进行计算。也就是从与室外地面齐平的墙面开始划分第一地带，顺延到地下室地面，共划分四个地带，如图 2-6 所示。

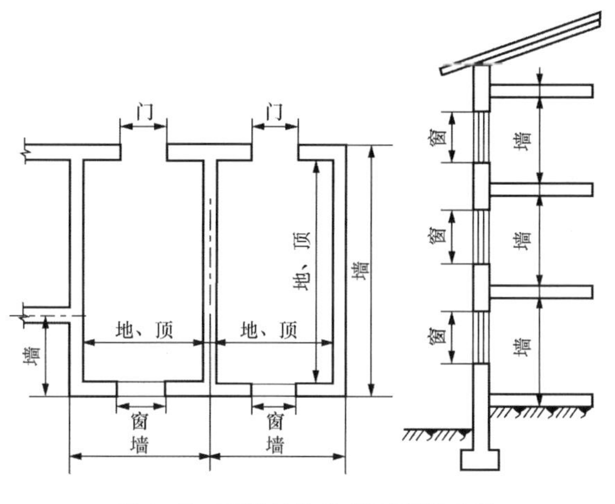

图 2-5　围护结构传热面积的丈量

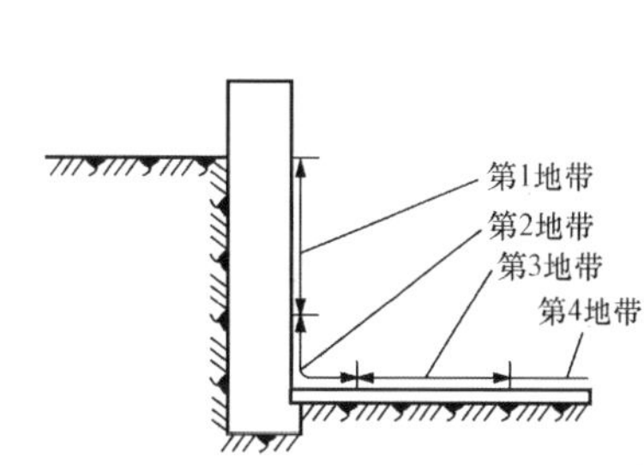

图 2-6　地下室面积的丈量

第二节　围护结构的附加耗热量

围护结构的附加耗热量是指由于气象条件和建筑结构特点的影响，使传热状况发生变化而对基本耗热量进行的修正，包括朝向修正、风力附加、外门附加和高度附加等耗热量。

1. 朝向修正

考虑到建筑物受到太阳辐射的影响，朝南房间能够得到较多的太阳辐射热，而且围护结构比较干燥，围护结构的热量损失会减少，而朝北房间反之，这就需要对围护结构的基本耗热量进行修正。修正的方法是按围护结构的不同朝向采用不同的修正率，得到该围护结构的朝向修正热量。朝向修正率可按表 2-9 选用。

表 2-9 朝向修正率

朝　向	修正率（%）	朝　向	修正率（%）
北、东北、西北	0～10	东南、西南	－10～－15
东、西	－5	南	－15～－30

选用朝向修正率时应考虑当地冬季日照率、建筑物的使用和被遮挡情况。对于日照率小于 35%的地区，东南、西南、南向的朝向修正率应采用－10%～0，东、西朝向可不修正。

2. 风力附加

风速增大时，围护结构外表面的对流换热会增强，围护结构的基本耗热量也随之加大，所以，需要对垂直的外围护结构的基本耗热量进行风力修正，修正系数应为正值。计算围护结构基本耗热量时，外表面换热系数 α_w 是在室外风速为 4m/s 时得到的。我国冬季各地平均风速一般为 2～3m/s，因此《暖通规范》规定：在一般情况下，不必考虑风力附加，只对在不避风的高地、河边、海岸、旷野上的建筑物，以及城镇、厂区内特别突出的建筑物，才对其垂直外围护结构的基本耗热量附加 5%～10%。

3. 外门附加

冬季，在风压和热压的作用下，大量从室外或相邻房间通过外门、孔洞侵入室内的冷空气被加热成室温所消耗的热量称为冷风侵入耗热量。

冷风侵入耗热量可采用外门附加的方法计算，即

$$冷风侵入耗热量 = 外门基本耗热量 \times 外门附加率$$

外门附加率确定方法为：

对于民用建筑和工厂辅助建筑物短时间开启的外门（不包括阳台门、太平门和设有热空气幕的外门）：一道门为 $65n$%；二道门（有门斗）为 $80n$%；三道门（有两个门斗）为 $60n$%。其中 n 为楼层数。

公共建筑和生产厂房主要出入口的外门附加率为 500%。

对于开启时间较长的外门，应根据工业通风原理首先计算冷风的侵入量，再计算其耗热量。

4. 高度附加

由于室内空气对流作用的影响，房间上部空气温度高于室内计算温度，使围护结构上部实际传热量大于按室内计算温度计算的传热量，为此需要进行高度附加，附加率应为正值。《暖通规范》规定：民用建筑和工业企业辅助建筑物（楼梯间除外）的高度附加率，房间高度大于 4m 时，每高出 1m 应附加 2%，但总的附加率不应大于 15%。应注意，高度附加率应附加于房间各围护结构和其他附加（修正）耗热量的总和上。

第三节　冷风渗透耗热量

在风压和热压共同作用下，室内、外产生了压力差，室外冷空气从门窗缝隙渗入室内，被加热后逸出。使这部分冷空气被加热到室温所消耗的热量称为冷风渗透耗热量。

计算冷风渗透耗热量时，应考虑建筑物的高低、内部通道状况、室内外温差、室外风向、风速和门窗种类、构造、朝向等影响，凡暴露于室外的可开启的门窗均应计算这部分耗热量。

计算冷风渗透耗热量的常用方法有缝隙法、换气次数法和百分数法。

1. 缝隙法

缝隙法是计算不同朝向门窗缝隙长度及每米缝隙渗入的空气量，进而确定其耗热量的一种常用的较精确的方法。

渗入冷空气所消耗的热量 Q_2 可按下式计算：

$$Q_2 = 0.28Vc_p\rho_w(t_n - t_{wn}) \tag{2-10}$$

式中　Q_2——冷风渗透耗热量，W；

c_p——冷空气的定压比热容，$c_p = 1\text{kJ/(kg}\cdot℃)$；

V——冷空气的渗入量，m^3/h；

ρ_w——供暖室外计算温度下的空气密度，kg/m^3；

0.28——单位换算系数，1kJ/h=0.28W。

在工程设计中，多层（六层或六层以下）的建筑物计算冷空气的渗入量时主要考虑风压的作用，忽略热压的影响。而超过六层的多层和高层建筑物，则应综合考虑风压和热压的共同影响。

(1) 热压作用

冬季，建筑物的室内、外空气温度不同，室内、外空气间存在密度差，室外的冷空气从下部一些楼层的门窗缝隙渗入室内，通过建筑物内部的竖直贯通通道（如楼梯间、电梯井等）上升，从上部一些楼层的门窗缝隙排出。这种引起空气流动的压力称为热压。

热压主要是由于室外空气与竖直贯通通道内空气之间的密度差造成的。假设建筑物各层之间完全畅通，忽略流动时阻力的存在，建筑物内、外空气密度差和高度差作用下形成的理论热压差可按下式计算：

$$p_r = (h_z - h) \times (\rho_w - \rho_n')g \tag{2-11}$$

式中　p_r——理论热压差，Pa；

ρ_n'——形成热压的室内竖直贯通通道内空气的密度，kg/m^3；

h——计算层门窗中心距室外地坪的高度，m；

h_z——房屋中和面距室外地坪的高度，m；

g——重力加速度，$g=9.18m/s^2$。

从式（2-11）中可以看出，当门窗中心处于中和面以下时，热压差为正值，室外空气压力高于室内空气压力，冷空气由室外渗入室内；当门窗处于中和面以上时，室内空气压力高于室外空气压力，热空气由室内渗出室外。

图2-7为热压作用原理图。

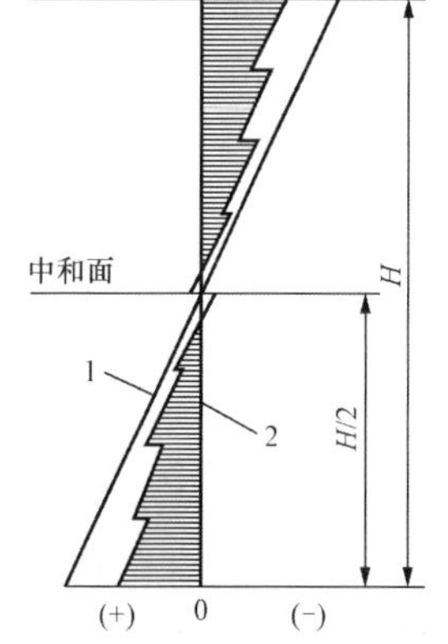

图2-7　热压作用原理
1—楼梯间及竖井热压分布图
2—各层处窗热压分布线

式（2-11）计算的只是理论热压差 p_r。建筑物门窗缝隙两侧的实际有效热压差 Δp_r 与建筑物门、窗、楼梯间、电梯井等的设置以及建筑物内部隔断和上下部通风等状况有关，也就是与空气从建筑物下部渗入、从上部渗出流通路径的阻力状况有关。

有效热压差 Δp_r，可按下式计算：

$$\Delta p_r = C_r p_r = C_r (h_z - h) \times (\rho_w - \rho'_n) g \tag{2-12}$$

式中 Δp_r——热压作用下，门窗缝隙两侧产生的实际有效作用压差，简称有效热压差，Pa；

C_r——热压系数，表示在纯热压作用下，缝隙内外空气的理论热压差与有效热压差的比值，热压系数 C_r 的取值，当无法精确计算时，按表 2-10 采用，为了便于计算且偏安全，可取下限为 0.2。

表 2-10　热压系数 C_r

内部隔断情况	开敞空间	有内门或房门		有前室门、楼梯间门或走廊两端设门	
		密闭性差	密闭性好	密闭性差	密闭性好
C_r	1.0	1.0～0.8	0.8～0.6	0.6～0.4	0.4～0.2

（2）风压作用

当风吹过建筑物时，空气从迎风面门窗缝隙渗入，被室内空气加热后，从背风面门窗缝隙渗出，冷空气的渗入量取决于门窗两侧的风压差。室外风速会随着高度的增加而增大，冷风渗透耗热量也会随之增加。

我国气象部门规定，风速观测的基准高度是 10m，规范给出各城市气象参数中的冬季风速 v_0 是对应基准高度 $h_0=10$m 的数据。

考虑风速随高度的变化，任意高度 h 处的室外风速 v_h，可用下式计算：

$$v_h = v_0 (h/h_0)^a \tag{2-13}$$

式中 v_h——高度 h 处的风速，m/s；

v_0——基准高度冬季室外最多风向的平均风速，m/s；

a——幂指数，与地面的粗糙度有关，可取 $a=0.2$。

计算门窗中心线标高为 h 时，风压单独作用下每米缝隙每小时渗入的空气量 L_h 可用下式计算：

$$L_h = \alpha \left(\frac{\rho_w}{2} v_0^2 \right)^b (C_f 0.631^2 h^{0.4})^b \tag{2-14}$$

设

$$L_0 = \alpha \left(\frac{\rho_w}{2} v_0^2 \right)^b$$

$$C_h = C_f 0.631^2 h^{0.4} \approx 0.3 h^{0.4}$$

则

$$L_h = C_h^b L_0 \tag{2-15}$$

式中 L_h——计算门窗中心线标高为 h 时，风压单独作用下，每米缝隙每小时渗入的空气量，m³/(h·m)；

L_0——在基准高度 $h_0=10$m 时，单纯风压作用下，不考虑朝向修正和建筑物内部隔断情况时，通过每米门窗缝隙进入室内的理论渗透空气量，m³/(h·m)；

C_h——高度修正系数，计算门窗中心线标高为 h 时单位渗透空气量，相对于 $h_0=10$m 时基准渗透空气量的高度修正系数（因为 10m 以下时，风速均为 v_0，渗入的空气量均为 L_0，所以 $h \leqslant 10$m 时应按 $h=10$m 计算 C_h 值）。

α——外门窗缝隙渗风系数，当无实测数据时，可根据建筑外门窗空气渗透性能分级的相关标准，按表 2-11 采用，$m^3/(h \cdot m \cdot Pa^b)$；

b——门窗缝隙渗风指数，$b=0.56 \sim 0.78$，当无实测数据时，可取 $b=0.67$。

表 2-11　外门窗缝隙渗风数下限值 α

建筑外门窗空气渗透性能分级	Ⅰ	Ⅱ	Ⅲ	Ⅳ	Ⅴ
$\alpha[m^3/(m \cdot h \cdot Pa^b)]$	0.1	0.3	0.5	0.8	1.2

在风压单独作用下，计算建筑物各层不同朝向门窗单位缝长渗入量时，考虑到由于各地主导风向的作用，不同朝向门窗渗入的空气量是不相等的，应对式（2-15）中的 L_h 值进行朝向修正。

L_h 值表示在主导风向 $n=1$ 时，门窗中心线标高为 h 时单位缝长渗透的空气量，同一标高其他朝向（$n<1$）门窗单位缝长渗透的空气量 L'_h 应为

$$L'_h = nL_h \tag{2-16}$$

式中　n——单纯风压作用下，渗透空气量的朝向修正系数。

渗透空气量的朝向修正系数 n 是考虑门窗缝隙处于不同朝向时，由于室外内速、风温、风频的差异，造成不同朝向缝隙实际渗入的空气量不同而引入的修正系数。

我国主要集中供暖城市的 n 值见附录 3。

(3) 风压与热压的共同作用。计算超过六层的多层建筑和高层建筑门窗缝隙的实际渗透空气量时，应综合考虑风压与热压的共同作用。

2. 换气次数法

多层民用建筑的空气渗透量，当无相关数据的，可按下式估算：

$$V = kV' \tag{2-17}$$

式中　V'——房间体积，m^3；

k——换气次数，次/h，当无实测数据时，可按表 2-12 采用。

渗入冷空气所消耗的热量 Q_2 可按式（2-10）计算。

表 2-12　换　气　次　数

房间类型	一面有外窗房间	两面有外窗房间	三面有外窗房间	门厅
k(次/h)	0.5	0.5~1.0	1.0～1.5	2

3. 百分数法

百分数法是工业建筑计算冷风渗透耗热量的一种估算方法，可根据建筑物高度及玻璃窗层数按表 2-13 进行估算。

表 2-13　渗透耗热量占围护结构总耗热量的百分率（%）

建筑物高度（m）		<4.5	4.5～10.0	>10.0
玻璃窗层数	单层	25	35	40
	单、双层均有	20	30	35
	双层	15	25	30

第四节 围护结构最小传热阻与经济传热阻

围护结构需要选用多大的传热阻，才能使其在供暖期间，满足使用要求、卫生要求和经济要求，这就需要利用“围护结构最小传热阻”或“经济传热阻”的概念。

确定围护结构传热阻时，围护结构内表面温度 τ_n 是一个主要的约束条件。除浴室等相对湿度很高的房间外，τ_n 值应满足内表面不结露的要求。内表面结露可导致耗热量增大和使围护结构易于损坏。

室内空气温度 t_n 与围护结构内表面温度 τ_n 的温度差还要满足卫生要求。当内表面温度过低，人体向外辐射热过多，会产生不舒适感。根据上述要求而确定的外围护结构传热阻，称为最小传热阻。

虽然加大围护结构热阻可以使供热系统建造费用和运行管理费用下降，但却会增加结构建设的费用。因此，需确定一个建设费用和使用费用之和最小的经济热阻，这个经济热阻应大于最小热阻。

工程设计中，围护结构最小热阻的计算公式为

$$R_{o,min} = \frac{\alpha(t_n - t_w)}{\Delta t_y \alpha_n} \tag{2-18}$$

式中 $R_{o,min}$——围护结构的最小传热阻，(m^2 · ℃)/W；

Δt_y——供暖室内计算温度 t_n 与围护结构内表面温度 τ_n 的允许温差，℃，见表 2-14；

α_n——围护结构内表面换热系数，W/(m^2 · ℃)；

α——围护结构的温差修正系数。

表 2-14　　允许温差 Δt_y 值（℃）

建筑物及房间类别	外　墙	屋　顶
居住建筑、医院和幼儿园等	6.0	4.0
办公建筑、学校和门诊部等	6.0	4.5
公共建筑（上述指明者除外）和工业企业辅助建筑物（潮湿的房间除外）	7.0	5.5
室内空气干燥的生产厂房	10.0	8.0
室内空气湿度正常的生产厂房	8.0	7.0
室内空气潮湿的公共建筑、生产厂房及辅助建筑物		
当不允许墙和顶棚内表面结露时	$t_n - t_l$	$0.8(t_n - t_l)$
当仅不允许顶棚内表面结露时	7.0	$0.9(t_n - t_l)$
室内空气潮湿且具有腐蚀性介质的生产厂房	$t_n - t_l$	$t_n - t_l$
室内散热量大于 23W/m^3，且计算相对湿度不大于 50%的生产厂房	12.0	12.0

注　1. 室内空气干湿程度的区分按《暖通规范》有关规定确定。

2. 与室外空气相通的楼板和非供暖地下室上面的楼板，其允许温差值可采用 2.5℃。

3. t_l 为室内计算温度和相对湿度状况下的露点温度。

计算围护结构的最小传热阻时应注意：

（1）式（2-18）不适合于计算窗、阳台门和天窗的最小传热阻；

（2）砖石墙体的传热阻可比计算结果小5%；

（3）外门（阳台门除外）的最小传热阻，不应小于按供暖室外计算温度所确定的外墙最小传热阻的60%。

（4）当相邻房间的温差大于10℃时，内围护结构的最小传热阻亦应通过计算确定。

（5）当居住建筑、医院及幼儿园等建筑物采用轻型结构时，其外墙最小传热阻，尚应符合国家现行《民用建筑热工设计规范》及《民用建筑节能设计标准》（采暖居住建筑部分）的要求。

在实际传热过程中，如果供暖室内计算温度不变，围护结构的内表面温度 τ_n 会随室外空气温度的变化而变化，围护结构的室外计算温度 t_w 的取值也应随之改变。影响围护结构内外表面温度的主要因素，就是围护结构的热惰性指标 D。热惰性指标 D 大的围护结构，在相同的室外温度变化条件下，内表面温度波动较小。

因此，按式（2-18）计算实际传热条件下围护结构的最小热阻时，供暖室内计算温度 t_n 与围护结构内表面温度 τ_n 的温差，如果取表2-10规定的允许值 Δt_y，即没有考虑热惰性指标 D 不同的围护结构内表面温度 τ_n 的变化，那么围护结构的室外计算温度 t_w 就应考虑热惰性指标 D 的不同而有不同的取值。

表2-15给出了围护结构冬季室外计算温度按围护结构热惰性指标 D 的不同分成的四个等级。当 $D \geqslant 6$ 时，采用供暖室外计算温度 t_{wn} 作为围护结构的室外计算温度 t_w。$D<6$ 时，如内表面温度 τ_n 不变，围护结构传热量会增加，热阻应增大，围护结构的冬季室外计算温度 t_w 就应取比 t_{wn} 更小的值。

表2-15　冬季围护结构室外计算温度 t_w

围护结构的类型	热惰性指标 D 值	t_w 的取值（℃）
Ⅰ	>6.0	$t_w = t_{wn}$
Ⅱ	4.1～6.0	$t_w = 0.6t_{wn} + 0.4t_{p,min}$
Ⅲ	1.6～4.0	$t_w = 0.3t_{wn} + 0.7t_{p,min}$
Ⅳ	≤1.5	$t_w = t_{p,min}$

注　1. t_{wn} 和 $t_{p,min}$ 分别为供暖室外计算温度和累年最低日平均温度（℃）。

2. $D \leqslant 4.0$ 的实心砖墙，计算温度 t_w 应按Ⅱ型围护结构取值。

第五节　采暖设计热负荷计算实例

图2-8所示为哈尔滨市某三层教学楼的平面图。试计算一层101房间（图书馆）、102房间（门厅）、二层201房间（教室）、三层301房间（医务室）的采暖设计热负荷。

已知围护结构条件为

外墙：二砖墙，外表面为水泥砂浆抹面，厚20mm；内表面为水泥砂浆抹面，厚20mm，白灰粉刷。

外窗：双层木框玻璃窗，尺寸2000mm×2000mm。

楼层高度：各层均为4m。

外门：双层木框玻璃门，尺寸4000mm×3000mm。

地面：不保温地面。

屋面：构造如图 2-9 所示。

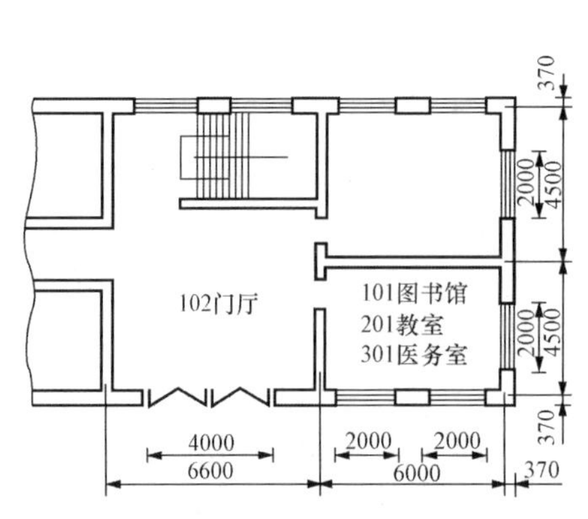

图 2-8 某三层教学楼的平面

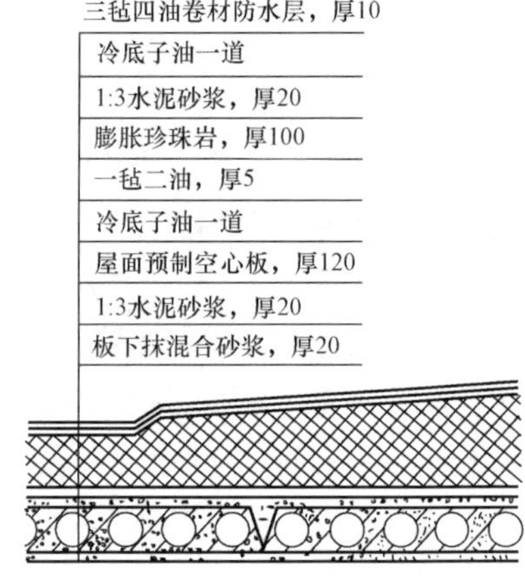

图 2-9 屋面构造

一、确定围护结构的传热系数

1. 外墙

查表 2-3、表 2-4 可得，围护结构内表面换热系数 $\alpha_n = 8.7\text{W}/(\text{m}^2 \cdot ℃)$；外表面换热系数 $\alpha_w = 23\text{W}/(\text{m}^2 \cdot ℃)$；外表面水泥砂浆抹面导热系数 $\lambda_1 = 0.87\text{W}/(\text{m}^2 \cdot ℃)$；内表面水泥砂浆抹面、白灰粉刷导热系数 $\lambda_2 = 0.87\text{W}/(\text{m}^2 \cdot ℃)$；红砖墙导热系数 $\lambda_3 = 0.81\text{W}/(\text{m}^2 \cdot ℃)$。

计算外墙传热系数，由式（2-7）得，

$$K=\frac{1}{\frac{1}{\alpha_n}+\frac{\sum\delta_i}{\lambda_i}+\frac{1}{\alpha_w}}=\frac{1}{\frac{1}{8.7}+\frac{0.49}{0.81}+\frac{0.02}{0.87}+\frac{0.02}{0.87}+\frac{1}{23}}=1.24\text{W}/(\text{m}^2 \cdot ℃)$$

2. 屋面

查表 2-3、表 2-4 可得，围护结构内表面换热系数 $\alpha_n = 8.7\text{W}/(\text{m}^2 \cdot ℃)$；板下抹混合砂浆 $\lambda_1 = 0.87\text{W}/(\text{m}^2 \cdot ℃)$，$\delta_1 = 20\text{mm}$；1∶3 水泥砂浆 $\lambda_2 = 0.87\text{W}/(\text{m}^2 \cdot ℃)$，$\delta_2 = 20\text{mm}$；屋面预制空心板 $\lambda_3 = 1.74\text{W}/(\text{m}^2 \cdot ℃)$；$\delta_3 = 20\text{mm}$；一毡二油 $\lambda_4 = 0.17\text{W}/(\text{m}^2 \cdot ℃)$，$\delta_4 = 5\text{mm}$；膨胀珍珠岩 $\lambda_5 = 0.07\text{W}/(\text{m}^2 \cdot ℃)$，$\delta_5 = 100\text{mm}$；1∶3 水泥砂浆 $\lambda_6 = 0.87\text{W}/(\text{m}^2 \cdot ℃)$，$\delta_6 = 20\text{mm}$；三毡四油卷材防水层 $\lambda_7 = 0.17\text{W}/(\text{m}^2 \cdot ℃)$，$\delta_7 = 10\text{mm}$；外表面换热系数 $\alpha_w = 23\text{W}/(\text{m}^2 \cdot ℃)$。

$$K=\frac{1}{\frac{1}{\alpha_n}+\frac{\sum\delta_i}{\lambda_i}+\frac{1}{\alpha_w}}=\frac{1}{\frac{1}{8.7}+\frac{0.02}{0.87}+\frac{0.12}{1.74}+\frac{0.02}{0.87}+\frac{0.005}{0.17}+\frac{0.1}{0.07}+\frac{0.02}{0.87}+\frac{0.01}{0.17}+\frac{1}{23}}$$
$$=0.55\text{W}/(\text{m}^2 \cdot ℃)$$

3. 外门、外窗

查表 2-5 可知，双层木框玻璃门 $K = 2.68\text{W}/(\text{m}^2 \cdot ℃)$；双层木框玻璃窗 $K = 2.68\text{W}/(\text{m}^2 \cdot ℃)$。

4. 地面

可采用地带法进行地面传热耗热量的计算，也可以查阅相关手册确定各房间地面的平均传热系数，再计算地面的传热耗热量。

二、101 房间（图书馆）供暖设计热负荷计算

101 房间为图书馆，查附录 1，冬季室内计算温度 $t_n=16℃$。查附录 2 哈尔滨供暖室外计算温度 $t_{wn}=-26℃$。

1. 计算围护结构的传热耗热量 Q_1

（1）南外墙　传热系数 $K=1.24W/(m^2 \cdot ℃)$，温差修正系数 $\alpha=1$，传热面积 $A=[(6.0+0.37)\times4-2\times2\times2]=17.48m^2$。

南外墙基本耗热量为

$$Q_1'=\alpha KA(t_n-t_{wn})=1\times1.24\times17.48\times(16+26)=910.36W$$

查表 2-9，哈尔滨南向的朝向修正率取 $\sigma_1=-17\%$

朝向修正耗热量为

$$Q_1''=910.36\times(-0.17)=-154.76W$$

本教学楼建设在市区内，不需要进行风力修正；层高未超过 4m，不需要进行高度修正。

南外墙实际耗热量为

$$Q_1=Q_1'+Q_1''=(910.36-154.76)=755.6W$$

（2）南外窗　南外窗传热系数 $K=2.68W/(m^2 \cdot ℃)$，温差修正系数 $\alpha=1$，传热面积 $A=(2\times2\times2)=8m^2$。（二个外窗）南外窗基本耗热量为

$$Q_1'=\alpha KA(t_n-t_{wn})=1\times2.68\times8\times(16+26)=900.48W$$

朝向修正耗热量为

$$Q_1''=900.48\times(-0.17)=-153.08W$$

南外窗实际耗热量为

$$Q_1=Q_1'+Q_1''=(900.48-153.08)=747.4W$$

以上计算结果列于表 2-16 中。

（3）东外墙、东外窗　哈尔滨冬季日照率小于 35%，东向朝向修正率采用 5%，计算方法同上，计算结果见表 2-16。

表 2-16　　**房间热负荷计算表**

房间编号	房间名称	围护结构			室内计算温度（℃）	室外计算温度（℃）	计算温度差（℃）	温度修正系数 α	围护结构传热系数 K[(W·m²/℃)]	基本耗热量 Q(W)	附加		实际耗热量 Q(W)
		名称及朝向	尺寸(m) 长×宽	面积 A(m²)							朝向	风力	
101	图书馆	南外墙	(6.0+0.37)×4−(2×2×2)	17.48	16	−26	42	1	1.24	910.36	−17%		755.6
		南外窗	2×2×2	8					2.68	900.48	−17%		747.40
		东外窗	(4.5+0.37)×4−2×2	15.48					1.24	806.20	+5%		846.51
		东外窗	2×2	4					2.68	450.24	+5%		472.75
		地面一	(6.0−0.12)×2+(4.5−0.12)×2	20.52					0.47	405.06			405.06
		地面二	(3.88+0.38)×2	8.52					0.23	82.3			82.3

续表

房间编号	房间名称	围护结构			室内计算温度(℃)	室外计算温度(℃)	计算温度差(℃)	温度修正系数 α	围护结构传热系数 $K[(W \cdot m^2/℃)]$	基本耗热量 $Q(W)$	附加		实际耗热量 $Q(W)$
		名称及朝向	尺寸(m) 长×宽	面积 $A(m^2)$							朝向	风力	
		地面三	1.88×0.38	0.71					0.12	3.58			3.58
		围护结构耗热量											3313.2
		冷风渗透耗热量											935.04
		房间总耗热量											4248.24
102	门厅	南外墙	6.6×4－4×3	14.4	14	－26	40	1	1.24	714.24	－17%		592.82
		南外门	4×3	12					2.68	1286.4	－17%		1067.70
		地面一	6.6×2	13.2					0.47	248.16			248.16
		地面二	6.6×2	13.2					0.23	121.44			121.44
		地面三	6.6×1.63	10.76					0.12	51.64			51.64
		围护结构耗热量											2081.76
		冷风渗透耗热量											1092.55
		冷风侵入耗热量											6432
		房间总耗热量											9606.31
201	教室	南外墙	(6.0＋0.37)×4－2×2×2	17.48	16	－26	42	1	1.24	910.36	－17%		755.6
		南外窗	2×2×2	8					2.68	900.48	－17%		747.40
		东外墙	(4.5＋0.37)×4－2×2	15.48					1.24	806.20	＋5%		846.51
		东外窗	2×2	4					2.68	450.24	＋5%		472.75
		围护结构耗热量											2822.26
		冷风渗透耗热量											935.04
		房间总耗热量											3757.3
301	医务室	南外墙	(6.0＋0.37)×4.3－2×2×2	19.39	18	－26	44	1	1.24	1057.97	－17%		818.12
		南外窗	2×2×2	8					2.68	943.36	－17%		783.00
		东外墙	(4.5＋0.37)×4.3－2×2	16.94					1.24	924.3	＋5%		970.52
		东外窗	2×2	4					2.68	471.68	＋5%		495.30
		屋面	(6－0.12)×(4.5－0.12)	25.75					0.55	623.26			623.26
		围护结构耗热量											3750.54
		冷风渗透耗热量											935.04
		房间总耗热量											4685.58

(4) 地面　将101房间的地面划分地带，如图2-10所示。

第一地带：传热系数

$$K_1 = 0.47\text{W}/(\text{m}^2 \cdot ℃)$$

传热面积

$$A_1 = [(6.0-0.12)\times 2+(4.5-0.12)\times 2] = 20.52\text{m}^2$$

第一地带传热耗热量为

$$Q_1 = KA_1(t_n - t_{wn}) = 0.47\times 20.52\times(16+26) = 405.06\text{W}$$

第二地带：传热系数

$$K_2 = 0.23\text{W}/(\text{m}^2 \cdot ℃)$$

传热面积

$$A_2 = (3.88+0.38)\times 2 = 8.52\text{m}^2$$

第二地带传热耗热量为

$$Q_2 = KA_2(t_n - t_{wn}) = 0.23\times 8.52\times(16+26) = 82.3\text{W}$$

第三地带：传热系数

$$K_3 = 0.12\text{W}/(\text{m}^2 \cdot ℃)$$

传热面积

$$A_3 = 1.88\times 0.38 = 0.71\text{m}^2$$

第三地带传热耗热量为

$$Q_3 = KA_3(t_n - t_{wn}) = 0.12\times 0.71\times(16+26) = 3.58\text{W}$$

因此，101房间地面的传热耗热量为

$$Q = Q_1 + Q_2 + Q_3 = 405.06+82.3+3.58 = 490.94\text{W}$$

101房间围护结构的总耗热量为

$$Q = 755.6+747.4+846.51+472.75+490.94 = 3313.2\text{W}$$

2. 计算101房间的冷风渗透耗热量（按缝隙法计算）

(1) 南外窗　如图2-11所示，南外窗为四扇，带上亮，两侧扇可开启，中间两扇固定。

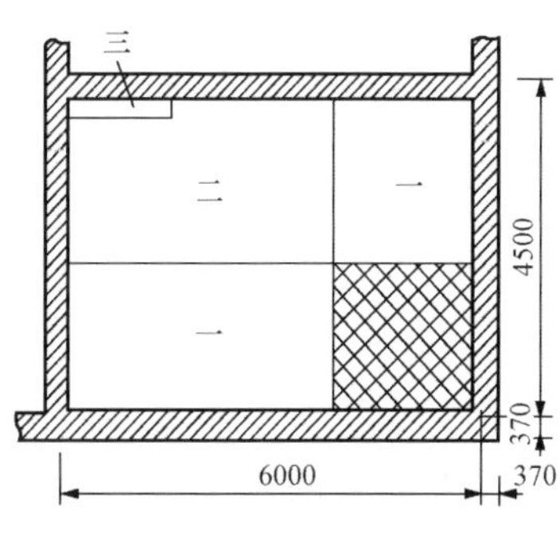

图2-10　划分地带

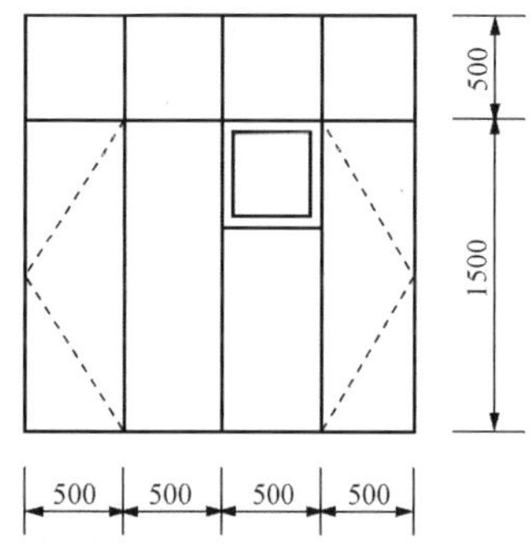

图2-11　外窗构造

南外窗（两个）缝隙长度为

$$L = 1.5\times 4+0.5\times 8\times 2 = 20\text{m}(\text{包括气窗})$$

查附录 3，哈尔滨的朝向修正系数南向 $n=1$，高度修正系数

$$C_h = 0.3h^{0.4} = 0.3\times 10^{0.4} = 0.75(h < 10\text{m},取\ h = 10\text{m})$$

基准高度单纯风压作用下每米门窗缝隙进入室内的理论渗透空气量为

$$L_o = a\left(\frac{\rho_w}{2}v_o^2\right)^b$$

查表 2-11，取 $a=0.5$，又取 $b=0.67$

根据 $t_{wn}=-26$℃，查得 $\rho_w=1.4\text{kg/m}^3$

查附录 2，哈尔滨基准高度冬季室外最多风向的平均风速 $v_o=4.7\text{m/s}$

因此 $$L_o = 0.5\times(1.4/2\times 4.7^2)^{0.67} = 3.13\text{m}^3/(\text{h}\cdot\text{m})$$

南外窗的冷空气渗入量按式（1-18）计算，为

$$V = nC_h^bL_oL = 1\times 0.75^{0.67}\times 3.13\times 20 = 51.63\text{m}^3/\text{h}$$

南外窗的冷风渗透耗热量为

$$Q_1 = 0.28V\rho_wc_p(t_n - t_{wn}) = 0.28\times 51.63\times 1.4\times 1\times(16+26) = 850.04\text{W}$$

（2）东外窗　如图 2-11 所示，东外窗为四扇，带上亮，两侧房可开启，中间两扇固定。

东外窗（一个）缝隙长度为

$$L = 1.5\times 4 + 0.5\times 8 = 10\text{m}(包括气窗)$$

附录 3，哈尔滨的朝向修正系数东向 $n=0.2$，高度修正系数

$$C_h = 0.3h^{0.4} = 0.3\times 10^{0.4} = 0.75(h < 10\text{m},取\ h = 10\text{m})$$

基准高度单纯风压作用下每米门窗缝隙进入室内的理论渗透空气量为

$$L_o = a\left(\frac{\rho_w}{2}v_o^2\right)^b$$

查表 2-11，取 $a=0.5$，又取 $b=0.67$

根据 $t_{wn} = -26$℃，查得 $\rho_w = 1.4\text{kg/m}^3$

查表附录 2，哈尔滨基准高度冬季室外最多风向的平均风速 $v_o=4.7\text{m/s}$

因此 $$L_o = 0.5\times(1.4/2\times 4.7^2)^{0.67} = 3.13\text{m}^3/(\text{h}\cdot\text{m})$$

东外窗的冷空气渗入量为

$$V = nC_h^bL_oL = 0.2\times 0.75^{0.67}\times 3.13\times 10 = 5.16\ \text{m}^3/\text{h}$$

东外窗的冷风渗透耗热量

$$Q_2 = 0.28V\rho_wc_p(t_n - t_{wn}) = 0.28\times 5.16\times 1.4\times 1\times(16+26) = 85.00\text{W}$$

101 房间的总冷风渗透耗热量为

$$Q = Q_1 + Q_2 = (850.04 + 85.00)\text{W} = 935.04\text{W}$$

因此，101 图书馆的总耗热量为

$$Q = 3313.2 + 935.04 = 4248.24\text{W}$$

三、102 房间（门厅）供暖设计热负荷的计算

102 房间为门厅，查附录 1，冬季室内计算温度 $t_n=14$℃。查附录 2，哈尔滨供暖室外计算温度 $t_{wn}=-26$℃。

1. 计算围护结构的传热耗热量 Q_1

（1）南外墙　传热系数 $K = 1.24\text{W}/(\text{m}^2\cdot℃)$，温差修正系数 $\alpha=1$，传热面积 $A = (6.6\times 4 - 4\times 3)\text{m}^2 = 14.4\text{m}^2$。

南外墙基本耗热量为

$$Q'_1 = \alpha KA(t_n - t_{wn}) = 1 \times 1.24 \times 14.4 \times (14 + 26) = 714.24\text{W}$$

查表 2-9，哈尔滨南向的朝向修正率取 $\sigma_1 = -17\%$

朝向修正耗热量为

$$Q''_1 = 714.24 \times (-0.17) = -121.42\text{W}$$

本教学楼建设在市区内不需要进行风力修正；层高未超过 4m，不需要进行高度修正。

南外墙实际耗热量为

$$Q_1 = Q'_1 + Q''_1 = 714.24 - 121.42 = 592.82\text{W}$$

(2) 南外门　南外门传热系数 $K = 2.68\text{W/(m}^2 \cdot ℃)$，温差修正系数 $\alpha = 1$，传热面积 $A = (4 \times 3)\text{m}^2 = 12\text{m}^2$

基本耗热量为

$$Q'_1 = \alpha KA(t_n - t_{wn}) = 1 \times 2.68 \times 12 \times (14 + 26) = 1286.4\text{W}$$

朝向修正耗热量为

$$Q''_1 = 1286.4 \times (-0.17) = -218.68\text{W}$$

南外门实际耗热量为

$$Q_1 = Q'_1 + Q''_1 = 1286.4 - 218.68 = 1067.7\text{W}$$

以上计算结果列于表 2-16 中。

(3) 地面　将 102 房间的地面划分地带。

第一地带：传热系数

$$K_1 = 0.47\text{W/(m}^2 \cdot ℃)$$

传热面积　$A_1 = 6.6\text{m} \times 2\text{m} = 13.2\text{m}^2$

第一地带传热耗热量

$$Q_1 = KA_1(t_n + t_{wn}) = 0.47 \times 13.2 \times (14 + 26) = 248.16\text{W}$$

第二地带：传热系数

$$K_2 = 0.23\text{W/(m}^2 \cdot ℃)$$

传热面积　$A_2 = 6.6\text{m} \times 2\text{m} = 13.2\text{m}^2$

第二地带传热耗热量为

$$Q_2 = KA_2(t_n - t_{wn}) = 0.23 \times 13.2 \times (14 + 26) = 121.44\text{W}$$

第三地带：传热系数

$$K_3 = 0.12\text{W/(m}^2 \cdot ℃)$$

传热面积　$A_3 = 6.6 \times 1.63 = 10.76\text{m}^2$

第三地带传热耗热量为

$$Q_3 = KA_3(t_n - t_{wn}) = 0.12 \times 10.76 \times (14 + 26) = 51.64\text{W}$$

因此，102 房间地面的传热耗热量为

$$Q = Q_1 + Q_2 + Q_3 = 248.16 + 121.44 + 51.64 = 421.24\text{W}$$

102 房间围护结构的总耗热量为

$$Q = 592.82 + 1067.7 + 421.24 = 2081.76\text{W}$$

2. 计算 102 房间的冷风渗透耗热量（按缝隙法计算）

如图 2-12 所示，南外门为四扇，带上亮，每两扇可对开。

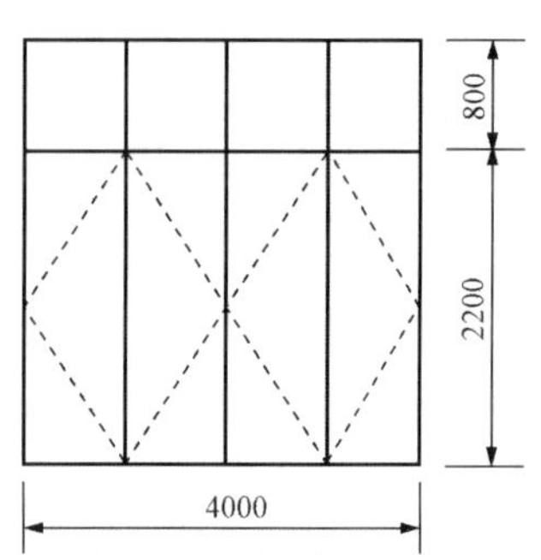

图 2-12 门缝长度

南外门缝隙长度为

$$L = 4 \times 2 + 2.2 \times 6 = 21.2\text{m}$$

查附录 3，哈尔滨的朝向修正系数南向 $n=1$，高度修正系数

$$C_h = 0.3h^{0.4} = 0.3 \times 10^{0.4} = 0.75(h < 10\text{m},取\ h = 10\text{m})$$

基准高度单纯风压作用下每米门窗缝隙进入室内的理论渗透空气量为

$$L_o = a\left(\frac{\rho_w}{2}v_0^2\right)^b$$

查表 2-11，取 $a=0.5$，又取 $b=0.67$

根据 $t_{wn}=-26$℃，查得 $\rho_w=1.4\text{kg/m}^3$

查附录 2，哈尔滨基准高度冬季室外最多风向的平均风速 $v_o=4.7\text{m/s}$

因此 $$L_o = 0.5 \times (1.4/2 \times 4.7^2)^{0.67} = 3.13\text{m}^3/(\text{h} \cdot \text{m})$$

南外门的冷空气渗入量为

$$V = nC_h^b L_o L = 1 \times 0.75^{0.67} \times 3.13 \times 21.2 = 66.36\text{m}^3/\text{h}$$

南外门的冷风渗透耗热量为

$$Q_1 = 0.28V\rho_w c_p(t_n - t_{wn}) = 0.28 \times 66.36 \times 1.4 \times 1 \times (14 + 26) = 1092.55\text{W}$$

3.102 门厅冷风侵入耗热量

南外门的外门附加率为 500%

南外门的冷风浸入耗热量为

$$Q = 5 \times 1286.4 = 6432\text{W}$$

因此，102 门厅的总耗热量为

$$Q = 2081.76 + 1092.55 + 6432 = 9606.31\text{W}$$

四、201 房间（教室）供暖设计热负荷的计算

查附录 1，教室的室内计算温度 $t_n=16$℃

201 教室的总耗热量为 $Q=3757.3\text{W}$

计算过程见表 2-16。

五、301 房间（医务室）供暖设计热负荷的计算

查附录 1，医务室的室内计算温度 $t_n=18$℃，外墙高度从本层地面算到保温结构上面，$h=4.3\text{m}$

301 医务室的总耗热量为 $Q=4685.58\text{W}$

计算过程见表 2-16。

第三章

采暖系统的分类和组成

知识点： 热水、蒸汽采暖，低温热水地板辐射采暖。

教学目标： 掌握热水、蒸汽采暖和低温热水地板辐射采暖的系统形式。

第一节 散热器采暖

一、热媒的选择

集中采暖系统的热媒，应根据建筑物的用途、供热情况和当地气候特点等条件，经技术经济比较确定，并应按下列规定选择：

(1) 民用建筑应采用热水作热媒。

(2) 工业建筑，当厂区只有采暖用热或以采暖用热为主时，宜采用高温水作热媒；当厂区供热以工艺用蒸汽为主时，在不违反卫生、技术和节能要求的条件下，可采用蒸汽作热媒。

注：1. 利用余热或天然热源时，采暖热媒及其参数可根据具体情况确定；

2. 辐射采暖的热媒，应符合《采暖通风与空气调节设计规范》(GB50019—2003) 的有关规定。

一般情况下，采暖系统热媒的选择，可参考表 3-1 确定。

表 3-1　　采暖系统热媒的选择

建筑种类		适宜采用	允许采用
民用及公共建筑	居住建筑、医院、幼儿园、托儿所等	不超过 95℃的热水	不超过 110℃的热水
	办公楼、学校、展览馆等	不超过 95℃的热水	不超过 110℃的热水
	车站、食堂、商业建筑等	不超过 110℃的热水	
	一般俱乐部、影剧院等	不超过 110℃的热水	不超过 130℃的热水
工业建筑	不散发粉尘或散发非燃烧性和非爆炸性粉尘的生产车间	1. 低压蒸汽或高压蒸汽 2. 不超过 110℃的热水	不超过 130℃的热水
	散发非燃烧和非爆炸性有机无毒升华粉尘的生产车间	1. 低压蒸汽 2. 不超过 110℃的热水	不超过 130℃的热水
	散发非燃烧性和非爆炸性的易升华有毒粉尘、气体及蒸汽的生产车间	与卫生部门协商确定	
	散发燃烧性或爆炸性有毒气体、蒸汽及粉尘的生产车间	根据各部及主管部门的专门指示确定	
	任何容积的辅助建筑	1. 不超过 110℃的热水 2. 低压蒸汽	高压蒸汽
	设在单独建筑内的门诊所、药房、托儿所及保健站等	不超过 95℃的热水	1. 低压蒸汽 2. 不超过 110℃的热水

注　1. 低压蒸汽系指压力不超过 70kPa 的蒸汽。

2. 采用蒸汽为热媒时，必须经技术论证认为合理，并在经济上经分析认为经济时才允许。

二、采暖系统分类

采暖系统分热水和蒸汽两个系统，在民用、工业建筑中多用热水系统，而在工业建筑中尚有应用蒸汽系统的工程。

（一）热水采暖系统

以热水作为热媒的采暖系统，称为热水采暖系统。从卫生条件和节能等考虑，民用建筑应采用热水作为热媒。热水采暖系统也用在生产厂房及辅助建筑物中。

热水采暖系统，可按下述方法分类：

（1）按系统循环动力的不同，可分为重力（自然）循环系统和机械循环系统。靠水的密度差进行循环的系统，称为重力循环系统；靠机械（水泵）力进行循环的系统，称为机械循环系统。

（2）按供、回水方式的不同，可分为单管系统和双管系统。热水经立管或水平供水管顺序流过多组散热器，并顺序地在各散热器中冷却的系统，称为单管系统。热水经供水立管或水平供水管平行地分配给多组散热器，冷却后的回水自每个散热器直接沿回水立管或水平回水管流回热源的系统，称为双管系统。

（3）按系统管道敷设方式的不同，可分为垂直式和水平式系统。

（4）按热媒温度的不同，可分为低温水采暖系统和高温水采暖系统。

在我国，习惯认为：水温低于或等于100℃的热水，称为低温水，水温超过100℃的热水，称为高温水。

室内热水采暖系统，大多采用低温水作为热媒。设计供、回水温度多采用95℃/70℃（也有采用85℃/60℃）。高温水采暖系统一般宜在生产厂房中应用。设计供、回水温度大多采用120～130℃/70～80℃。

（二）蒸汽采暖系统

按照供汽压力的大小，将蒸汽采暖分为三类：供汽的表压力高于0.07MPa时，称为高压蒸汽采暖；供汽的表压力等于或低于0.07MPa时，称为低压蒸汽采暖；当系统中的压力低于大气压力时，称为真空蒸汽采暖。

高压蒸汽采暖的蒸汽压力一般由管路和设备的耐压强度确定。例如使用铸铁柱型和长翼型散热器时，规定散热器内蒸汽表压力不超过0.196MPa($2kgf/cm^2$)；铸铁圆翼型散热器不得超过0.392MPa($4kgf/cm^2$)。当供汽压力降低时，蒸汽的饱和温度也降低，凝水的二次汽化量小，运行较可靠而且卫生条件也好些。因此国外设计的低压蒸汽采暖系统，一般采用尽可能低的供汽压力，且多数使用在民用建筑中。真空蒸汽采暖在我国很少使用，因它需要使用真空泵装置，系统复杂；但真空蒸汽采暖系统，具有可随室外气温调节供汽压力的优点。在室外温度较高时，蒸汽压力甚至可降低到0.01MPa，其饱和温度仅为45℃左右，卫生条件好。

按照蒸汽干管布置的不同，蒸汽采暖系统可有上供式、中供式、下供式三种。

按照立管的布置特点，蒸汽采暖系统可分为单管式和双管式。目前国内绝大多数蒸汽采暖系统采用双管式。按照回水动力不同，蒸汽采暖系统可分为重力回水和机械回水两类。高压蒸汽采暖系统都采用机械回水方式。

三、重力循环热水采暖系统

（一）工作原理

在热水采暖中，以不同温度的水的密度差为动力而进行循环的系统，称为重力循环系统，如图 3-1 所示。如果假设系统内水温只在散热器和锅炉内发生变化，并假想图 3-1 所示 A—A 断面处有一个阀门，该阀门若突然关闭，则在断面 A—A 两侧将受到不同的水柱压力，其水柱压力差就是驱使系统内水流进行循环流动的作用压力。

设 p_1 和 p_2 分别表示 A—A 断面右侧和左侧的水柱压力，则

$$p_1 = g(h_0\rho_h + h\rho_h + h_1\rho_g) \tag{3-1}$$

$$p_2 = g(h_0\rho_h + h\rho_g + h_1\rho_g) \tag{3-2}$$

断面 A—A 两侧之差则为

$$\Delta p = p_1 - p_2 = gh(\rho_h - \rho_g) \tag{3-3}$$

式中　Δp——重力循环系统的作用压力，Pa；

g——重力加速度，m/s^2；

h——加热中心至冷却中心的垂直距离，m；

ρ_h——回水密度，kg/m^3；

ρ_g——供水密度，kg/m^3。

例如系统供水温度 t_g=95℃，回水温度 t_h=70℃，则由加热中心至冷却中心每米垂直距离所产生的作用压力为

$$\Delta p = gh(\rho_h - \rho_g) = 9.81 \times 1 \times (977.8 - 961.9) = 155.98\text{Pa}$$

（二）系统形式

1. 单管上供下回式系统

图 3-2 为单管上供下回式系统的示意图。图中左侧为常规单管跨越式，即流向三层和二层散热器的热水水流分成两部分：一部分直接进入该层散热器，而另一部分则通过跨越管与本层散热器回水混合后再流向下层散热器。这样顺序经过各层散热器的热水，逐渐地被冷却，最后流回锅炉被再次加热。有时，也可以在跨越管上增设阀门，形成如图 3-2 左侧中部所示的形式。这时，设置在跨越管上的阀门在系统调试前是关闭的，系统调试时用它来调

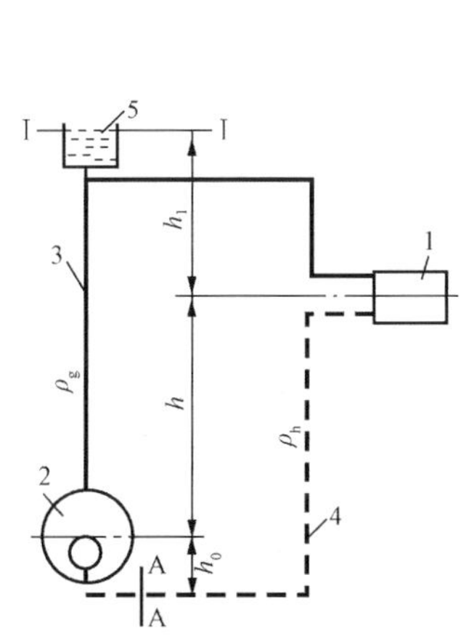

图 3-1　重力循环系统工作原理

1—散热器；2—锅炉；3—供水总管；4—回水总管；5—膨胀水箱

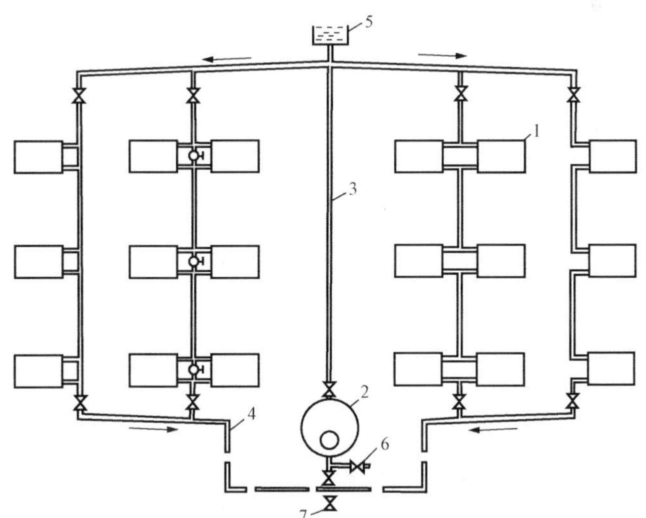

图 3-2　单管上供下回式系统

1—散热器；2—锅炉；3—供水管；4—回水管；5—膨胀水箱；6—上水箱；7—排水管

节热水流量，以缓和上热下冷的弊病。该阀门建议采用钥匙阀，以避免调试后用户任意启闭，影响平衡。

图 3-2 的右侧部分为单管串联式，亦称单管顺序式。即流经立管的热水，由上而下顺序通过各层散热器，逐层被冷却，最后经回水总管流回锅炉。由于此系统各层散热器支管上不安装阀门，所以房间温度也就不能任意调节。

在单管系统里（如图 3-3 所示），由于热水顺序地沿各层散热器冷却，在循环环路中的压力，由图 3-3 分析可知，产生重力循环作用压力的高差应是（h_1+h_2），故循环作用压力为

$$\Delta p = h_1 g(\rho_h - \rho_g) + h_2 g(\rho_1 - \rho_g) \tag{3-4}$$

或

$$\Delta p = g(h_1 + h_2)(\rho_1 - \rho_g) + gh_1(\rho_h - \rho_1) = gH_2(\rho_1 - \rho_g) + gH_1(\rho_h - \rho_2) \tag{3-5}$$

所以，当循环环路中有许多串联的冷却中心（即散热器）时，其作用压力可由下式表示：

$$\Delta p = \sum_{i=1}^{n} gh_i(\rho_i - \rho_g) = \sum_{i=1}^{n} gH_i(\rho_i - \rho_{i-1}) \tag{3-6}$$

式中　n——循环环路中冷却中心的总数；

g——重力加速度，m/s^2；

H_i——加热中心到所计算的冷却中心（散热器）间的垂直距离，m；

h_i——从计算的冷却中心到下一层冷却中心之间的垂直距离，m；

ρ_i——与所计算的冷却中心相对应的冷却管段中水的密度，kg/m^3；

ρ_{i-1}——所计算的冷却中心（散热器）的入口水的密度，kg/m^3；

ρ_g、ρ_h——供水、回水的密度，kg/m^3。

2. 双管上供下回式系统

图 3-4 为双管上供下回式系统。该系统的特点是，各层的散热器都并联在供回水立管间，使热水直接被分配到各层散热器，而冷却后的水，则由回水支管经立管、干管流回锅炉。

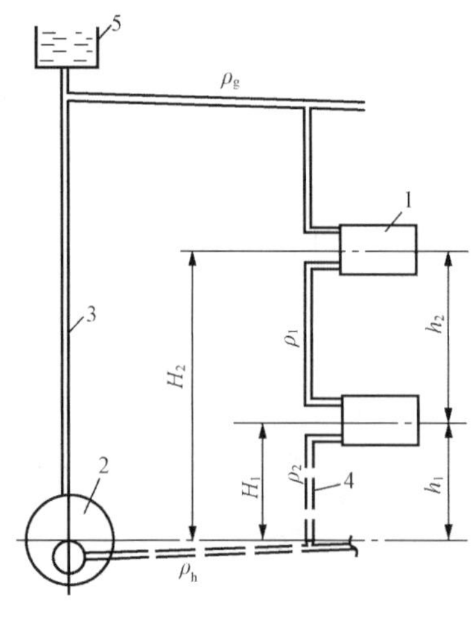

图 3-3　单管重力循环系统

1—散热器；2—锅炉；3—供水总立管；
4—回水立管；5—膨胀水箱

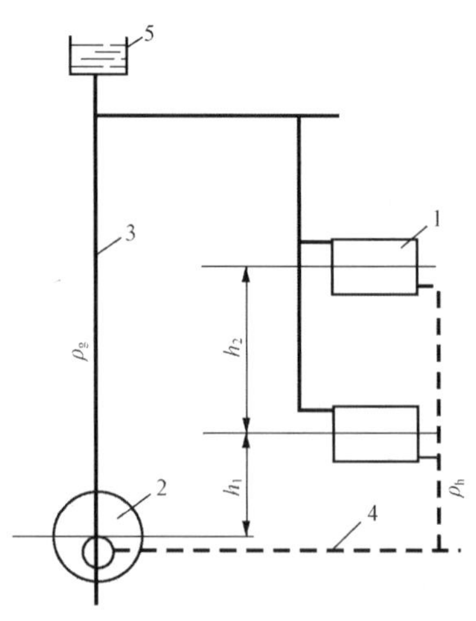

图 3-4　双管上供下回式系统

1—散热器；2—锅炉；3—供水管；
4—回水管；5—膨胀水箱

在如图 3-4 的双管系统里，由于热水同时在上下两层散热器内冷却，所以形成了两个冷却中心和两个并联支路，它们的作用压力分别为

$$\Delta p_1 = gh_1(\rho_h - \rho_g)$$

和
$$\Delta p_2 = g(h_1 + h_2)(\rho_h - \rho_g) = \Delta p_1 + gh_2(\rho_h - \rho_g)$$

故
$$\Delta p_2 - \Delta p_1 = gh_2(\rho_h - \rho_g)$$

这个差值说明上层散热器环路比下层散热器环路增加了作用压力。所以，计算上层环路时，必须计算这个差值。

由此可见，在双管系统中，由于各层散热器与锅炉的相对位置不同，所以相对高度由上向下逐层递减，尽管水温变化相同，但也将会形成上层作用压力大、下层作用压力小的现象。如果选用不同管径后仍不能使各层的压力损失达到平衡，则必然会出现上热下冷的垂直失调。而且，楼层数越多，上下环路的差值越大，失调现象将越严重。为此，在多层建筑中，采用单管系统要比双管系统可靠得多。

（三）系统的优缺点和设计注意事项

1. 系统的优缺点

重力循环热水采暖系统具有热水采暖所固有的优点，如可以随着室外气温的改变而改变锅炉水温、散热器表面温度比蒸汽为热媒时低和管道使用寿命长等优点，还具有装置简单、操作方便、没有噪声以及不消耗电能等优点。它的主要缺点是升温慢、系统作用压力小、管径大和初投资高。

2. 设计注意事项

（1）一般情况下，重力循环系统的作用半径不宜超过 50m。

（2）通常宜采用上供下回式，锅炉位置应尽可能降低，以增大系统的作用压力。如果锅炉中心与底层散热器中心的垂直距离较小时，宜采用单管上供下回式重力循环系统，而且最好是单管垂直串联系统。

（3）不论采用单管系统还是双管系统，重力循环的膨胀水箱应设置在系统供水总立管顶部（距供水干管顶标高 300～500mm 处）。供水干管与回水干管均应具有 0.005～0.01 的坡度，坡向宜与水流方向相同；连接散热器的支管，亦应根据支管的不同长度，具有 0.01～0.02 的坡度，以便使系统中的空气，能集中到膨胀水箱而排至大气。

四、机械循环热水采暖系统

（一）系统的特点

机械循环热水采暖系统的特点是系统中设有循环水泵，使系统中的热媒进行强制循环。由于水在管道内的流速大，所以它与重力循环系统相比具有管径小、升温快的特点。但因系统中增加了循环水泵，因而需要增加维修工作量，而且也增加了经常运行费用。

（二）系统型式

1. 双管上供下回式系统

图 3-5 是双管上供下回式系统的示意图。其系统形式与重力循环系统基本相同。除了膨胀水箱的连接位置不同外，只是增加了循环水泵和排气设备。

2. 双管下供下回式系统

图 3-6 是双管下供下回式系统的示意图。

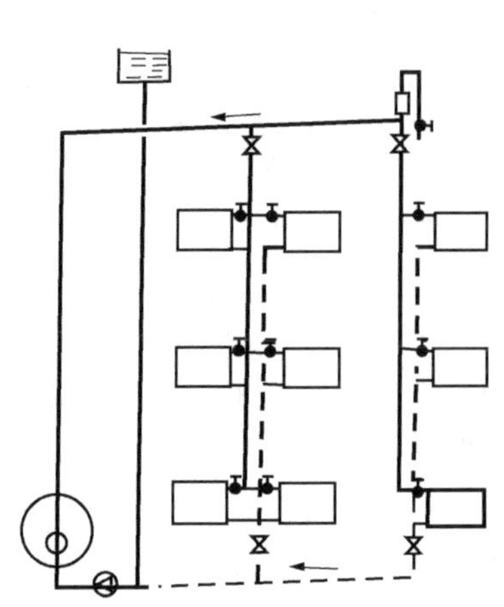
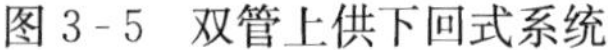
图 3-5　双管上供下回式系统

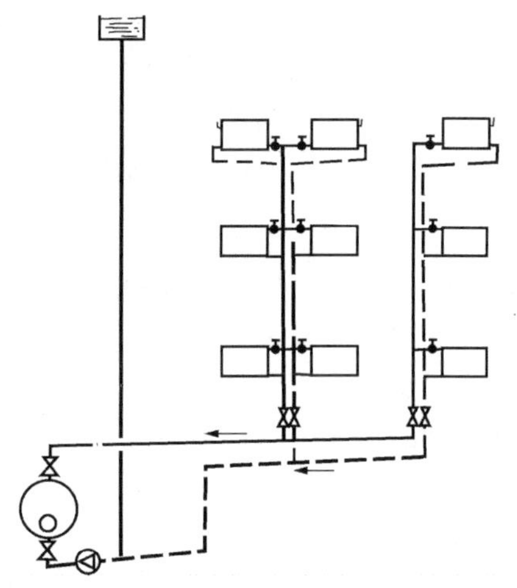
图 3-6　双管下供下回式系统

该系统与双管上供下回式系统的不同点在于：

(1) 供、回水干管均敷设在不采暖的地下室平顶下或地沟内；

(2) 系统中的空气，是通过最上层散热器上部的放气阀排除的。

3. 双管中供式系统

图 3-7 为双管中供式系统的示意图。这种系统的优点是：

(1) 避免了上供下回式系统明管敷设供水干管时挡上腰窗的问题。

(2) 缓和了上供下回式系统的垂直失调现象。

4. 单管下供下回式系统

图 3-8 为单管上供下回式系统的示意图。图中总立管的左侧部分为单管跨越式，右侧为单管串联式（单管顺序式）。

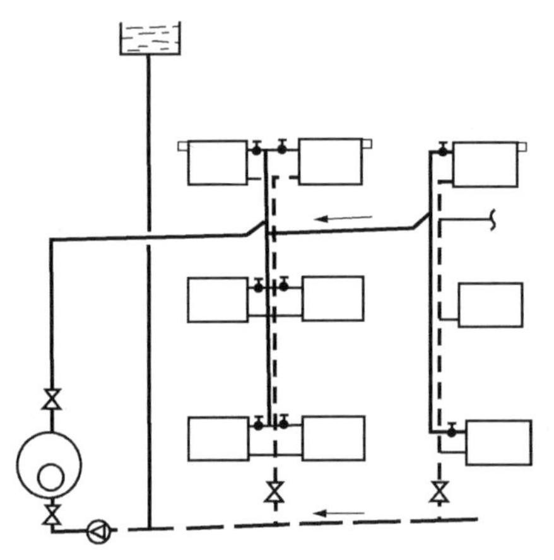
图 3-7　双管中供式系统

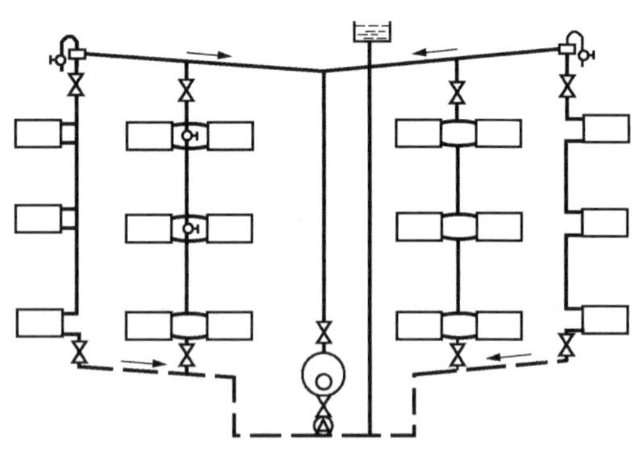
图 3-8　单管上供下回式系统

5. 单管水平式系统

单管水平式系统按供水管与散热器连接方式的不同，可分为上串联式和下串联式（见图 3-9）和跨越式（也称并联式，见图 3-10）。上串联式和上并联式与下串联式和下并联式比，节约了散热器上的放空气阀，并实现了连续排气；而带空气管的水平串联式系统，不仅增加了管材和安装工程量，而且还不能单独调节散热器需热量，故此种配管方式并不可取。

在上串联式单管水平式系统中，散热器内部水的循环，取决于热媒的质流量和散热器高度等因素。试验证明只有当系统中的循环水流量 $G \geqslant 350$kg/h 时，才能通过“引射作用”使散热器下部的水形成稳定的循环。

为提高并联式的调节效果，可在每组散热器回水支管与干管的连接处，安装一个“引射式”三通，如图 3-10 所示。

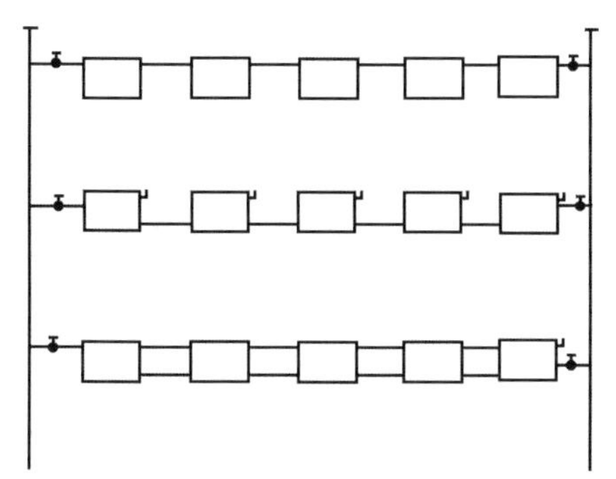

图 3-9　单管水平串联式系统

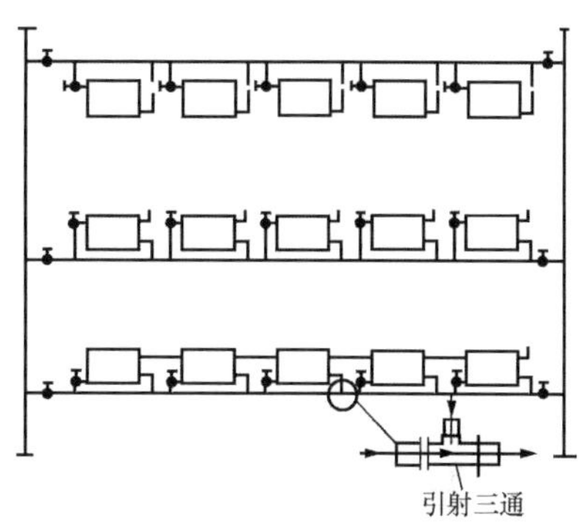

图 3-10　单管水平跨越式系统

6. 双管下供上回式系统

图 3-11 是双管下供上回式系统示意图。这种系统的优点是：

（1）水的流向是自下而上，与系统内空气的流向一致，因而空气排除比较容易；

（2）由于回水干管在顶层，故无效热损失小；

（3）用于高温水系统时，由于温度低的回水干管在顶层，温度高的供水干管在底层，故可降低膨胀水箱的标高，也有利于系统中空气的排除。

这种系统的缺点是散热器传热系数要比上供下回式低。散热器的平均水温几乎等于甚至有时还低于出口水温，这就无形中增加了散热器的面积。但当用于高温水采暖时，这一特点却有利于满足散热器表面温度不致过高的卫生要求。为此，这种形式宜应用于高温水采暖系统。

7. 混合式系统

图 3-12 是下供上回式（倒流式）与上供下回式连接的混合式系统的示意图。来自外网的高温水自下而上流入 1、2 号立管的散热器，然后再引到系统的后面部分（立管 3、4）。

其中，1、2 立管直接利用高温水为热媒。但为了使这部分散热器的表面温度不致过高，采用了单管跨越式系统。同时，为了解决系统的压力平衡，在立管下部，设置有节流孔板。

（三）设计注意事项

（1）机械循环系统作用半径大，适应面广，配管方式多，系统选择应根据卫生要求和建筑物形式等具体情况进行综合技术经济比较后确定。

（2）在系统较大时，宜采用同程式，以便于压力平衡，参见图 3-12。

（3）由于机械循环系统水流速度大，易将空气泡带入立管造成局部散热器不热，故水平敷设的供水干管必须保持与水流方向相反的坡度，以便空气能顺利地和水流同方向集中排除。

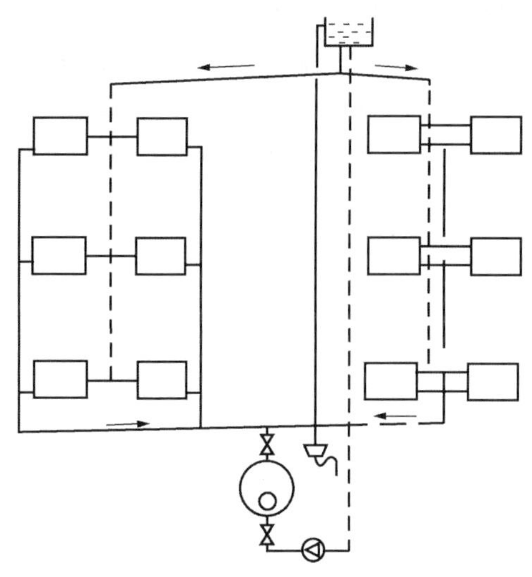

图 3-11 双管上供下回式系统

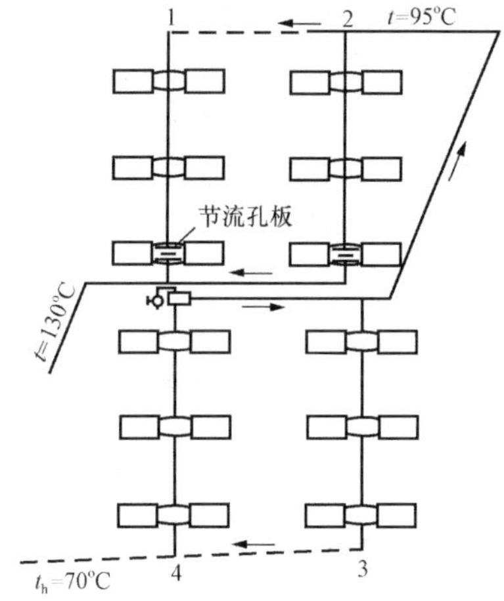

图 3-12 混合式系统

(4) 因管道内水的冷却而产生的作用压力，一般可不予考虑；但散热器内水的冷却而产生的作用压力却不容忽视。一般应按下述情况考虑：

1) 双管系统由于立管本身连接的各层散热器均为并联循环环路，故必须考虑各层不同的重力作用压力，以避免水力的竖向失调。重力循环的作用压力可按设计水温条件下最大压力的 2/3 计算；

2) 单管系统若建筑物各部分层数不同，则各立管所产生的重力循环作用压力亦不相同，故该值也应按最大值的 2/3 计算；当建筑物各部分层数相同，且各立管的热负荷相近似时，重力循环作用压力可不予考虑。

(5) 在单管水平串联系统中，设计时应考虑水平管道热胀补偿的措施。此外，串联环路的大小一般以串联管管径不大于 DN32mm 为原则。

五、高层建筑热水采暖系统

高层建筑采暖系统，目前通常采用分层式和双水箱分层式两种。

分层式采暖系统见图 3-13，该系统在垂直方向分成两个或两个以上的系统。其下层系统，通常与室外热网直接连接。它的高度主要取决于室外热网的压力和散热器的承压能力。而上层系统则通过热交换器进行供热，从而与室外热网相隔绝。当高层建筑散热器的承压能力较低时，这种连接方式是比较可靠的。

此外，当热水温度不高，使用热交换器显然不经济合理时，则可以采用如图 3-14 所示的双水箱分层式系统。该系统具有以下特点：

(1) 上层系统与外网直接连接。当外网供水压力低于高层建筑静水压力时，在供水管上设加压泵。而且利用进、回水两个水箱的水位差 h 进行上层系统的循环。

(2) 上层系统利用非满管流动的溢流管 6 与外网回水管的压力隔绝。

(3) 利用两个水箱与外网压力相隔绝，在投资方面低于热交换器，且简化了入口设备。

(4) 采用了开式水箱，易使空气进入系统，增加了系统的腐蚀因素。

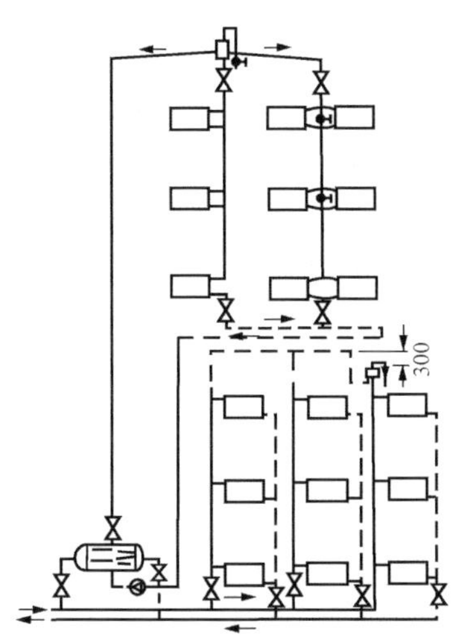

图 3-13　分层式供暖系统

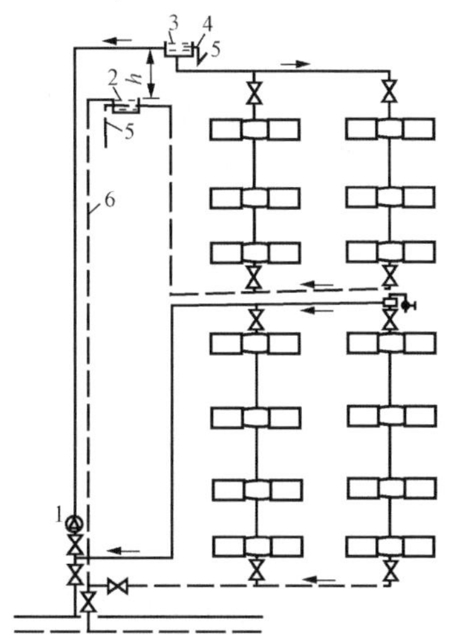

图 3-14　双水箱分层式系统

1—加压泵；2—回水箱；3—进水箱；4—进水箱溢流管；5—信号管；6—回水箱溢流回水管

六、低压蒸汽采暖系统

根据回水方式的不同，低压蒸汽供暖系统可分为重力回水和机械回水两类。

（一）重力回水系统

图 3-15 为重力回水系统的简图。在系统运行前，锅炉充水至Ⅰ—Ⅰ处，运行后在蒸汽压力的作用下，克服蒸汽流动的阻力，经供汽管道输入散热器内，并将供汽管道和散热器内的空气驱入凝水管，最后从“B”处排入大气。蒸汽在散热器内放热后，冷凝成水，经凝水管道返回锅炉。

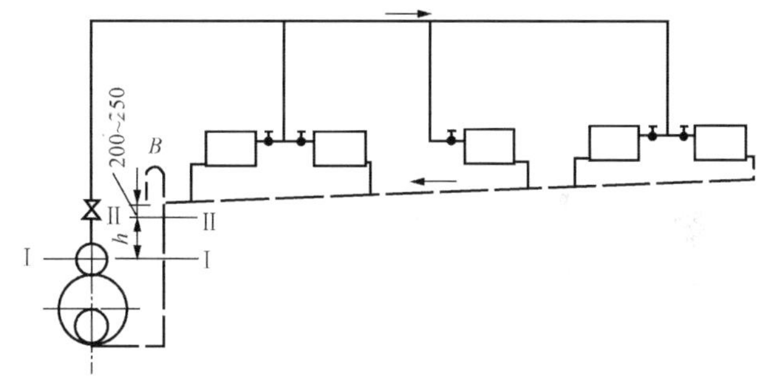

图 3-15　重力式回水系统

通常，冷凝水只占据凝水管的部分断面，另一部分被空气所占据。由于凝水干管一般处于锅炉（或凝水箱）的水位线之上，所以，通常称为干式凝水管，而位于锅炉（或凝水箱）水位线以下的凝水管统称为湿式凝水管。

在图 3-15 中，因凝水总立管顶部接空气管，在蒸汽压力的作用下，凝水总立管中的水位将由Ⅰ—Ⅰ断面升高到Ⅱ—Ⅱ断面。由于“B”处通大气，故升高值 h 应按锅炉压力折算静水位高度而定。为了保证干式回水，凝水管也须敷设在Ⅱ—Ⅱ断面以上，并考虑锅炉的压力波动，应使它高出Ⅱ—Ⅱ断面 200～250mm。这样，才可使散热器内部不致被凝水所淹没，从而保证系统的正常运行。

（二）机械回水系统

当系统作用半径较长时，就应采用较大的蒸汽压力才能将蒸汽输送到最远散热器。此时，若仍用重力回水，凝水管里的水面Ⅱ—Ⅱ的高度就可能会达到甚至超过底层散热器的高度，这样，底层散热器就会充满冷凝水，蒸汽就无法进入，从而影响散热。这时必须改用机

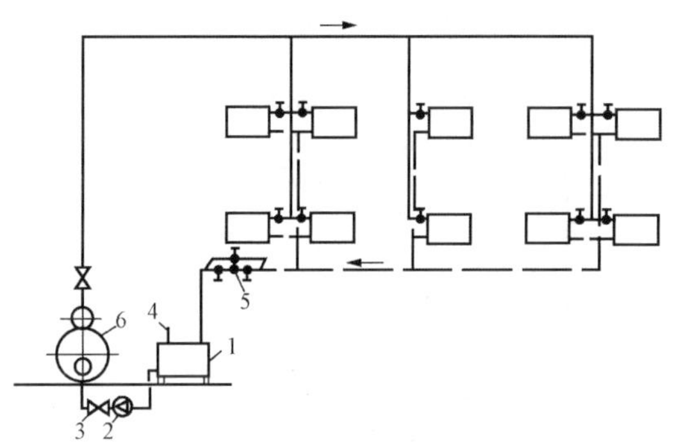

图 3-16 机械回水系统

1—凝水箱；2—凝水泵；3—止回阀；4—空气管；5—疏水器；6—锅炉

械回水式系统，如图 3-16 所示。

在机械回水系统中，锅炉可以不安装在底层散热器以下，而只需将凝水箱安装在低于底层散热器和凝水管的位置就行。而系统中的空气，可通过凝水箱顶部的空气管排入大气。

为防止系统停止运转时，锅炉中的水被倒吸流入凝水箱，应在泵的出水口管道上安装止回阀。为了避免凝水在水泵吸入口汽化，确保水泵的正常工作，凝水泵的最大吸水高度和最小正水头高度，必须受凝水温度的制约，具体数值见表 3-2。

表 3-2 凝水泵的凝水温度、最大吸入压力、最小正压力

凝水温度（℃）	0	20	40	50	60	75	80	90	100
最大吸入压力（kPa）	64	59	47	37	23	0			
最小正压力（kPa）							2	3	6

（三）系统形式

1. 双管下供下回式系统

图 3-17 为双管下供下回式系统。由于供汽立管中凝水与蒸汽逆向流动，故运行时有时会产生汽水撞击声。

2. 双管上供下回式系统

图 3-18 为双管上供下回式系统。由于供汽立管中凝水与蒸汽流向相同，故运行时不致产生汽水撞击声。在总立管底部最好设排除凝水的疏水装置，同时总立管应保温以减少散热量。

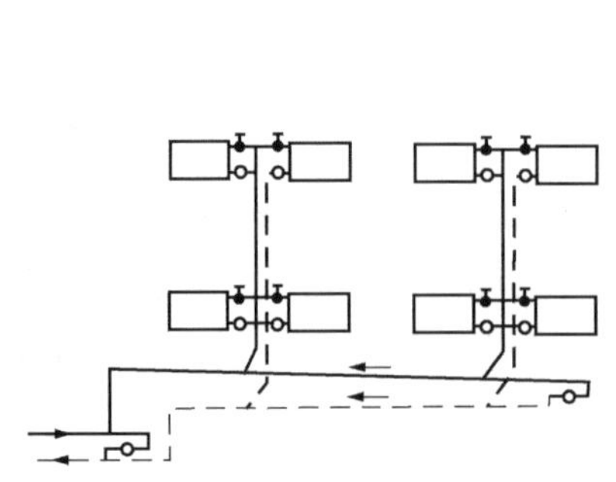

图 3-17 双管下供下回式系统

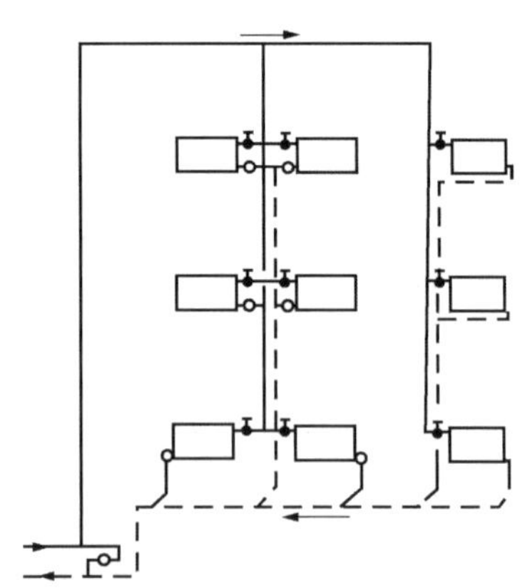

图 3-18 双管上供下回式系统

3. 双管中供式系统

图 3-19 为双管中供式系统。供汽干管敷设在顶层楼板下面，蒸汽立管从干管中接出后向上、向下供汽，其凝水则通过凝水立管经敷设在底层地板上（或地沟内）的凝水干管返回

锅炉房。

4. 单管下供下回式系统

图 3-20 为单管下供下回式系统。由于是单立管，管内汽水逆向流动，故必须采用低流速，其立、支管管径相应地较双管式系统要大得多。

5. 单管上供下回式系统

图 3-21 为单管上供下回式系统的简图。由于立管中汽、水流向相同，故运行时不会产生水击声，且立、支管管径也不必加大。

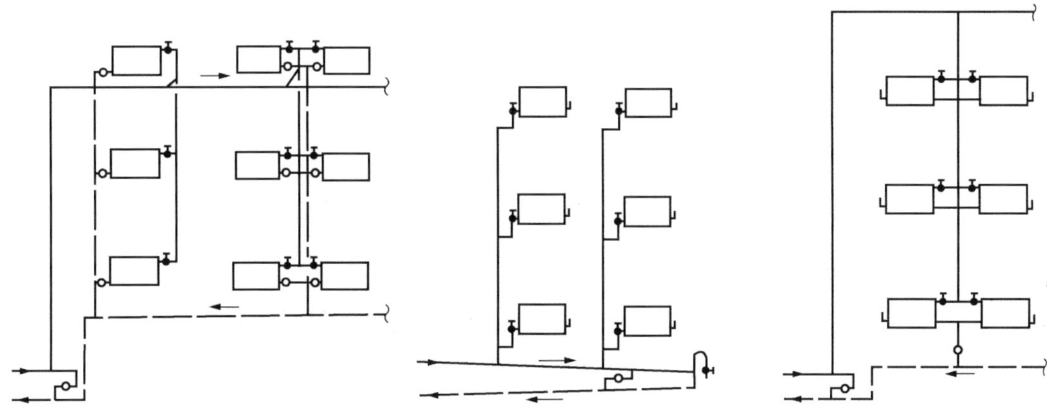

图 3-19　双管中供式系统　　图 3-20　单管下供下回式系统　　图 3-21　单管上供下回式系统

七、高压蒸汽采暖系统

（一）高压蒸汽供暖系统的技术经济特性

凡压力大于 70kPa 的蒸汽称为高压蒸汽。高压蒸汽采暖系统与低压蒸汽系统相比，有下列特点：

（1）供汽压力高，流速大，系统作用半径大，但沿程管道热损失也大。对于同样的热负荷，所需管径小；但如果沿途凝水排泄不畅时，会产生严重水击。

（2）散热器内蒸汽压力高，表面温度也高，对于同样的热负荷、所需散热器面积少；但易烫伤人和烧焦落在散热器上的有机尘，卫生和安全条件较差。

（3）凝水温度高，容易产生二次蒸发汽。

（二）几种常用的高压蒸汽采暖系统

1. 上供上回式系统

图 3-22 为上供上回式系统。其供汽与凝水干管均敷设在房屋上部，冷凝水靠疏水器后的余压上升到凝水干管。在每组散热设备的凝水出口处，除应安装疏水器外，还应安装止回阀并设置泄水管、放空气管等，以便及时排除每组散热设备和系统中的空气和凝水。

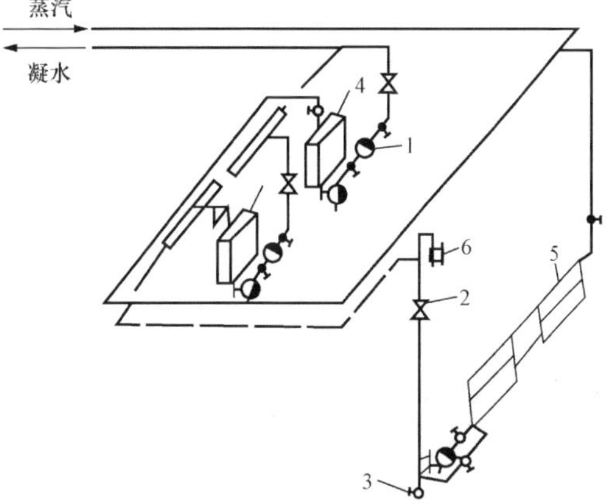

图 3-22　上供上回式系统

1—疏水器；2—止回阀；3—泄水阀；4—暖风机；5—散热器；6—放空气阀

2. 上供下回式系统

图 3-23 是上供下回式系统。疏水器集中安

装在每个环路凝水干管的末端。在每组散热器进、出口均安装球阀，以便调节供汽量以及在检修散热器时能与系统隔断。

为了使系统内各组散热器的供汽均匀，最好采用同程式管道布置，见图 3-24 所示。

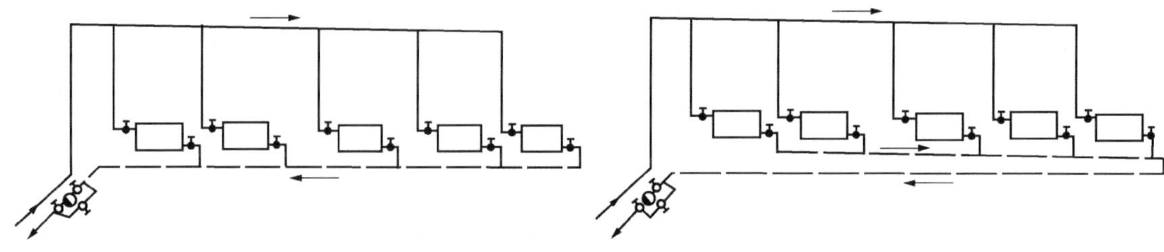

图 3-23　上供下回式系统　　　　图 3-24　同程式管道布置

图 3-25 为单管串联式系统的示意图。

不论采用何种系统，应在每个环路末端疏水器前设排空气装置（疏水器本身能自动排气者除外）。

（三）凝水回收系统

凝水回收系统根据其是否与大气相通可分为开式系统和闭式系统两类。前者不可避免地要产生二次蒸汽的损失和空气的渗入，损失热量与凝水，腐蚀管道，污染环境，因而一般只适用于凝水量小于 10t/h、作用半径小于 500m 的小型工厂。

按照凝水流动的动力，凝水回收系统可分为余压回水、闭式满管回水和加压回水三种。

1. 余压回水

从室内加热设备流出的高压凝水，经疏水器后，直接接入外网的凝水管道而流回锅炉房的凝水箱，见图 3-26。

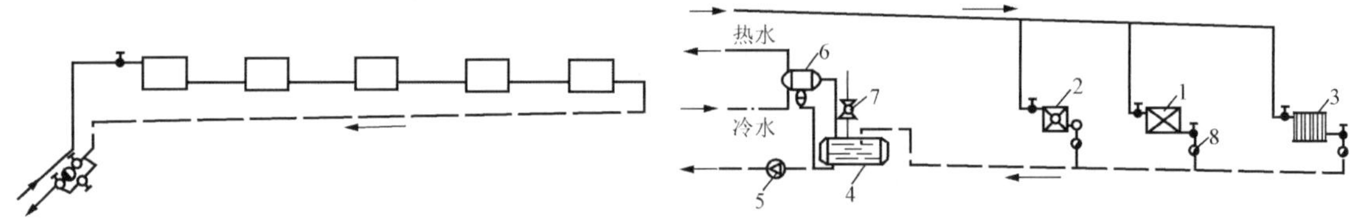

图 3-25　单管串联式系统

图 3-26　余压回水简图

1—通风加热设备；2—暖风机组；3—散热器；4—闭式凝水箱；5—凝水加压泵；6—利用二次汽的水加热器；7—安全阀；8—疏水器

余压回水系统的凝水管道对坡度和坡向无严格要求，可以向上或向下甚至可以抬高到加热设备的上部（如图 3-26），而且锅炉房的闭式凝水箱的标高不一定要在室外凝水干管最低点标高之下。

余压回水系统可以做成开式或闭式。图 3-26 所示为闭式系统。它用安全阀（或多级水封）使凝水箱与大气隔绝。产生的二次汽可用作低压用户的热媒。

为了使压力不同的两股凝水顺利合流，避免相互干扰，可采取如图 3-27 所示的简易措施。即将压力高的凝水管做成喷嘴或多孔管形式顺流向插入压力低的凝水管中。

2. 闭式满管回水

为了避免余压回水系统汽液两相流动容易产生水击的弊病和克服高低压凝水合流时的相互干扰，在有条件就地利用二次汽时，可将热用户各种压力的高温凝水先引入专门设置的二次蒸发箱，通过蒸发箱分离二次蒸汽并就地加以利用，分离后的凝水借位能差（或水泵）将凝水送回锅炉房，这就形成闭式满管回水，如图3-28所示。

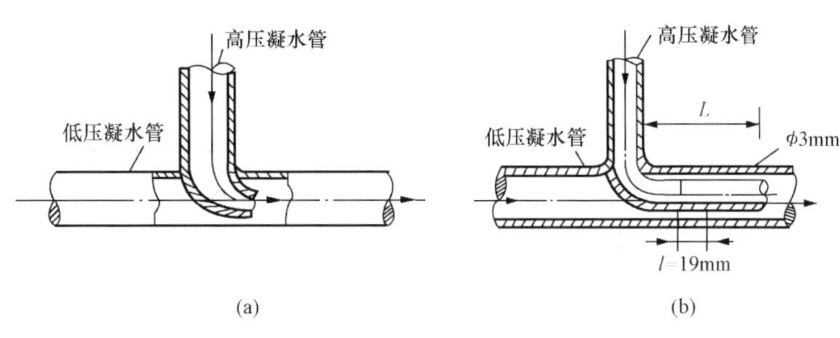

图3-27　高低压凝水合流的简易措施

图(b)中：L=孔数$n\times6.5$mm

n(孔数)=12.4×高压凝水管截面积(cm^2)

二次蒸发箱一般架设在距地面约3m高处。箱内的蒸汽压力，视二次汽利用与回送凝水的温度需要而定，一般情况下，可设计为$0.2\times10^5\sim0.4\times10^5$Pa。在运行中，当用汽量小于二次汽化量时，箱内压力升高，此时安装在箱上的安全阀就排汽降压；反之，当用汽量大于二次汽化量时，箱内压力降低，此时应有自动的补汽系统进行补汽。通过排汽和补汽，以维持二次蒸发箱内基本稳定的工作压力。

3. 加压回水

当靠余压不能将凝水送回锅炉房时，可在用户处（或几个用户联合的凝水分站）安设凝水箱，收集从各用热设备中流出的不同压力的凝水，在处理二次蒸汽（或就地利用或排空）后，利用泵或疏水加压器等设施提高凝水的压力，使之流回锅炉房凝水箱，称为加压回水，如图3-29所示。

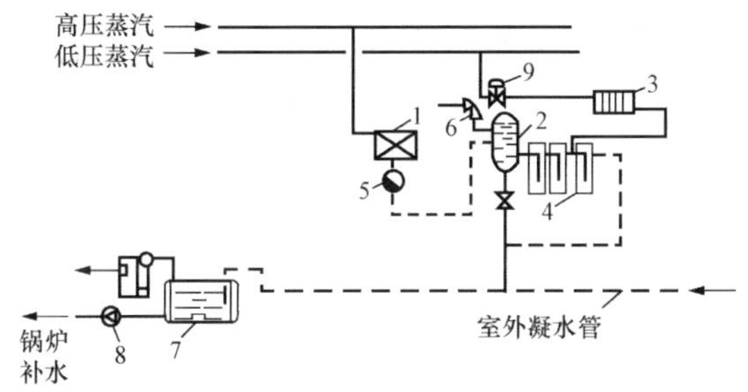

图3-28　闭式满管回水简图

1—高压蒸汽加热器；2—二次蒸发箱；3—低压蒸汽散热器；4—多级水封；5—疏水器；6—安全阀；7—闭式凝水箱；8—凝水泵；9—压力调节器

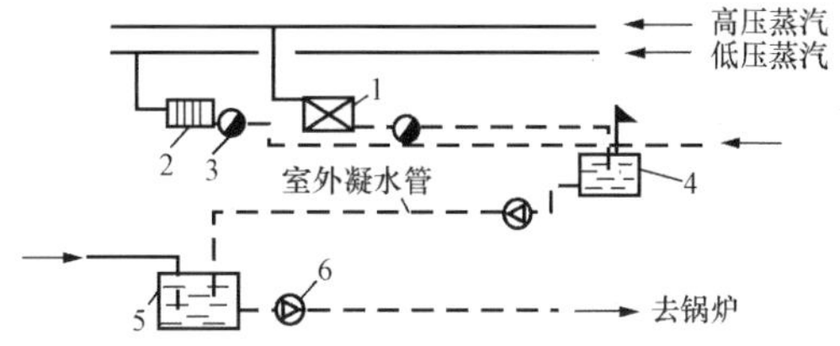

图3-29　加压回水简图

1—高压蒸汽加热器；2—低压蒸汽散热器；3—疏水器；4—车间（分站）凝水箱；5—总凝水箱；6—凝水泵

第二节　低温热水地板辐射采暖

低温辐射采暖作为冬季的一种采暖形式，国外早在20世纪30年代已被应用在住宅中。近20~30年来，低温辐射采暖以其卫生条件高、舒适性好、温度梯度均匀、可利用热源多等优点被越来越多地应用在住宅、别墅的居室和客厅、宾馆的大厅和餐厅、商场、游泳池、车库等建筑以及室外路面、户外运动场的地面化雪等工程中。

低温辐射采暖是指辐射板表面温度低于80℃的辐射采暖形式。低温辐射采暖按其构造分为埋管式、风道式和组合式；按其布置位置分为地面式、墙面式、顶面式和楼板式。各类辐射采暖的特点见表3-3，其中，埋管式地面辐射采暖以其温度梯度小、室内温度均匀、脚感温度高、易于敷设和施工等特点被广泛采用。

表3-3　　低温辐射采暖系统分类表

分类根据	名称	特点
辐射板位置	顶面式	以顶棚作为辐射表面，辐射热占70%左右
	墙面式	以墙壁作为辐射表面，辐射热占65%左右
	地面式	以地面作为辐射表面，辐射热占55%左右
	楼板式	以楼板作为辐射表面，辐射热占55%左右
辐射板构造	埋管式	直径32～15mm的管道埋设于建筑表面内构成辐射表面
	风道式	利用建筑物构件的空腔使热空气循环流动其间构成辐射表面
	组合式	利用金属板焊以金属管组成辐射板

一、系统特点

埋管式辐射采暖因供水温度一般小于60℃，管路基本不结垢，多采用管路一次性埋设于混凝土中的做法；埋管式辐射采暖的平、剖面基本构造（见图3-30、图3-31、图3-32、图3-33)可根据计算确定，其中，保温层主要是用来控制热量传递方向，埋管结构层用来固定埋设盘管，均衡表面温度。管道材料有钢管、铜管和塑料管，早期的埋管式辐射采暖管道均采用钢管和铜管，埋设的管道需焊接。目前由于塑料工业的发展，通过特殊处理和加工的塑料管已满足了低温辐射采暖对塑料管耐高温、承压高和耐老化的要求，而且管道按设计要求长度生产，埋设部分无接头，杜绝了埋地部分的管道渗漏，另外，塑料管容易弯曲，易于施工，因此，现在的辐射采暖管材多数采用塑料管。地面辐射采暖所采用的塑料管主要有交联聚乙烯管(PE-X管)、聚丁烯管（PB管）、交联铝塑复合管（XPAP)、无规共聚聚丙烯管（PP-R）四种。这四种塑料管均具有耐老化、耐腐蚀、不结垢、承压高、无环保污染、沿程阻力小等优点。

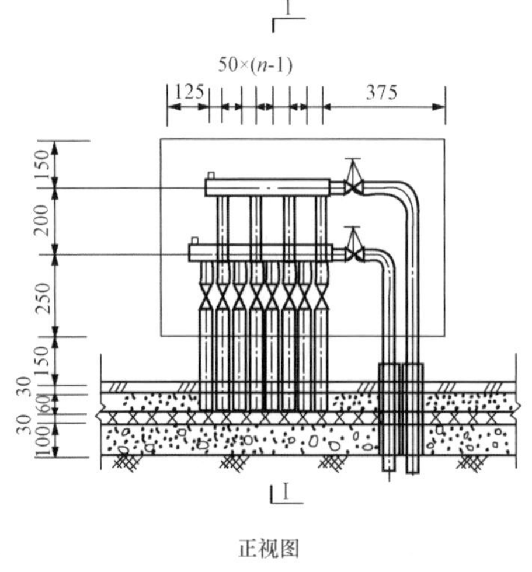

正视图

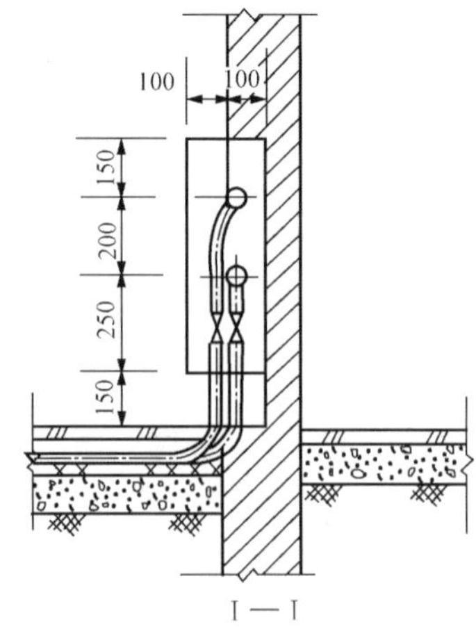

I—I

图3-30　分、集水器祥图

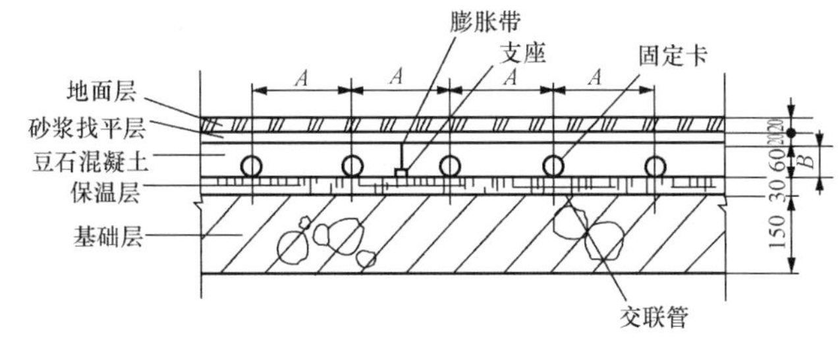

图 3-31 加热排管剖面图

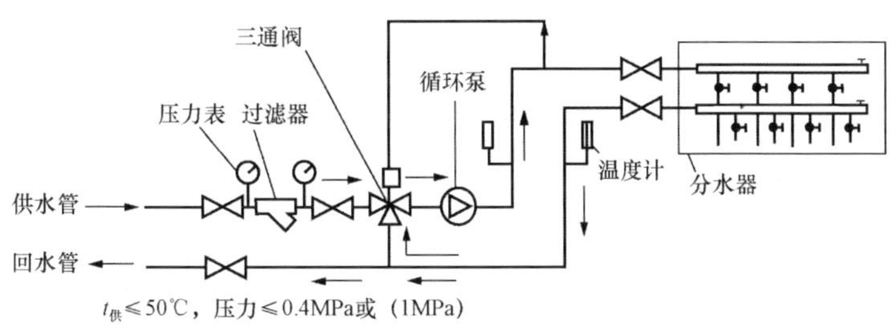

图 3-32 加热管系统图

二、系统组成

（1）在住宅建筑中，地板辐射采暖的加热管应按户划分成独立的系统，设置分（集）水器，再按室分组配置加热盘管。对于其他性质的建筑，可按具体情况划分系统。每组加热管回路的总长度不宜超过 120m。

（2）每组加热盘管的供、回水应分别与分（集）水器相连接。通过分（集）水器的总进（出）水管再与采暖管网相连接，每套分（集）水器连接的加热盘管管段不应超过 8 组，连接在同一个分（集）水器上各组加热盘管的几何尺寸长度应接近相等。

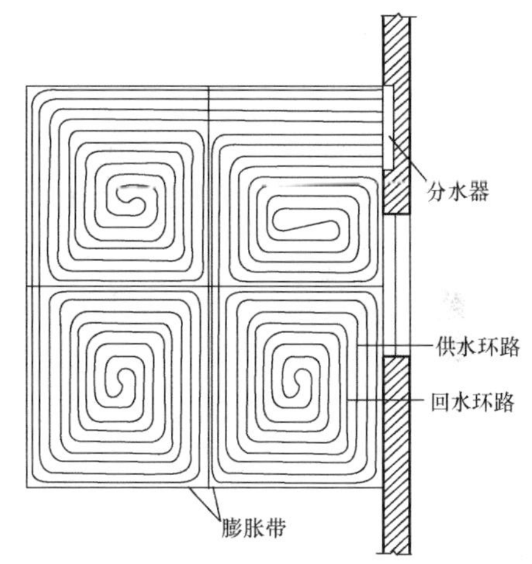

图 3-33 加热管平面图

（3）在分水器的总进水管上，顺水流方向应安装球阀、过滤器等，在集水器的总出水管上，顺水流方向应安装平衡阀、球阀等。

注：如需进行分户热计量时，热表应安装在过滤器之后。

（4）分水器的顶部，应安装手动或自动排气阀。

（5）各组盘管与分（集）水器相连处，应安装球阀。

（6）加热排管的布置，应根据保证地板表面温度均匀的原则而采用。埋管式辐射采暖的常见管道布置形式有联箱排管、平行排管、蛇形排管和蛇形盘管四种，其布置形式见图 3-34。联箱排管式辐射采暖管路易于布置，系统阻力小，但板面温度不均匀，温降小，排管与联箱间采用管件或焊接连接。其余三种形式的管路均为连续弯管，系统阻力适中，特别适用于较长塑料管材弯曲敷设；其中，平行排管辐射采暖管路易于布置，但板面温度不均匀，管路转弯处转弯半径小；蛇形排管辐射采暖温降适中，板面温度均匀，但管路的一半数目转弯处的转弯半径小；蛇形盘管辐射采暖温降适中，板面温度均匀，盘管管路只有两个转弯处的转弯半径小。对于目前辐射采暖大多采用塑料管材的今天，平行排管、蛇形排管、蛇形盘管三种形式被经常采用。

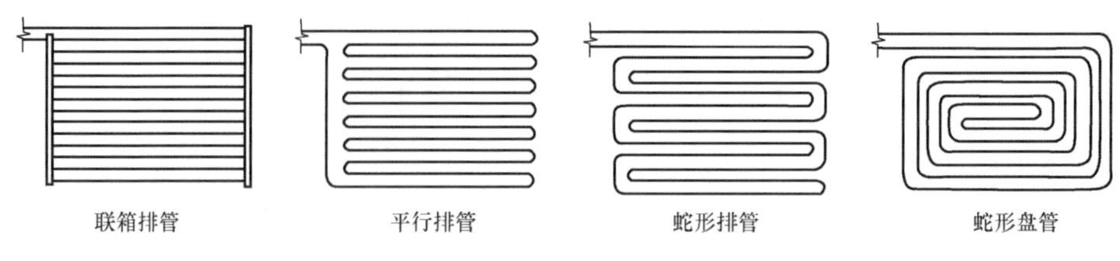

图 3-34　排管形式

第三节　住宅分户热计量采暖

住宅进行集中采暖分户计量是建筑节能、提高室内供热质量、加强采暖系统智能化管理的一项重要措施。该技术在发达国家早已实行多年，是一项成熟的技术。我国政府目前已开始逐步实施该项技术，并且近几年在多个地区进行了该项技术的试验研究，已取得了一些成功的经验。

一、室内采暖系统

（一）系统制式

不同的计量方法对系统的制式要求不同，采用户用热量表必须对每户形成单独的采暖环路，而采用热分配表时，由于热分配表采用的计量方式是测试散热器的散热量，因此理论上认为其可适用于目前的各种热水集中采暖系统形式，这样对于系统制式的讨论也可分为两种情况。

（二）适合热量表的采暖系统

为使每一户安装一个热量表就应对每一户都设有单独的进出水管，这就要求系统能够对各户设置供回水管道。目前比较可行的采暖系统形式就是建设部 2000 年 10 月 1 日实施的《民用建筑节能管理规定》中第五条规定的："新建居住建筑的集中供暖系统应当使用双管系统，推行温度调节和户用热量计量装置实行供热收费"，见图 3-35。

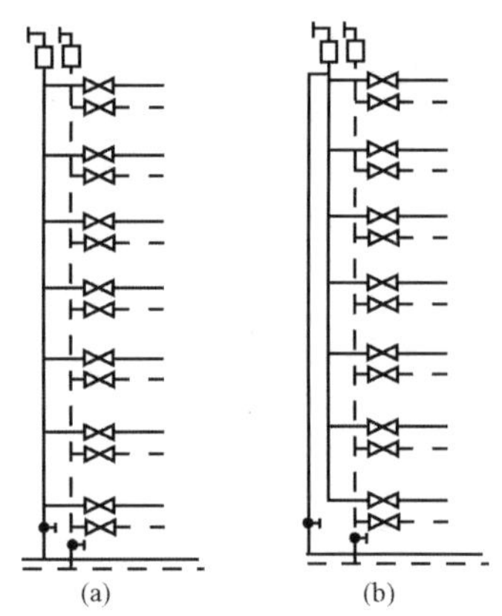

图 3-35　分户计量双立管采暖系统

室内可做成水平单管串联系统［图 3-36（a）］，此系统不能装恒温阀调节室温，故不宜采用这种系统；另还有水平单管跨越式［图 3-36（b）］、双管上行下给式［图3-36（c）］、双管上行上给式［图 3-36（d）］几种形式，可供选择。

（三）适合热量分配表的采暖系统

热量分配表分为蒸发式和电子式两大类。虽然工作原理不同，但在采暖系统中对热量的计量方法是一致的，即均为计量散热器对房间散出的热量。由于该类仪表直接测试散热器对室内的放热量，因此不考虑分室控制时，是目前在建筑中使用的各种采暖系统均可以采用的进行热量计量的热分配表。

由于热分配表的计量方法的要求，在热量计量中还需对一栋建筑物或一个单元的入口安装热量表进行计量，然后再根据热分配表的计量值实行分配。

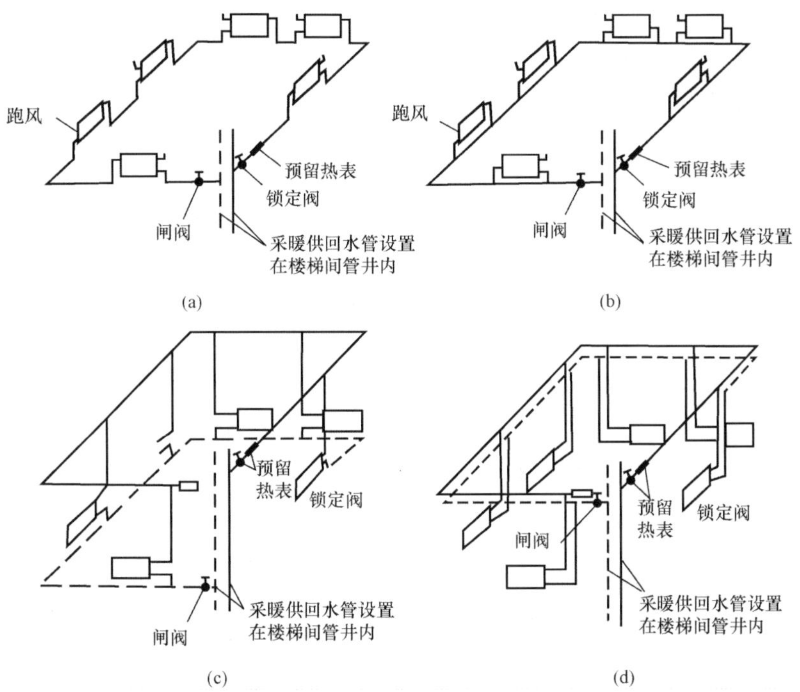

图 3-36　分户计量采暖系统户内常用的几种形式

由于热量表和热分配表在计量上对采暖系统的要求不同，因此建议：新建建筑宜采用热量表计量。而改造的居住建筑采暖系统宜采用热量分配表计量。

（四）供回水双立管的布置

双立管一般布置在楼梯间，不占用房间使用面积，且检修、读表方便。也可布置在住户厨房、卫生间。进户厅堂等处。对于在楼梯间设置管道并，应对井内的供回水管加以保温。

（五）户内环路的管道布置

户内管道布置与户内采取的系统有关。几年来，各地多项试验工程的实践，均无理想的处理方式。但在试验工程中采用的布置方式均能实现分户计量的目的，其做法有以下几种：

(1) 在下一层的顶棚处，布置户内水平干管，支管穿过楼板与户内的散热器连接，可形成下供下回的水平并联系统，单管水平串联或单管带跨越管的水平串联。其优点是：管道好布置，无过门的不便处理，室内面积可有效使用，家具摆放不受管道的影响。其缺点是：顶棚内的管道影响美观，不便于维修，甚至影响邻里关系。每组散热器需设跑风。

(2) 供回水干管布置在本层的顶棚下，形成上供上回的双管并联系统，每组散热器不必设跑风。其缺点是顶棚下的管路影响了美观。由于干管坡度和排气等对层高有一定的要求。

(3) 供水干管设在本层顶棚下，回水干管设在本层地面上，形成上供下回的系统形式。此系统除不必每组散热器设跑风外，其缺点较多，故工程中较少使用。

(4) 供回水干管均在地面布置，形成下供下回的双管并联系统，单管水平串联或单管跨越式水平串联系统。该系统的优点是在顶棚处不出现管道，但管道过门、系统排气、家具摆放均受到一定的影响。

(5) 户内不设置供回水干管，而在户内的热量表后安放一组供回水分配器，然后用交联聚乙烯管（PE），聚丁烯管（PB）或铝塑复合管，以放射状沿地面与房间的散热器连接，并将管路埋在地面垫层内，垫层的厚度不少于50mm，此形式在设计时还可在软管外加DN25的套管，以便系统维修和管路隔热，防止地面垫层因温度应力而开裂。

二、散热器的布置与安装

（一）散热器的安装位置

分户计量后的系统制式与传统的系统形式有了变化。散热器的布置应考虑避免户内管路穿过阳台门和进户门，应尽量减少管路的安装，散热器也可安装在内墙不影响散热效果。

为了能达到分室控温的目的，应在每组散热器的连接支管上安装温控阀，并根据具体情况选择温控阀的型号。温控阀有内置传感器和外置传感器两种，外置传感器也称远程传感器，其远程长度可到8m，可将其安装在能正确测试房间温度的位置。

传统的采暖系统中在给水干管末端最高点设排气阀排气，而由于系统形式不同，在分户计量的系统中排气需在散热器处考虑，如水平串联系统考虑排气问题，一般应在每组散热器设置跑风。

（二）散热器的形式

为保证热量表、温控阀正常运行，散热器形式不宜采用水流通道内含有黏砂的散热器，避免堵塞。

（三）散热器罩的使用问题

室内散热器加装饰罩使用的情况已非常普遍。对蒸发式热分配表由于计量原理的原因，在使用装饰罩时，不适宜采用热分配表进行热计量。

第四节　热　风　采　暖

热风采暖适用于耗热量大的建筑物，间歇使用的房间和有防火防爆要求的车间。热风采暖是比较经济的采暖方式之一，具有热惰性小、升温快、设备简单、投资省等优点。

热风采暖有：集中送风，管道送风，悬挂式和落地式暖风机等形式。

符合下列条件之一时，应采用热风采暖：

（1）能与机械送风系统合并时；

（2）利用循环空气采暖，技术、经济合理时；

（3）由于防火、防爆和卫生要求，必须采用全新风的热风采暖时。

属于下列情况之一时，不得采用空气再循环的热风采暖：

（1）空气中含有病原体（如毛类、破烂布等分选车间）、极难闻气味的物质（如熬胶等）及有害物质浓度可能突然增高的车间；

（2）生产过程中散发的可燃气体、蒸汽、粉尘与采暖管道或加热器表面接触能引起燃烧的车间；

（3）生产过程中散发的粉尘受到水、水蒸气的作用能引起自燃、爆炸以及受到水、水蒸气的作用能产生爆炸性气体的车间；

（4）产生粉尘和有害气体的车间，如落砂、浇筑、砂处理工部、喷漆工部及电镀车间等。

位于严寒地区和寒冷地区的生产厂房，当采用热风采暖且距外窗2m或2m以内有固定工作地点时，宜在窗下设置散热器。

当非工作时间不设值班采暖系统时，热风采暖不宜少于两个系统，其供热量的确定，应根据其中一个系统损坏时，其余仍能保持工艺所需的最低室内温度，但不得低于 5℃。

一、集中送风

集中送风的采暖形式比其他形式可以大大减少温度梯度，因而减少由于屋顶耗热增加所引起的不必要的耗热量，并可节省管道与设备等。一般适用于允许采用空气再循环的车间，或作为有大量局部排风车间的补风和采暖系统。对于内部隔断较多、散发灰尘或大量散发有害气体的车间，一般不宜采用集中送风采暖形式。

设计循环空气热风采暖时，在内部隔墙和设备布置不影响气流组织的大型公共建筑和高大厂房内，宜采用集中送风系统。设计时，应符合下列技术要求：

（1）集中送风采暖时，应尽量避免在车间的下部工作区内形成与周围空气显著不同的流速和温度，应该使回流尽可能处于工作区内，射流的开始扩散区应处于房间的上部。

（2）射流正前方不应有高大的设备或实心的建筑结构，最好将射流正对着通道。

（3）在使用集中送风的车间内，如在车间中间有 3m 以下的无顶小隔间，则内部不必另行考虑供热装置；这些隔断最好采用铁丝网等漏空材料，而不要用玻璃屏及砖墙等实心砌体。

（4）工作区射流末端最小平均风速，一般取 0.15m/s；工作区的平均风速：民用建筑，宜不大于 0.3m/s；工业建筑，当室内散热量小于 23W/m^2 时，宜不大于 0.3m/s；当室内散热量大于或等于 23W/m^2 时，宜不大于 0.5sm/s。送风口的出口风速，应通过计算确定，一般可采用 5～15m/s。

（5）送风口的安装高度，应根据房间高度和回流区的分布位置因素确定，一般以 3.5～7.0m 为宜，不宜低于 3.5m；回风口底边至地面的距离，宜采用 0.4～0.5m。

房间高度或集中送风温度较高时，送风口处宜设置向下倾斜的导流板。

（6）送风温度，不宜低于 35℃，并不得高于 70℃。

二、集中送风的气流组织

一般有平行送风和扇形送风两种，见图 3-37，选用的原则主要取决于房间的大小和几何形状，因房间的形状和大小对送风的地点、射流的数目、射程和布置、射流的初始流速、喷口的构造和尺寸等有关。

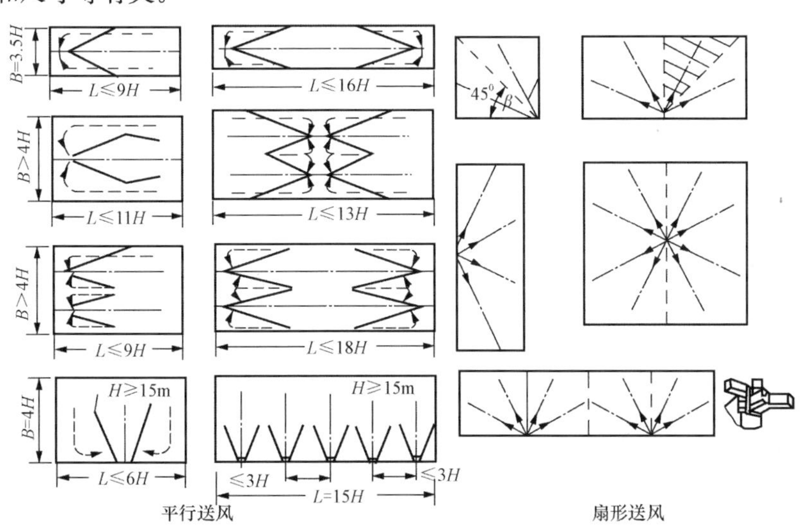

图 3-37　气流组织布置

每股射流作用的宽度范围：

平行送风时 $B \leqslant (3 \sim 4)H$

扇形送风时 $\beta = 45°$

每股射流作用半径：

平行送风时 $L \leqslant 9H$

扇形送风时 $R \leqslant 10H$

集中送风气流分布情况见表3-4。

表3-4 集中送风气流分布情况

<table>
<tr><th>H(m)</th><th>h(m)</th><th>B(m)</th><th>气流分布</th><th>v_1(m/s)</th></tr>
<tr><td rowspan="2">4～9</td><td rowspan="2">0.7H</td><td>≤3.5H</td><td>射流在上，回流在下，工作地带全部处于回流区</td><td>v_1</td></tr>
<tr><td>≥4H</td><td>射流在中间，回流在两侧，中间工作地带处于射流区，两旁处于回流区</td><td>0.69v_1</td></tr>
<tr><td rowspan="2">10～13</td><td rowspan="2">0.5H</td><td>≤3.5H</td><td>射流在中间，回流在上下，工作地带全部处于回流区</td><td>v_1</td></tr>
<tr><td>≥4H</td><td>射流在中间，回流在两侧，中间工作地带处于射流区，两旁处于回流区</td><td>0.69v_1</td></tr>
<tr><td rowspan="2">>13</td><td>6～7</td><td>≤3H</td><td>射流在中间，回流在两侧，工作地带大部分处于射流区</td><td>0.69v_1</td></tr>
<tr><td>7($\alpha = 10 \sim 20°$)</td><td>≤3H</td><td>射流在下，回流在上，工作地带全部处于射流区</td><td>0.69v_1</td></tr>
</table>

注 B—每股射流作用宽度，m；

H—房间高度，m；

h—送风口中心离地面高度，m；

l——股射流的有效作用距离，m；

R—扇形送风时的射流作用半径，m；

v_1—工作地带最大平均回流速度，m/s。

第四章

散　热　器

知识点：散热器的种类，散热器的计算。

教学目标：掌握散热器的计算方法。

供暖散热器是通过热媒把热源的热量传递给室内的一种散热设备。通过散热器的散热使室内的得失热量达到平衡，从而维持房间需要的空气温度，达到供暖的目的。

散热器内的热媒是通过散热器壁面将携带的热量传给房间的，也就是散热器的内表面一侧是热媒（如热水、蒸汽），外表面一侧是室内空气。当热媒的温度高于室内空气时，热媒所携带的热量就会传递给室内空气。

第一节　散热器的种类

散热器按照材质的不同可分为铸铁、钢制和其他材质散热器。

散热器按结构形式的不同可分为柱型、翼型、管型和板型散热器。

散热器按传热方式的不同可分为对流型（对流散热量占总散热量的60%以上）和辐射型（辐射散热量占总散热量的50%以上）散热器。

一、铸铁散热器

常用的铸铁散热器有柱型和翼型两种形式。

1. 翼型散热器

翼型散热器又分为长翼型和圆翼型两种。

长翼型散热器（图4-1），其外表面上有许多竖向肋片，内部为扁盒状空间。高度通常为60cm，常称为60型散热器。每片的标准长度有280mm（大60）和200mm（小60）两种规格，宽度为115mm。

圆翼型散热器是一根内径为75mm的管子（图4-2），其外表面带有许多圆型肋片。圆翼型散热器的长度有750mm和1000mm两种。两端带有法兰盘，可将数根并联成散热器组。

翼型散热器制造工艺简单，造价较低，但金属耗量大，传热性能不如柱型散热器，外形不美观，不易恰好组成所需面积。翼型散热器现已逐渐被柱型散热器取代。

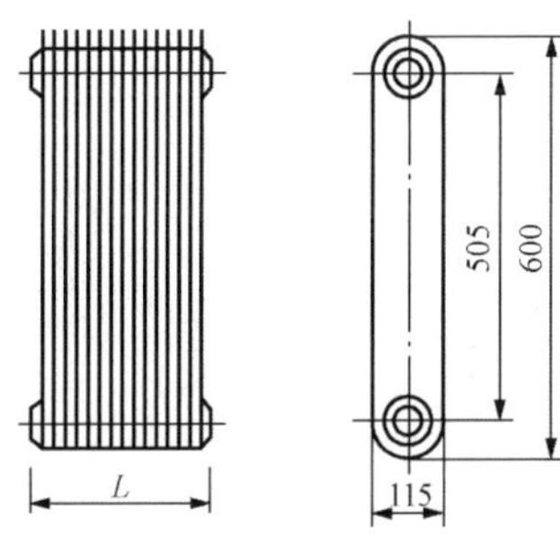

图4-1　长翼型铸铁散热器

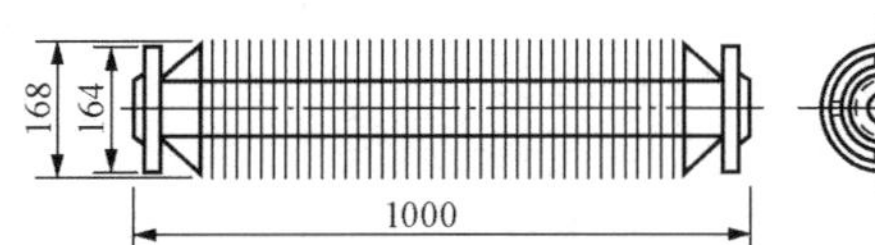

图4-2　圆翼型铸铁散热器

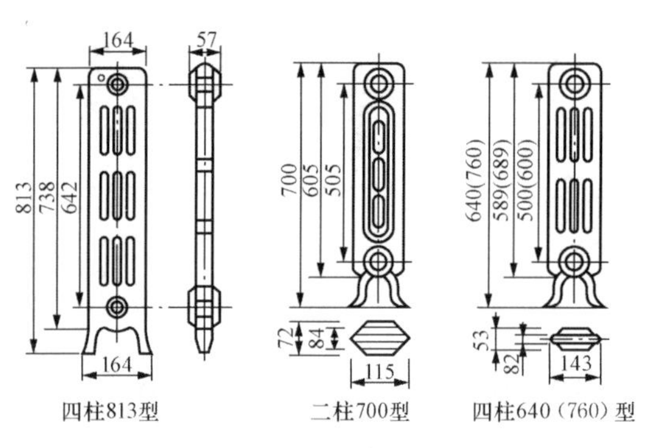

图 4 - 3　柱型铸铁散热器

2. 柱型散热器

柱型散热器是单片的柱状连通体，每片各有几个中空的立柱相互连通，可根据散热面积的需要，把各个单片组对成一组。柱型散热器常用的有二柱 M-132 型、二柱 700 型、四柱 813 型和四柱 640 型等（图 4 - 3）。

M-132 型散热器的宽度是 132mm，两边为柱状，中间有波浪形的纵向肋片。

四柱散热器的规格以高度表示，如四柱 813 型，其高度为 813mm。四柱散热器有带足片和不带足片两种片形，可将带足片作为端片，不带足片作为中间片，组对成一组，直接落地安装。

柱型散热器与翼型散热器相比，传热系数高，散出同样热量时金属耗量少，易消除积灰，外形也比较美观，每片散热面积少，易组成所需散热面积。

铸铁散热器是现阶段应用最广泛的散热器，它结构简单，耐腐蚀，使用寿命长，造价低，但其金属耗量大，承压能力低，制造、安装和运输劳动繁重。在有些安装了热量表和恒温阀的热水供暖系统中，考虑到普通方法生产的铸铁散热器，内壁常有“粘砂”现象，易于造成热量表和恒温阀的堵塞，使系统不能正常运行，因此《暖通规范》规定：安装热量表和恒温阀的热水供暖系统不宜采用水流通道内含有粘砂的散热器，这就对铸铁散热器内腔的清砂工艺提出了特殊要求，应采取可靠的质量控制措施。目前我国已有了内腔干净无砂，外表喷塑或烤漆的灰铸铁散热器，美观漂亮，完全适用于分户热计量系统。

二、钢制散热器

1. 闭式钢串片式散热器

闭式钢串片式散热器由钢管、铜片、联箱及管接头组成（图 4 - 4）。钢片串在钢管外面，两端折边 90°形成封闭的竖直空气通道，具有较强的对流散热能力，但使用时间较长会出现串片与钢管连接不紧或松动，影响传热效果。其规格常用“高×宽”表示，如图中的 240×100 型和 300×80 型。

2. 板型散热器

板型散热器由面板、背板、进出口接头、放水门固定套及上下支架组成（图 4 - 5）。面板、背板多用 1.2～1.5mm 厚的冷轧钢板冲压成型，其流通断面成圆弧形或梯形，背板有带对流片的和不带对流片的两种规格。

3. 钢制柱型散热器

如图 4 - 6 所示，其结构形式与铸铁柱型相似，它是用 1.25～1.5mm 厚的冷轧钢板经冲压加工焊制

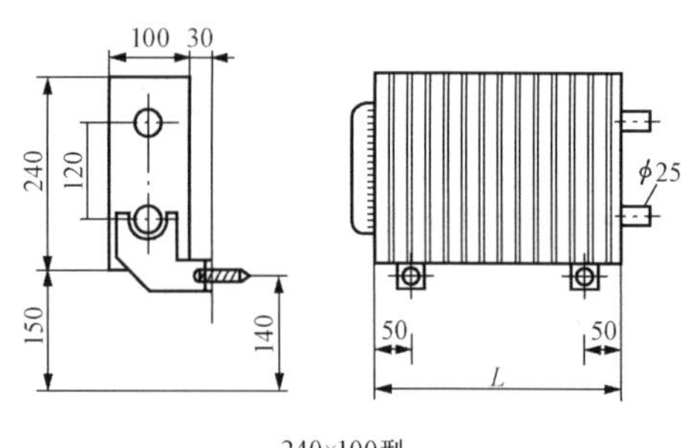

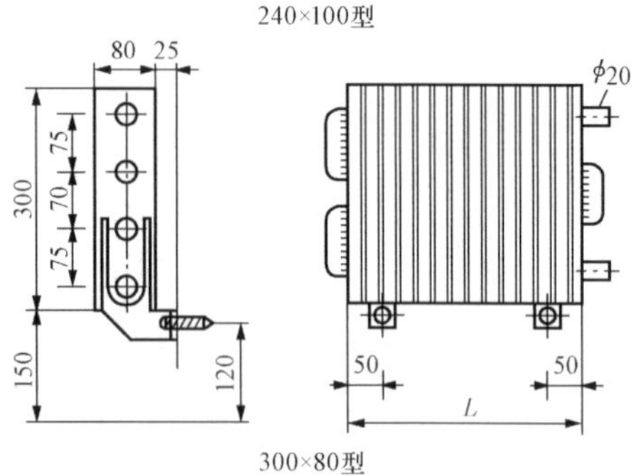

图 4 - 4　闭式钢串片式散热器

而成。

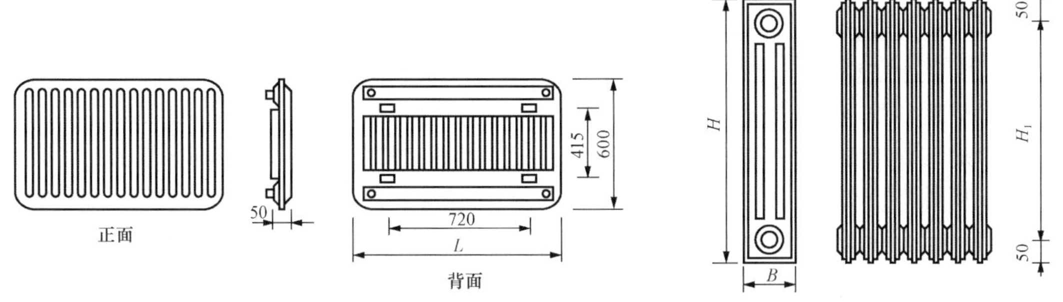

图 4-5　钢制板型散热器　　图 4-6　钢制柱型散热器

4. 扁管散热器

扁管散热器由数根 50mm×11mm×1.5mm（宽×高×厚）的矩形扁管叠加焊接在一起，两端加上联箱制成的（图 4-7）。高度有三种规格：416mm（8 根）、520mm（10 根）和 624mm（12 根），长度有 600～2000mm（以 200mm 进位）八种规格。

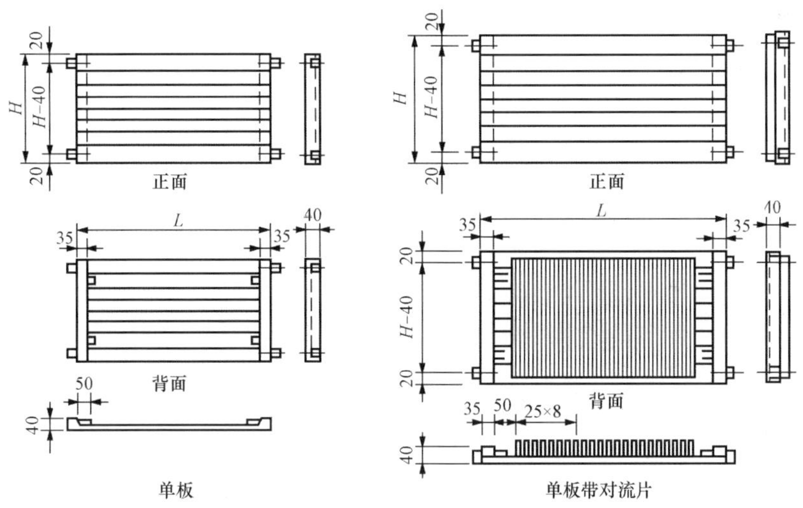

图 4-7　钢制扁管散热器

扁管散热器的板型有单板、双板、单板带对流片、双板带对流片四种形式。单、双板扁管散热器两面均为光板，板面温度较高。有较多的辐射热。带对流片的单、双板扁管散热器在对流片内形成空气流通通道，除辐射散热量外，还有大量的对流散热量。

5. 钢制光面管散热器

又叫光排管散热器，是在现场或工厂用钢管焊接而成的。因其耗钢量大，造价高，外形尺寸大，不美观，一般只用在工业厂房内。

钢制散热器与铸铁散热器相比有如下特点：

(1) 金属耗量少。钢制散热器多由薄钢板压制焊接而成，散出同样热量时，金属耗量少而且质量轻。

(2) 承压能力高。普通铸铁散热器的承压能力一般在 0.4～0.5MPa（其中带稀土的灰口散热器工作压力可达到 0.8～1.0MPa)；而钢制板型和柱型散热器的工作压力可达 0.8MPa，钢串片式散热器承压能力可达 1.0MPa。

(3) 外形美观整洁，规格尺寸多，少占用有效空间和使用面积，便于布置。

(4) 除钢制柱型散热器外，其他钢制散热器的水容量少，持续散热能力低，热稳定性差，供水温度偏低而又间歇供暖时，散热效果会明显降低。

(5) 钢制散热器易腐蚀，使用寿命短。热水供暖系统使用钢制散热器时，应控制系统水质及补水水质，给水必须除氧，应使水中溶解氧小于或等于 0.1mg/L。水温 25℃时，给水 pH 值应不小于 7，锅水 pH 值在 10～12 之间。因蒸汽供暖系统的含氧量、pH 值不易控制，所以蒸汽供暖系统不宜使用钢制散热器。对有酸、碱腐蚀性气体的生产厂房或相对湿度较大的房间不宜设置钢制散热器。使用钢制散热器的系统非工作时间宜满水养护，使用钢制散热器的系统应尽量采用封闭的循环系统，必要时可采用胶囊式密闭定压膨胀罐来解决系统的定压膨胀问题。

三、其他材质散热器

1. 铝制散热器

有铝型材焊接的和压铸铝的。因造型多样，装饰性强，热工性能好，成为后起之秀的新军。但它最怕碱性水腐蚀，不能用于我国众多的集中供暖锅炉直供系统，故其发展受限。

2. 全铜水道散热器

分为铜管铝串片对流散热器、铜管 L 型绕铝翅片对流散热器、铜铝复合柱翼型散热器、铜制散热器等。它的主要特点是：耐腐蚀，使用寿命长，适用于任何水质热媒；铜的导热性好，属高效节能产品；不污染水质，适用于分户热计量；强度好，承压高，适用于高层建筑；机械加工和焊接的工艺性好。但因其造价高，施工难度大、要求高，目前也未普及。

第二节 散热器的选择

选用散热器类型时，应注意在热工、经济、卫生和美观等方面的基本要求。但要根据具体情况，有所侧重。应符合下列原则性的规定：

(1) 先应选用承压能力符合要求的散热器。

(2) 有腐蚀性气体的生产厂房或相对湿度大的房间，应选用铸铁散热器。

(3) 热水供暖系统选用钢制散热器时，应采取防腐措施，而且钢制散热器与铝制散热器不宜在同一热水供暖系统中使用；蒸汽供暖系统不得选用钢制柱型、板型、扁管型散热器。热计量系统不宜采用水道有粘砂的铸铁散热器。

(4) 散发粉尘或防尘要求较高的生产厂房，应选用表面光滑，积灰易清扫的散热器。

(5) 民用建筑选用的散热器尺寸应符合要求，且外表光滑、美观，不易积灰。

第三节 散热器的布置

布置散热器时，应注意下列一些规定：

(1) 散热器一般布置在外墙窗台下，这样能迅速地加热室外渗入的冷空气，阻挡沿外墙下降的冷气流和玻璃冷辐射的影响。

(2) 为防止冻裂散热器，两道外门之间，不准设置散热器。在楼梯间或其他有冻结危险的场所，其散热器应有单独的立、支管供热，且不得装设调节阀。

(3) 散热器一般应明装或装在深度不超过 130mm 的墙槽内。

(4) 在楼梯间布置散热器时，考虑楼梯间热流上升的特点，应尽量布置在底层或按一定比例布置在下部各层。

(5) 散热器的安装尺寸应保证：底部距地面不小于 60mm，通常取为 150mm；顶部距窗台板不小于 50mm；背部与墙面净距不小于 25mm。

第四节　散热器的计算

确定了供暖设计热负荷、供暖系统的形式和散热器的类型后，就可以进行散热器的计算，确定供暖房间所需散热器的面积和片数。

一、散热器的散热面积

供暖房间的散热器向房间供应热量以补偿房间的热损失，根据热平衡原理，散热器的散热量应等于房间的供暖设计热负荷。

散热器散热面积的计算公式为

$$A=\frac{Q}{K(t_{pj}-t_n)}\beta_1\beta_2\beta_3 \tag{4-1}$$

式中 A——散热器的散热面积，m^2；

Q——散热器的散热量，W；

K——散热器的传热系数，W/(m^2·℃)；

t_{pj}——散热器内热媒平均温度，℃；

t_n——供暖室内计算温度，℃；

β_1——散热器组装片数修正系数；

β_2——散热器连接形式修正系数；

β_3——散热器安装形式修正系数。

1. 散热器的传热系数 K

通过实验方法可得到散热器传热系数公式为

$$K=a(\Delta t_{pj})^b=a(t_{pj}-t_n)^b \tag{4-2}$$

式中 K——在实验条件下，散热器的传热系数，W/(m^2·℃)；

Δt_{pj}——散热器内热媒与室内空气的平均温差，$\Delta t_{pj}=t_{pj}-t_n$；

a、b——由实验确定的系数，取决于散热器的类型和安装方式。

从上式可以看出，散热器内热媒平均温度与室内空气温差 Δt_{pj} 越大，散热器的传热系数 K 值就越大，传热量就越多。

2. 散热器内热媒平均温度 t_{pj}

散热器内热媒平均温度 t_{pj} 应根据热媒种类（热水或蒸汽）和系统形式确定。

热水供暖系统

$$t_{pj}=\frac{t_j+t_c}{2} \tag{4-3}$$

式中 t_{pj}——散热器内热媒平均温度，℃；

t_j——散热器的进水温度，℃；

t_c——散热器的出水温度，℃。

3. 传热系数 K 的修正系数

散热器传热系数的公式是在特定条件下通过实验确定的，如果实际使用条件与测定条件不符，就需要对传热系数 K 进行修正。

二、散热器的片数或长度

$$n=\frac{A}{a} \tag{4-4}$$

式中 n——散热器的片数或长度，片或 m；

A——所需散热器的散热面积，m^2；

a——每片或每米散热器的散热面积，m^2/片或 m^2/m。

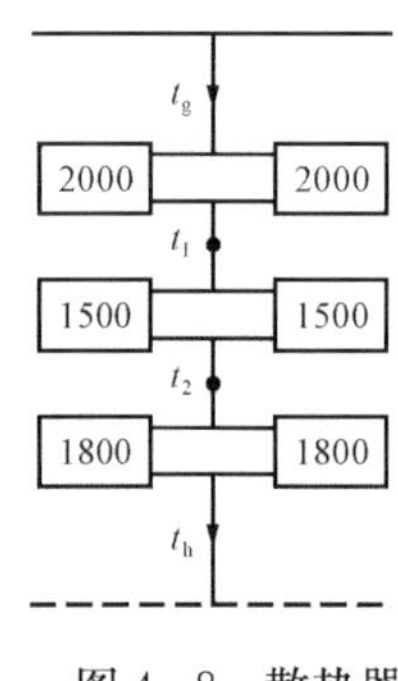

图 4-8 散热器计算实例

实际设置时，散热器每组片数或长度只能取整数，规范规定，柱型散热器面积可比计算值小 0.1m^2，翼型或其他散热器的散热面积可比计算值小 5%。

另外，铸铁散热器的组装片数，粗柱型（M-132）不宜超过 20 片；细柱型不宜超过 25 片；长翼型不宜超过 7 片。

三、散热器计算实例

图 4-8 所示为单管上供下回顺流式热水供暖系统的某立管，每组散热器的热负荷已标于图中，单位为 W。系统供水温度 95℃，回水温度 70℃，选用二柱 M-132 型散热器，装在墙龛内，上部距窗台板 100mm。供暖室内计算温度 t_n=18℃，试确定所需散热器的面积及片数。

解 （1）计算各立管管段的水温由 $\frac{\sum Q}{t_g-t_n}=\frac{\sum Q_{i-1}}{t_g-t_1}$ 得

$$\begin{aligned}t_1&=t_g-\frac{\sum Q_{i-1}(t_g-t_h)}{\sum Q}\\&=95-\frac{2000\times2\times(95-70)}{(2000+1500+1800)\times2}\\&=85.6℃\end{aligned}$$

$$\begin{aligned}t_2&=t_g-\frac{\sum Q_{i-1}(t_g-t_h)}{\sum Q}\\&=95-\frac{(2000+1500)\times2\times(95-70)}{(2000+1500+1800)\times2}\\&=78.5℃\end{aligned}$$

（2）计算各组散热器的热媒平均温度 t_{pj}

$$t_{pj3}=\frac{95+85.6}{2}=90.3℃$$

$$t_{pj2}=\frac{85.6+78.5}{2}=82.05℃$$

$$t_{pj1}=\frac{78.5+70}{2}=74.25℃$$

(3) 计算散热器的传热系数 K　查附录 4，M—132 型散热器传热系数的计算公式为 $K=2.426\Delta t_{pj}^{0.286}$，所以

$$K_3 = 2.426 \times (90.3 - 18)^{0.286} = 8.25\text{W}/(\text{m}^2 \cdot ℃)$$

$$K_2 = 2.426 \times (82.5 - 18)^{0.286} = 7.97\text{W}/(\text{m}^2 \cdot ℃)$$

$$K_1 = 2.426 \times (74.25 - 18)^{0.286} = 7.68\text{W}/(\text{m}^2 \cdot ℃)$$

(4) 计算散热器面积 A　用式 (4-1) 计算。

三层：先假设片数修正系数 $\beta_1=1.0$，查附录 6，同侧上进下出连接形式修正系数 $\beta_2=1.0$；查附录 7，该散热器安装形式修正系数 $\beta_3=1.06$。则

$$A_3 = \frac{Q_3}{K_3(t_{pj3} - t_n)}\beta_1\beta_2\beta_3 = \frac{2000}{8.25 \times (90.3 - 18)} \times 1 \times 1 \times 1.06 = 3.55\text{m}^2$$

$$A_2 = \frac{Q_2}{K_2(t_{pj2} - t_n)}\beta_1\beta_2\beta_3 = \frac{1500}{7.97 \times (82.05 - 18)} \times 1 \times 1 \times 1.06 = 3.11\text{m}^2$$

$$A_1 = \frac{Q_1}{K_1(t_{pj1} - t_n)}\beta_1\beta_2\beta_3 = \frac{1800}{7.68 \times (74.25 - 18)} \times 1 \times 1 \times 1.06 = 4.42\text{m}^2$$

(5) 计算散热器的片数 n　查附录 4，M—132 型散热器每片面积 $a=0.24\text{m}^2$/片，由式 (4-4) 得

$$n_3 = \frac{3.55}{0.24} = 14.79\text{ 片}$$

查附录 5，片数修正系数 $\beta_1=1.05$

$$14.79 \times 1.05 = 15.53\text{ 片}\quad 0.53 \times 0.24 = 0.13\text{m}^2 > 0.1\text{m}^2$$

因此　$n_3 = 16$ 片

同理　$n_2 = 3.11/0.24 = 12.96$ 片　$12.96 \times 1.05 = 13.6$ 片

$$0.6 \times 0.24 = 0.144\text{m}^2 > 0.1\text{m}^2$$

因此　$n_2 = 14$ 片

$$n_1 = 4.42/0.24 = 18.42\text{ 片}$$

$$18.42 \times 1.05 = 19.34\text{ 片}\quad 0.34 \times 0.24 = 0.082\text{m}^2 < 0.1\text{m}^2$$

因此　$n_1 = 19$ 片

第五章

采暖系统的安装与调节

知识点：采暖系统的安装与调节方法。

教学目标：掌握采暖系统的安装与调节技能。

室内采暖系统由采暖管道、散热设备和附属器具组成。其系统安装包括热水采暖系统安装和低温地板辐射采暖系统安装。它是室内管道安装工程的一部分，在民用建筑中经常与给排水管道、燃气管道一同安装；在工业建筑中经常要与各种工艺管道、动力管道等一同安装。

工业与民用建筑的室内采暖的安装，应按《建筑给水排水及采暖工程施工质量验收规范》（GB50242—2002）的有关规定执行。

第一节　室内采暖管道的安装

室内采暖管道常用的管材是焊接钢管和铝塑复合管。其连接方法：焊接钢管，管径小于或等于32mm，宜采用螺纹连接；管径大于32mm，宜采用焊接。铝塑复合管则采用专用管接头进行连接。

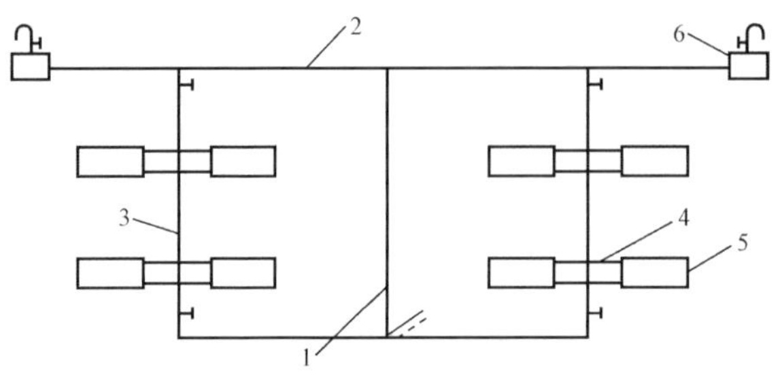

图5-1　室内热水采暖系统
1—主立管；2—供热水平干管；3—立管；4—散热器支管；5—散热器；6—集气罐

室内采暖管道的组成如图5-1所示，根据其管径大小、所处位置和作用不同，分为以下几种：

主立管——从引入口连接水平干管的竖直管段。

水平干管——连接主立管和各立管的水平管段。

立管——连接水平干管和各楼层散热器支管的竖直管段。

散热器支管——连接立管和散热器的水平管段。

为了改变管道方向、分支及系统控制和调节，采暖管道上要装设各种管子配件（三通、弯头、管箍等）和阀门。由此可见，室内采暖管道是由干管、主立管、立管、支管和管子配件、阀门组成。

一、室内采暖管道的安装程序

为了更好地发挥室内采暖系统的作用，保证采暖系统的安装质量。安装时必须遵循以下工艺流程：干管安装——立管安装——支管安装。在安装时，首先要测线，确定每个实际管段的尺寸，然后按其下料加工。

为了便于下料，应懂得下料长度的确定方法和名称。

建筑长度——管道系统中的零配件、阀门或设备间的中心距离，也叫构造长度。

安装长度——管子配件、阀门或设备间管子的有限长度。安装长度等于建筑长度扣去管子零件或接头装配后占去的长度。如图 5-2 所示。

加工长度——管子实际下料尺寸。对于直管段，其加工长度就等于安装长度。对有弯曲的管段，其加工长度应是安装长度加上管段因弯曲而增加的长度。法兰连接时，加工长度要注意扣除垫片的厚度。

确定立管尺寸时，首先应根据其两个管件（管段）的标高差，确定两个管件（管段）之间的建筑长度，如图 5-3 中干管与三通之间的管段尺寸确定：干管的标高依据施工图给定，三通的位置可由散热器的位置推算确定，二者标高差即为此管段的建筑长度，再去掉管件的有效尺寸即为安装长度，若此管段中是直管段，则安装长度就是加工长度；若此管段中有弯管，应将弯管展开，安装长度加上管段因弯曲而增加的长度为加工长度。为此，应掌握采暖管道上常用弯管的展开方法。采暖立管和散热器支管上的乙字弯展开长度如图 5-4 所示，乙字弯由两个 45°弯管和一段直管组成，乙字弯的跨幅 B（管子中心线距离）根据规范要求和实际需要确定，乙字弯的两个弯曲中心距为 L_1，乙字弯的展开长度可近似为 $L=L_1+2\sim3D=1.5B+2\sim3D$。在双立管采暖系统中，当立管与散热器支管垂直交叉时，立管应做抱弯绕过支管，如图 5-5 所示。其具体尺寸见表 5-1。

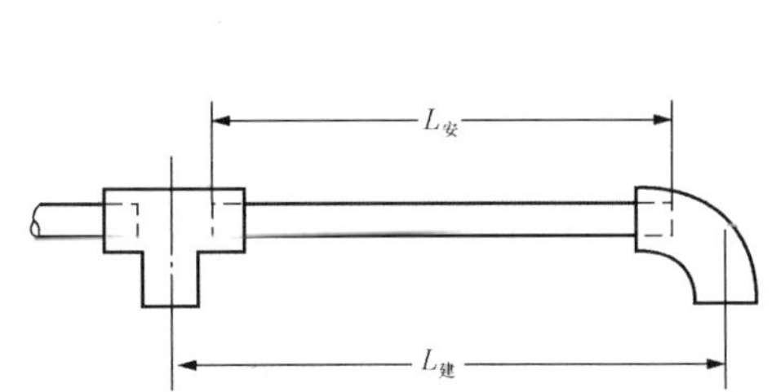

图 5-2 水平管段下料示意

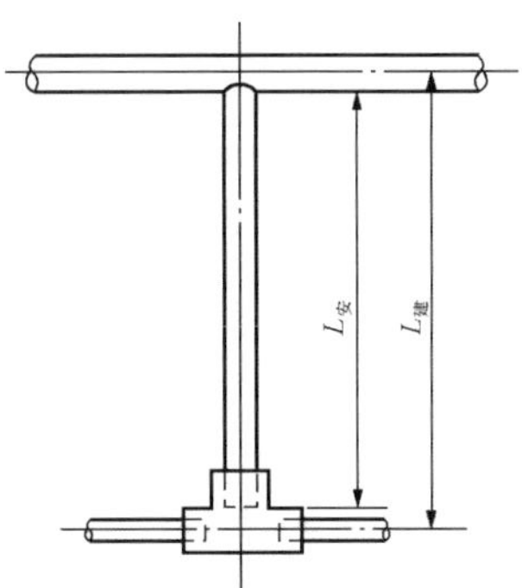

图 5-3 竖直管段下料示意

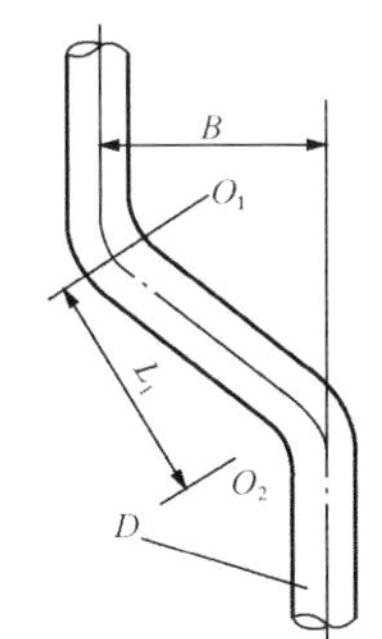

图 5-4 乙字弯展开长度

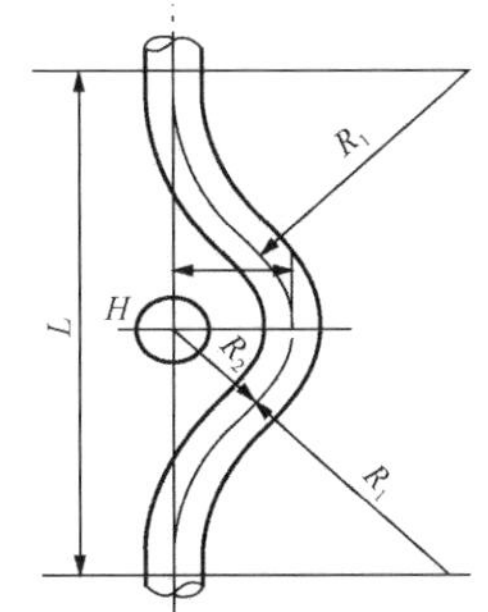

图5-5 抱弯绕过支管

表 5-1　　抱 弯 尺 寸 (mm)

立管公称直径	R_1	R_2	L	H
15	60	38	145	32
20	80	42	170	35
25	100	49	198	38
32	125	75	244	42

二、干管、立管、支管的安装

1. 干管安装

干管分为供水干管（或蒸汽干管）及回水干管（或凝结水干管）两种。当干管敷设于地沟、管廊、设备层、屋顶内一般应作保温；明装于采暖房间一般不保温。干管的安装按下列程序进行：管道定位、画线→安装支架→管道就位→接口连接→开立管连接孔、焊接→水压试验、验收。

（1）根据设计坡度要求画出管道安装中心线，也就是支架安装基准线。管道安装坡度，当设计未注明时，应符合下列规定：

1）气、水同向流动的热水管道和汽水同向流动的蒸汽管道及凝结水管道，坡度应为0.003，不得小于0.002。

2）气、水逆向流动的热水采暖管道和汽、水逆向流动的蒸汽管道，坡度不应小于0.005。管道距墙面净距及预留孔洞尺寸见表5-2。

表5-2　　管道距墙面净距及预留孔洞尺寸（mm）

管道名称及规格		明管留洞尺寸（长×宽）	暗管墙槽尺寸（宽×深）	管外壁与墙面最小净距
供热立管	DN≤25	100×100	130×130	25～30
	DN=32～50	150×150	150×130	35～50
	DN=70～100	200×200	200×200	55
	DN=125～150	300×300	—	60
二根立管	DN≤32	150×100	200×130	
散热器支管	DN≤25	100×100	60×60	15～25
	DN=32～40	150×130	150×100	30～40
供热主干管	DN≤80	300×250	—	—
	DN=100～150	350×300		

（2）采暖干管的支架，可根据不同的建筑物，不同的敷设位置和并行敷设管道的数量，采用托架或吊架。管道支架具体可分为固定支架（图5-6）和活动支架。活动支架又可分为悬臂托架、三角托架和吊架等。支架在建筑结构上的固定方法，可根据具体情况采用在墙上打洞、灌水泥砂浆固定方法；或预埋金属件、焊接固定的方法；或用膨胀螺栓、射钉枪固定的方法和在柱上用夹紧角钢固定的方法等。如图5-7所示。

管道支架的安装应符合下列规定：

1）位置应准确，埋设应平整牢固；

2）与管道接触紧密；

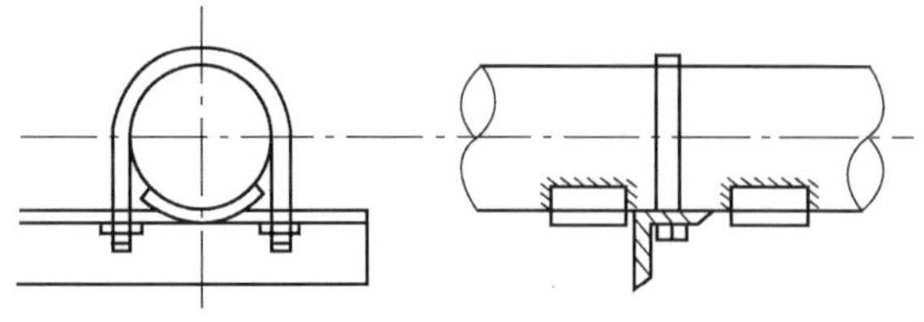

图5-6　固定托架一般做法

3）支架的数量和位置可根据设计要求确定，设计无要求时，钢管可按表5-3的规定执行；

4）活动支架应能让管道纵向可自由伸缩，并能限制管道上下位移，以保证管道坡度。对固定支架则必须将管道固定牢固。

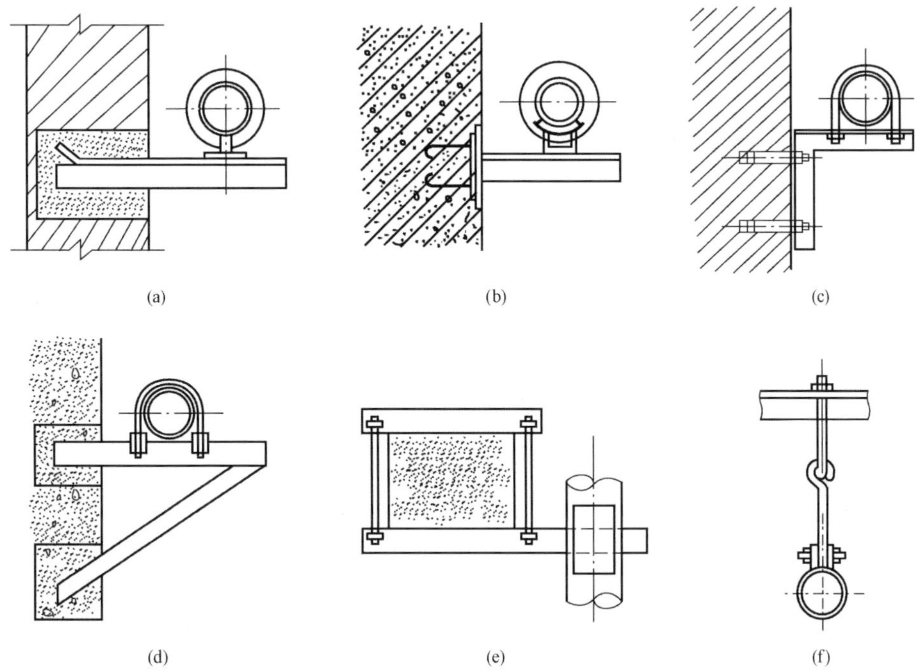

图 5-7　管子支吊架的型式

（a）埋在墙上的悬臂托架；（b）焊在预埋钢板上的托架；（c）膨胀螺栓固定支架的托架；（d）埋在墙上的三角托架；（e）夹在柱子上的托架；（f）吊架

表 5-3　　钢管管道支架的最大间距（mm）

公称直径		15	20	25	32	40	50	70	80	100	125	150	200	250	300
支架的最大间距	保温管	1.5	2	2	2.5	3	3	4	4	4.5	5	6	7	8	8.5
	不保温管	2.5	3	3.5	4	4.5	5	6	6	6.5	7	8	9.5	11	12

（3）采暖干管管段的下料长度，应根据施工现场的条件决定，尽可能用整条管子，减少接口数量。管段在支架上做最后的接口后对其位置进行调整，干管离墙距离、干管的标高和坡度均应符合规范要求，然后用管卡将管道固定在支架上。最后，根据管径大小依次进行焊接或螺纹连接。

采暖干管的安装要求是：

1）明装管道成排安装时，直管部分应互相平齐。转弯处，当管道水平并行时，应与直管部分保持等距；管道水平上下并行时曲率半径应相等。

2）采暖干管过墙壁时应设置钢套管，套管直径比被套管大 2～3 号，其两端应与饰面平齐。

3）采暖干管上管道变径的位置在三通后 200mm 处。

4）在底层地面上敷设的采暖干管过外门时，应设局部不通行地沟，管道要保温、设排气阀和泄水阀或丝堵，具体见图 5-8。

5）采暖干管纵、横方向弯曲偏差：管径小于或等于 100mm，每米管长允许偏差为 0.5mm，全长（25m 以上）允许偏差不大于 13mm；管径大于 100mm，每米管长允许偏差为 1mm，全长（25m 以上）允许偏差不大于 25mm。

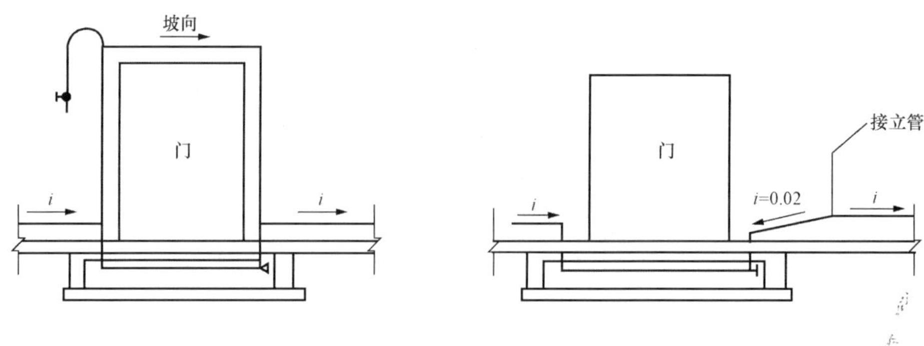

图 5-8 采暖干管过门地沟及处理

2. 立管安装

立管是室内采暖系统中结构比较复杂的管段。立管安装应从底层到顶层逐层安装。立管安装前也应对预留孔洞的位置和尺寸检查、修整，直至符合要求，然后在建筑结构上标出立管的中心线。按照立管中心线在干管上开孔焊制三通管，一般此管段采用带乙字弯的短管。立管安装位置：管道与管道距左墙净距不得小于 150mm，距右墙不得小于 300mm。位置参见表 5-2。

根据建筑物层高和立管的根数，按规范要求，在相应的位置上埋好立管管卡。待埋栽管卡的水泥砂浆达到强度后，进行立管的固定和支管段的安装。

先根据散热器的安装位置、散热器支管的管长和坡降要求，确定连接散热器的管件（弯头、三通、四通）的位置和立管上阀门的位置，再准确地对立管的各管段下料，用螺纹连接各管段。

立管的安装要求是：

(1) 立管与干管的连接，应采用正确的连接方式，如图 5-9 所示。

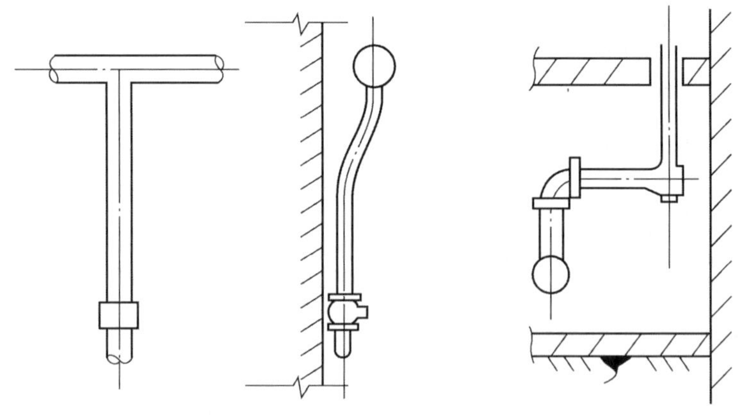

图 5-9 干管与立管的连接方式

(2) 安装管径小于或等于 32mm 不保温的采暖双立管管道，两管中心距为 80mm，允许偏差为 5mm，供水或供汽管应置于面向的右侧。

(3) 立管管卡安装，主要为保证立管垂直度，防止倾斜。当层高小于或等于 5m，每层须安装1个；当层高大于5m，每层不得少于2个。管卡安装高度；距地面为1.5～1.8m，两个以上管卡可匀称安装；同一房间管卡应安装在同一高度上。

（4）双立管系统的抱弯应设在立管上，且弯曲部分侧向室内，这是考虑到安装或拆卸散热器时，都必须先装或卸散热器支管，不需动立管。

（5）管道穿楼板，应设置金属套管。安装在楼板内的套管，其顶部应高出装饰地面20mm，安装在卫生间及厨房内的套管，其顶部应高出装饰地面50mm，底部应与楼板底部相平。

（6）立管垂直度：每米长管道垂直度允许偏差为2mm，全长（5m以上）允许偏差不大于10mm。

3. 散热器支管安装

支管安装应在散热器安装合格后进行。安装散热器支管，应注意散热器支管在运行和安装中的特点。如系统运行时，散热器支管主要受立管热应力变形的影响，使其坡度值变化。另外，散热器支管一般很短，根据设计上的不同要求，散热器支管可由三段或两段管段组成，由于管子配件多、管道接口多，工作时受力变形较大，所以，散热器支管是室内采暖系统中结构较复杂、安装难度较大的管段。为保证散热器支管安装的准确性，施工时可取管子配件或阀门实物，逐段比量下料、安装。散热器支管安装时，支管与散热器的连接应为可拆卸连接，如长丝、活接头等。支管不得与散热器强制连接，以免漏水。

散热器支管的安装要求是：

（1）连接散热器的支管应有坡度，坡度应为1%，坡向应有利于排气和泄水，如图5-10所示。具体做法是：当支管全长小于或等于500mm，坡度值为5mm；大于500mm为10mm。当一根立管连接两根支管，当其中一根超过500mm，其坡度值均为10mm。

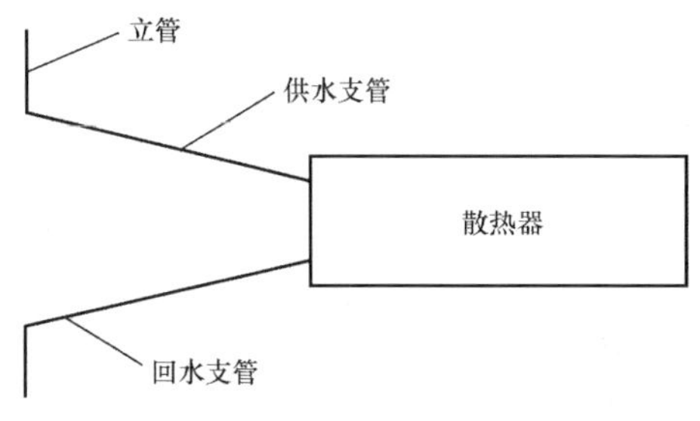

图5-10　散热器支管坡度

（2）散热器支管长度大于1.5m，应在中间安装管卡或托钩。散热器支管管径一般都较小，多为DN 15或DN 20，若管内介质和管道自重之和超出了管材刚度所允许的负荷，在散热器支管中间没有支撑件，就会造成弯曲使接口漏水、漏气。

（3）蒸汽采暖散热器的支管安装时，供汽支管上装阀门，回水管支管上装疏水器。

三、室内采暖系统入口装置安装

热网与用户采暖系统连接的节点称为用户入口装置。安装入口装量的目的是为了对系统进行调节、检测和计量。因此在入口装置要有进行上述工作所需的仪表设备，如温度计、压力表、平衡阀及计量装置等。

1. 热水采暖系统入口装置

（1）不带热计量表的系统入口装置，如图5-11所示。

（2）带热计量表的系统入口装置，如图5-12所示。

2. 蒸汽采暖系统的入口装置

包括蒸汽入口总管上安装的总阀（截止阀）、压力表、管道末端的自动排气阀和疏水器，如图5-13所示。安装时，注意蒸汽总管，凝结水总管的安装坡度和坡向。

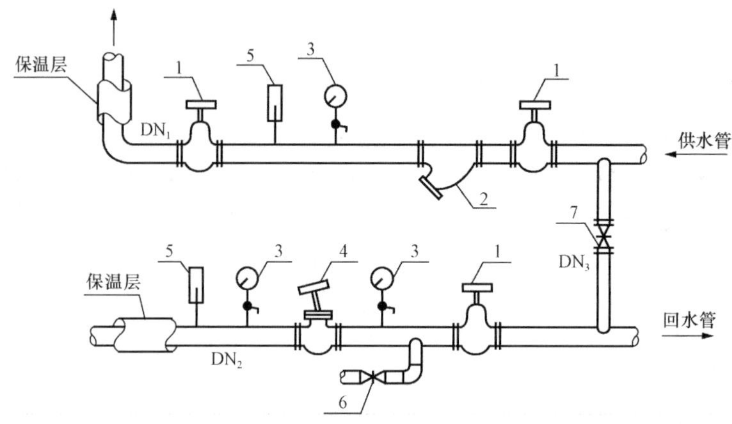

图 5-11 明装热水采暖入口装置

1—阀门；2—过滤器；3—压力表；4—平衡阀；5—温度计；6—闸阀；7—阀门

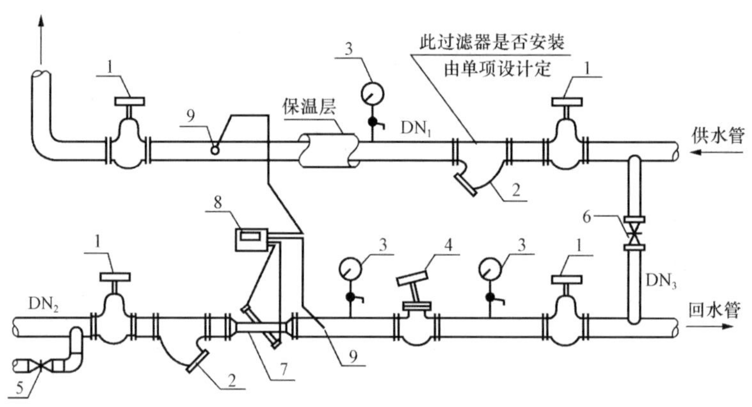

图 5-12 带热计量表的系统入口装置

1—阀门；2—过滤器；3—压力表；4—平衡阀；5—闸阀；6—阀门；

7—超声波流量计；8—热表；9—温度传感器

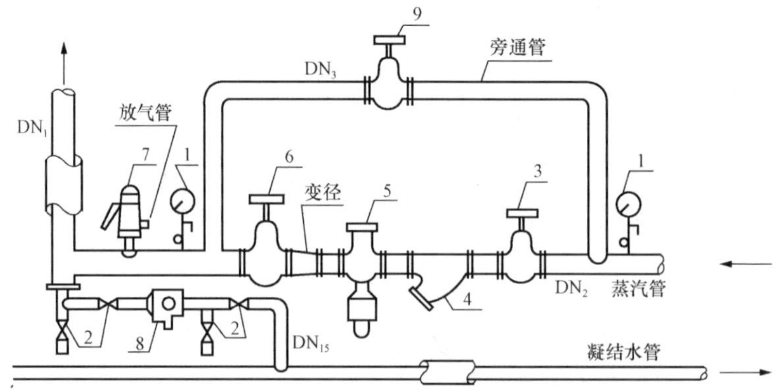

图 5-13 明装高压蒸汽一次减压入口装置

1—压力表；2—截止阀；3、6、9—截止阀；4—过滤器；

5—减压阀；7—安全阀；8—疏水器

（1）疏水器的组装：疏水器是用于蒸汽管道系统中的一个自动调节阀门，其作用是排除凝结水，阻止蒸汽流过。疏水器的组装有两种：带旁通阀的疏水器和不带旁通阀疏水器。组装后，用螺纹或焊接连于管道系统中。疏水阀的组装形式，如图 5-14 所示。

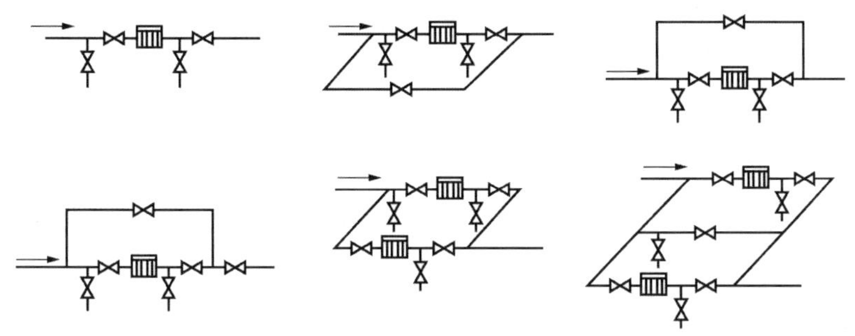

图 5-14　疏水器的组装形式

疏水器是由疏水阀、前后控制阀（截止阀）、冲洗管及冲洗阀、检查管及控制阀、旁通管及旁通阀组成。当采用螺纹连接时，用三通、活接头等螺纹组件组装的，适用于热动力型疏水阀的不带通管的安装。

（2）疏水器的安装：

1）在螺纹连接的管道系统中，组装的疏水器两端应装有活接头。

2）疏水器进口端应装有过滤器，以定期清除积存的污物，保证疏水阀孔不被堵塞。

3）当凝结水不回收直接排放时，疏水器可不设截断阀。

4）疏水器前应设放气管，来排放空气或不凝性气体，减少系统的气堵现象。

5）疏水器管道水平敷设时，管道应坡向疏水阀，以防水击。

6）用汽设备处疏水器的安装，如图 5-15 所示。

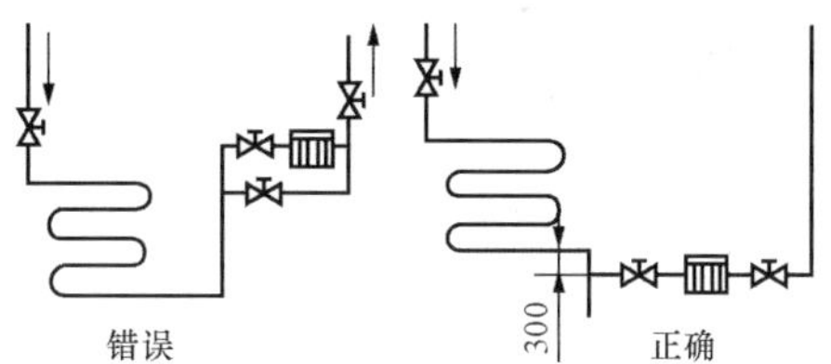

图 5-15　用汽设备处疏水器的安装

（3）减压器的安装：减压阀组装后的阀组称为减压器，它包括减压阀、前后控制阀、压力表、安全阀、冲洗管及冲洗阀、旁通管及旁通阀等部分。

减压器螺纹连接时，用三通、弯头、活接头等管件进行预组装，组装后减压器两侧带有活接头，便于和管道进行螺纹连接。亦可用焊接形式与管道连接。减压器安装如图 5-16 所示。

安装时需注意以下问题：

1）减压阀具有方向性，安装时不得装反，且应垂直地装在水平管道上。

2）减压器各部件应与所连接的管道处于同一中心线上。带均压管的减压器，均压管应连于低压管一侧。

3）旁通管的管径应比减压阀公称直径小 1～2 号。

4）减压阀出口管径应比进口管径大 2～3 号。减压阀两侧应分别装高、低压压力表。

5）公称直径为 50mm 及以下的减压阀，配弹簧式安全阀；公称直径为 70mm 及以上的减压阀，配杠杆式安全阀。所有安全阀的公称直径应比减压阀公称直径小 2 号。

6）减压器沿墙敷设时，离地面 1.2m；平台敷设时，离操作平台 1.2m。

7）蒸汽系统的减压器前设疏水器；减压器阀组前设过滤器。

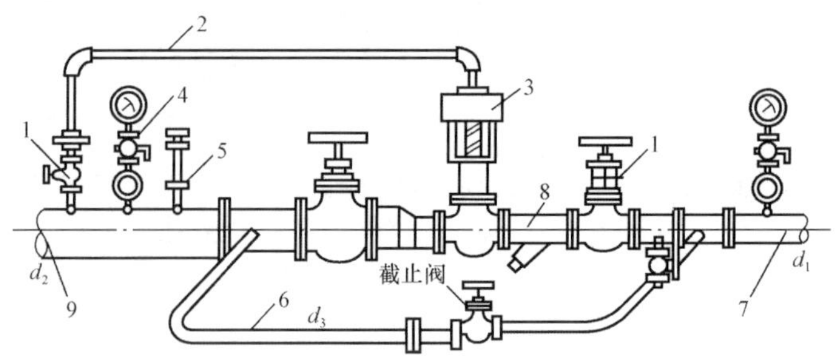

图 5-16　减压器的安装

1—截止阀；2—DN15 压气管；3—减压阀；4—压力表；5—安全阀；
6—旁通管；7—高压蒸汽管；8—过滤器；9—低压蒸汽管

8）波纹管式减压器用于蒸汽系统时，波纹管朝下安装。

第二节　支 架 的 安 装

一、支架安装位置的确定

支架的安装位置要依据管道的安装位置确定，首先根据设计要求定出固定支架和补偿器的位置，然后再确定活动支架的位置。

1. 固定支架位置的确定

固定支架的安装位置由设计人员在施工图纸上给定，其位置确定时主要是考虑管道热补偿的需要。利用在管路中的合适位置布置固定点的方法，把管路划分成不同的区段，使两个固定点间的弯曲管段满足自然补偿，直线管段可利用设置补偿器进行补偿，则整个管路的补偿问题就可以解决了。

由于固定支架承受很大的推力，故必须有坚固的结构和基础，因而它是管道中造价较大的构件。为了节省投资，应尽可能加大固定支架的间距，减少固定支架的数量，但其间距必须满足以下要求：

（1）管段的热变形量不得超过补偿器的热补偿值的总和。

（2）管段因变形对固定支架所产生的推力不得超过支架所承受的允许推力值。

（3）不应使管道产生横向弯曲。

根据以上要求并结合运行的实际经验，固定支架的最大间距可按表 5-4 选取。此表仅供设计时参考，必要时应根据具体情况，通过分析计算确定。

表 5-4　　　　固定支架的最大间距

公称直径（mm）		15	20	25	32	40	50	65	80	100	125	150	200	250	300
方形补偿器（m）		—	—	30	35	45	50	55	60	65	70	80	90	100	115
套筒补偿器（m）		—	—	—	—	—	—	—	—	45	50	55	60	70	80
L形	长臂最大长度（m）			15	18	20	24	34	30	30	30	30			
	短臂最小长度（m）			2.0	2.5	3	3.5	4.0	5.0	5.5	6.0	6.0			

2. 活动支架位置的确定

活动支架的安装在设计图纸上不予给定，必须在施工现场根据实际情况并参照表 5-5 的支架间距值具体确定。

表 5-5 钢管活动支架的最大间距

公称直径（mm）	15	20	25	32	40	50	70	80	100	125	150	200	250	300
保温管（m）	2.0	2.5	2.5	2.5	3.0	3.0	4.0	4.0	4.5	6.0	7.0	7.0	8.0	8.5
不保温管（m）	2.5	3.0	3.5	4.0	4.5	5.0	6.0	6.0	6.5	7.0	8.0	9.5	11	12

表 5-5 中活动支架的最大间距的确定，是考虑管道、管件、管内介质及保温材料的质量对管子所形成的应力和应变不得超过外载许用应力范围，经计算得出的。其中管内介质是按水考虑的，如管内介质为气体，也应按水压试验时管内水的质量作为介质质量，由表中可以看出，随着管径的增大，活动支架的间距也是在增大的。

实际安装时，活动支架的确定方法如下：

(1) 依据施工图要求的管道走向、位置和标高，测出同一水平直管段两端管道中心位置，标定在墙或构体表面上。如施工图只给出了管段一端的标高，可根据管段长度 L 和坡度 i 求出两端的高差 $h(h=L\times i)$，再确定出另一端的标高。但对于变径处应根据变径型式及坡向来确定出变径前后两点的标高关系，如图 5-17 所示，变径前后 A、B 两点的标高差为 $h=L\times i(D-d)$。

(2) 在管中心下方，分别量取管道中心至支架横梁表面的高差，标定在墙上，并用粉线根据管径在墙上逐段画出支架标高线。

(3) 按设计要求的固定支架位置和“墙不作架、托稳转角、中间等分、不超最大”的原则，在支架标高线上画出每个活动支架的安装位置，即可进行安装。

“墙不做架”，指管道穿越墙体时，不能用墙体作活动支架，应按表 5-5 活动支架的最大间距来确定墙两侧的两个活动支架位置。

“托稳转角”，指在管道的转弯处，包括方形补偿器的弯管，由于弯管的抗弯曲能力较直管有所下降，因此，弯管两侧的两个活动支架间的管道长度应小于表 5-5 中的数值。在确定两支架位置时，表中数值可作为参考，最终使得两个支架间的弯管不出现“低头”的现象。

“中间等分、不超最大”，指在墙体、转弯等处两侧活动支架确定后的其他直线管段上，按照不超过表中活动支架最大间距的原则，均匀布置活动支架。

如果土建施工时，已在墙上预留出埋设支架的孔洞，或在承重结构上预埋了钢板，应检查预留孔洞和预埋钢板的标高及位置是否符合要求，并用十字线标出支架横梁的安装位置。

二、支架安装方法

支架的安装方法主要是指支架的横梁在墙体或构体上的固定方法，俗称支架生根。常用方法有栽埋法、预埋件焊接法、膨胀螺栓或射钉法及抱柱法等。

1. 栽埋法

栽埋法适用于直型横梁在墙上的栽埋固定。栽埋横梁的孔洞可在现场打洞，也可在土建施工时预留。如图 5-18 所示为不保温单管支架的栽埋法安装，其安装尺寸见表 5-6。

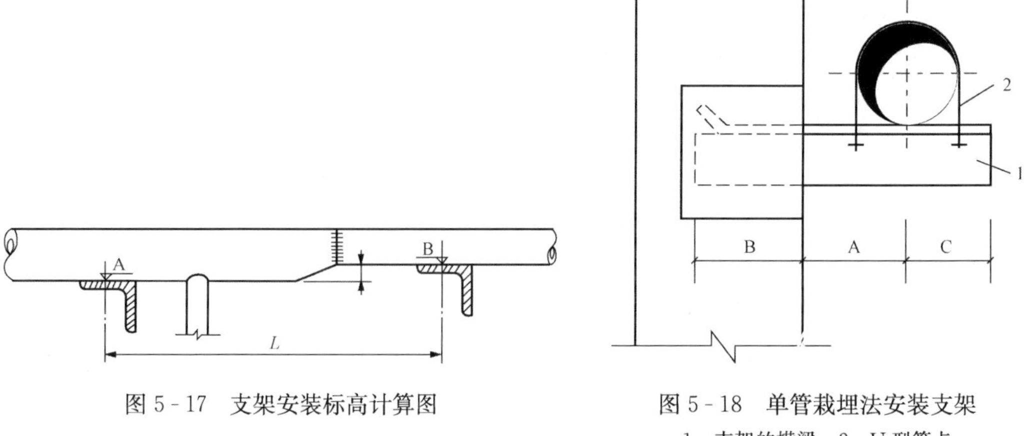

图 5-17　支架安装标高计算图

图 5-18　单管栽埋法安装支架

1—支架的横梁；2—U 型管卡

表 5-6　　单管托架尺寸表 (mm)

公称直径	不保温管			保温管			
	A	B	C	A	C	E	H
15	70	75	15	120	15	60	101
20	70	75	18	120	18	60	106
25	80	75	21	140	21	60	117
32	80	75	27	140	27	80	121
40	80	75	30	140	30	80	124
50	90	105	36	150	36	80	130
70	100	105	44	160	44	80	158
80	100	105	50	160	50	80	165
100	110	130	61	180	61	120	174
125	130	130	73	200	73	150	187
150	140	145	88	210	88	150	230

采用栽埋法安装时，先在支架安装线上画出支架中心的定位十字线及打洞尺寸的方块线，即可进行打洞。洞要打得里外尺寸一样，深度符合要求。洞打好后将洞内清理干净，用水充分润湿，浇水时可将壶嘴顶住洞口上边沿，浇至水从洞下口流出，即为浇透。然后将洞内填满细石混凝土砂浆，填塞要密实饱满，再将加工好的支架栽入洞内。支架横梁的栽埋应保证平正，不发生偏斜或扭曲，栽埋深度应符合设计要求或有关图集规定。横梁栽埋后应抹平洞口处灰浆，不使之突出墙面。当混凝土强度未达到有效强度的 75%时，不得安装管道。

2. 预埋件焊接法

在混凝土内先预埋钢板，再将支架横梁焊接在钢板上。单管支架预埋钢板厚度为 4～6mm，对 DN15～80mm 的单管，钢板规格为 150mm×90mm×4mm，DN100～150mm 的单管，钢板规格为230mm×140mm×6mm。钢板的埋入面可焊接2～4根圆钢弯钩，也可焊接直圆钢再与混凝土主筋焊在一起。

支架横梁与预埋钢板焊接时，应先挂线确定横梁的焊接位置和标高，焊接应端正牢固，其安装尺寸见表5-6。

3. 膨胀螺栓法及射钉法

这两种方法适用于在没有预留孔洞，又不能现场打洞，也没有预埋钢板的情况下，用角型横梁在混凝土结构上安装，如图5-19所示。两种方法的区别在于角型横梁的紧固方法不同。目前，在安装施工中得到越来越多的应用。

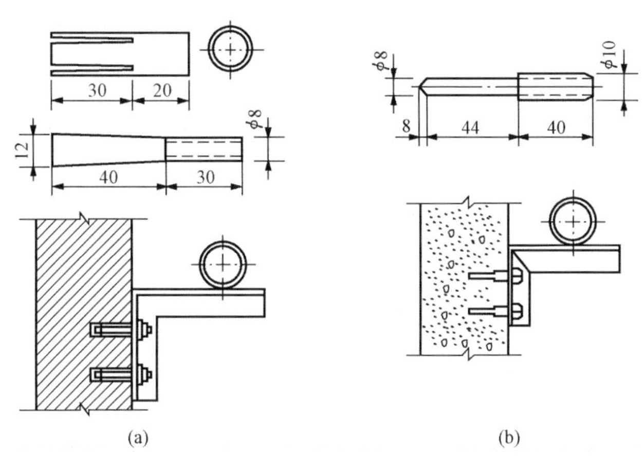

图5-19 膨胀螺栓及射钉法安装支架

(a) 膨胀螺栓法；(b) 射钉法

用膨胀螺栓固定支架横梁时，先挂线确定横梁的安装位置及标高，再用已加工好的角型横梁比量，并在墙上画出膨胀螺栓的钻孔位置，经打钻孔后，轻轻打入膨胀螺栓，套入横梁底部孔眼，将横梁用膨胀螺栓的螺母紧固。膨胀螺栓规格及钻头直径的选用见表5-7。钻孔要用手电钻进行。

表5-7　膨胀螺栓的选用（mm）

管道公称直径	≤70	80～100	125	150
膨胀螺栓规格	M8	M10	M12	M14
钻头直径	10.5	13.5	17	19

射钉法固定支架的方法基本上同膨胀螺栓法，即在定出紧固螺栓位置后，用射钉枪打入带螺纹的射钉，最后用螺母将角型横梁紧固，射钉规格为8～12mm，操纵射钉枪时，应按操作要领进行，注意安全。

4. 抱柱法

管道沿柱安装时，支架横梁可用角钢、双头螺栓夹装在柱子上固定，如图5-20所示。安装时也用拉通线方法确定各支架横梁在柱上的安装位置及安装标高。角钢横梁和拉紧螺栓在柱上紧固安装后，应保持平正无扭曲状态。

三、支架安装的要求

(1) 支架安装前，应对所要安装的支架进行外观检查。外形尺寸应符合设计要求，不得有漏焊，管道与托架焊接时，不得有咬肉、烧穿等现象。

(2) 如土建有预埋钢板或预留支架孔洞的，应检查预留孔洞或预埋件的标高及位置是否符合要求，同时要检查预埋钢板的牢固性及预埋钢板与墙面是否平整，并清除预埋钢板上的砂浆或油漆。

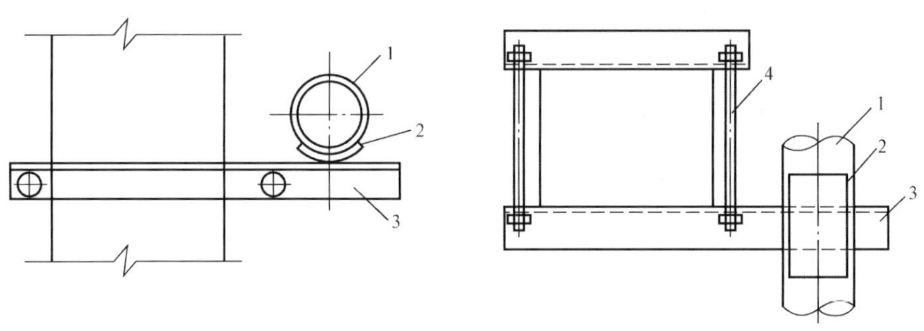

图 5-20 单管抱柱法安装支架

1—管子；2—弧形滑板；3—支架横梁；4—拉紧螺栓

(3) 固定支架应严格按设计要求安装，并在补偿器预拉伸前固定。无补偿器时，在一根管段上不得安装固定支架。

(4) 无热膨胀管道的吊架，其吊杆应垂直安装；有热膨胀的管道的吊架，吊杆应向热膨胀的反方向偏斜 1/2 伸长量。

(5) 铸铁管或大口径钢管上的阀门，应设有专用的阀门支架，不得用管道承受阀体重量。

(6) 补偿器两侧至少应安装 2 个导向支架，以限制管道不偏移中心线。

(7) 支架横梁栽在墙上或其他构件上时，应保证管子外表面或保温层外表面与墙面或其他构件表面的净距不小于 60mm。

(8) 不得在金属屋架上任意焊接支架，确需焊接时，须征得设计单位同意；也不得在设备上任意焊接支架，如设计单位同意焊接时，应在设备上先焊加强板，再焊支架。

(9) 固定支架，活动支架安装的允许偏差应符合表 5-8 的规定要求。

表 5-8 支架安装的允许偏差 (mm)

检查项目	支架中心点	支架标高	两固定支架间的其他支架中心线	
	平面坐标		距固定支架 10m 处	中心处
允许偏差	25	−10	5	25

第三节 散热器的安装

一、散热器的种类

散热器是室内采暖系统的散热设备，散热器种类很多，目前国内常用散热器有铸铁散热器和钢制散热器两大类。

1. 铸铁散热器

铸铁散热器按其形状可分为柱型（四柱，M132）、翼型（大 60、小 60、圆翼型等）。其优点是具有耐腐蚀性，但承压一般不宜超过 0.4MPa，较笨重、组对劳动强度大、接口多，用于压力小于 0.4MPa 的采暖系统或高度在 40m 以内的建筑物内。

2. 钢制散热器

钢制散热器有板式、壁板式、柱式、钢串片式、对流式等。它具有重量轻、承压能力高、光滑美观、易清扫、占地小、安装简便等优点。但造价较铸铁散热器高，一般用于高度超过 40m 的建筑物内。

二、散热器安装

由于散热器种类较多，不同的散热器安装方法不同，如光管散热器多在现场用无缝钢管焊制而成，铝制散热器整组出厂。而铸铁散热器可分为对丝连接式和法兰连接式，柱型、长翼型属于对丝连接式，圆翼型属于法兰连接式。下面以铸铁散热器为例，介绍散热器安装。

1. 散热器组对

不同房间因其热负荷不同，布置散热器的数量也不同，所以铸铁散热器安装，首先要根据设计片数进行组对。

组对散热器要用的主要材料是散热器对丝、垫片、散热器补芯和丝堵。其中，对丝是两片散热器之间的连接件，它是一个全长上都有外螺纹的短管，它的一端为右螺纹，另一端为左螺纹，如图 5-21 所示。散热器补芯是散热器管口和散热器支管之间的连接件，并起变径的作用。散热器丝堵用于散热器不接支管的管口堵口。由于每片或每组散热器两侧接口一为左螺纹，一为右螺纹，因此，散热器补芯和丝堵也都有左螺纹和右螺纹之分以便对应使用。散热器组对用的工具称为散热器钥匙。

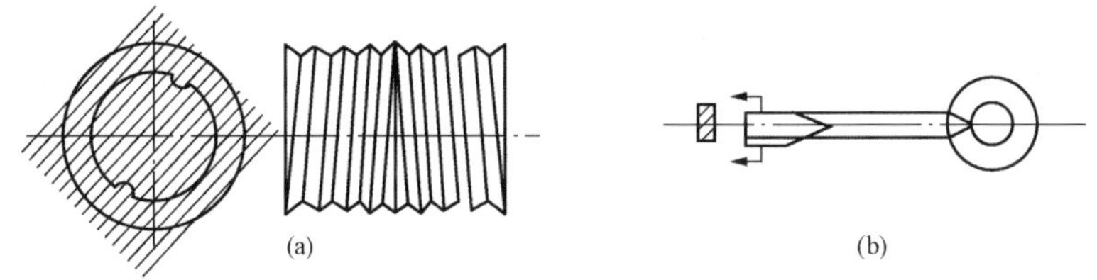

图 5-21　散热器的对丝及钥匙

(a) 对丝；(b) 钥匙

散热器组对前，应对每片散热器片内部和管口清理干净，散热器片表面要除锈，刷一遍防锈漆。组对时，先将一片散热器放到组对平台上，把对丝套上垫片放入散热器接口中，再将第二片散热器（这片散热器相对接口的螺纹方向必须是相反的）的接口对准第一片散热器接口中的对丝，用两把散热器钥匙同时插入对丝孔内，同时、同向、同速度转动，使对丝同时在两片散热器接口入扣，利用对丝将两片散热器拉紧，每组散热器的片数与组数应按设计规定事先统计好，然后组对。

散热器组对的要求是：

(1) 散热器组对前应检查：长翼型散热器的顶部掉翼数，只允许一个，其长度不得大于

50mm。侧面掉翼数，不得超过两个，其累计长度不得大于200mm，且掉翼面应朝墙安装。

（2）组对散热器的垫片应使用成品，组对后垫片外露不应大于1mm。

（3）散热器组对应平直紧密，组对后平直度应符合表5-9的规定。

（4）为了搬运和安装方便，每组散热器片数不宜超过下列数值，使其组对后长度不大于1.7m：

长翼型（大60）6片；

细柱型（四柱等）25片；

粗柱型（M132）20片。

表5-9　组对后散热器平直度允许偏差

散热器类型	片　数	允许偏差	散热器类型	片　数	允许偏差
长翼型	2～4	4	铸铁片式	3～15	4
	5～7	6	钢制片式	15～25	6

（5）组对好的散热器一般不应堆放，若受条件限制必须平堆放时，堆放高度不应超过十层，且每层间应用木片隔开。

2. 散热器的试压

散热器组成后，必须进行水压试验，合格后才能安装。试验压力如设计无要求时应为工作压力的1.5倍，但不得小于0.6MPa。水压试验的持续时间为2～3min，在持续时间内不得有压力降，不渗不漏为合格。散热器水压试验连接如图5-22。

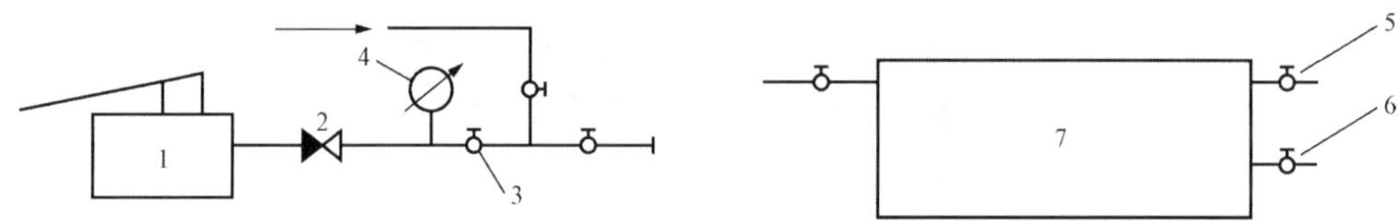

图5-22　散热器水压试验装置

1—手压泵；2—止回阀；3—截止阀；4—压力表；5—放气管；6—泄水管；7—散热器

3. 散热器安装

散热器安装一般在内墙抹灰完成后进行。共安装形式有明装、暗装和半暗装三种。

（1）散热器位置确定　散热器一般布置在外窗下面，其中心线应与外窗中心线重合。散热器背面距墙面净距应符合设计或产品说明书要求，如设计未注明，应为30mm。其中心距墙面的尺寸应符合表5-10的规定。在窗台下面布置的具体要求如图5-23所示。散热器安装时，窗台至地面的距离应满足散热器及其下面是否布置回水管道所需的尺寸。

表5-10　散热器中心至墙表面距离

散热器型号	60型	M132型150	四柱型	圆翼型	扁管、板式（外沿）	串片型	
						平放	竖放
中心距墙面的距离（mm）	115	115	130	115	30	95	60

（2）埋栽散热器托钩　散热器安装有两种方式：一种是安装在墙上的托钩上，一种是安装在地上的支座上。散热器托钩可用圆钢或扁钢制作，如图5-24所示。散热器托钩的长度

见表5-11。

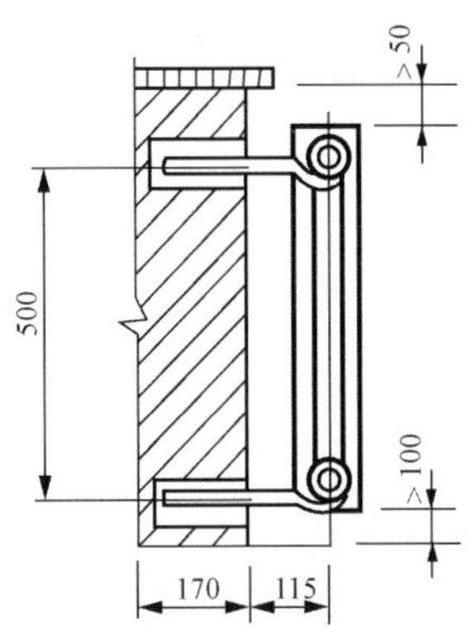

图5-23　散热器的布置

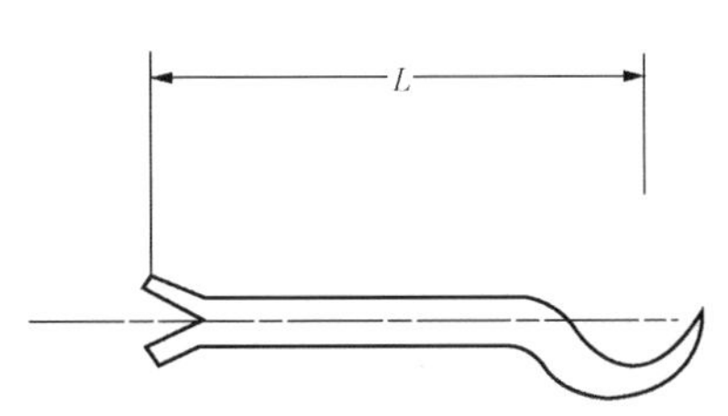

图5-24　散热器托钩

表5-11　**散热器托钩长度**

散热器名称	托钩长度 L(mm)	散热器名称	托钩长度 L(mm)
长翼型	≥235	四柱	≥262
圆翼型	≥225	五柱	≥284
M132	≥246		

当散热器墙上安装时，应首先确定散热器托钩的数量和位置。散热器托钩的数量因散热器的型号、组装片数不同而异，而且每组散热器上下托钩的数量也不相同，其原因是：上托钩主要保证散热器垂直度，故数量少；下托钩主要承重，故数量多。表5-12给出了铸铁散热器托钩数量。散热器托钩位置取决于散热器安装位置，在墙上划线时，应注意到上下托钩中心即是散热器上下接口中心，还要考虑到散热器接口的间隙，一般每个接口间隙按2mm计。

表5-12　**散热器支、托架数量表**

散热器型号	每组片数	上部托钩或卡架数	下部托钩或卡架数	总计	备　注
60型	1	2	1	3	
	2～4	1	2	3	
	5	2	2	4	
	6	2	3	5	
	7	2	4	6	
圆翼型	1	—	—	2	
	2	—	—	3	
	3～4	—	—	4	
柱型 M132型 M150型	3～8	1	2	3	柱型不带足
	9～12	1	3	4	
	13～16	2	4	6	
	17～20	2	5	7	
	21～24	2	6	8	

续表

<table>
<tr><th>散热器型号</th><th>每组片数</th><th>上部托钩或卡架数</th><th>下部托钩或卡架数</th><th>总计</th><th>备　注</th></tr>
<tr><td>扁管式、板式</td><td>1</td><td>2</td><td>2</td><td>4</td><td></td></tr>
<tr><td>串片式</td><td colspan="3">每根长度小于1.4m
长度为1.6～2.4m
多根串联的托钩间距不大于1m</td><td></td><td></td></tr>
</table>

注　1. 轻质墙结构，散热器底部可用特制金属托架支撑。

2. 安装带腿的柱型散热器，每组所需带腿片数为：14片以下为2片；15～24片为3片。

3. MI32型及柱型散热器下部为托钩，上部为卡架；长翼型散热器上下均为托钩。

打墙洞时，可使用电动工具，打洞深度一般不小于120mm。直径宜在25mm左右。

栽托钩时，先用水将墙洞浸湿，将托钩放入墙洞内，对正位置后，灌入水泥砂浆，并用碎石挤紧，最后用水泥砂浆填满墙洞并抹平。

(3) 安装散热器　待墙洞中的水泥砂浆达到强度后，即可安装散热器。安装时，要轻抬轻放，避免碰坏散热器托钩。安装后的散热器应满足表5-13的要求。

表5-13　　散热器安装的允许偏差用检验方法

<table>
<tr><th colspan="5">项　　目</th><th>允许偏差</th><th>检验方法</th></tr>
<tr><td rowspan="11">散热器</td><td rowspan="2">坐标</td><td colspan="3">背面墙面距离（mm）</td><td>3</td><td rowspan="3">用水准仪（水平尺）、直尺、拉线和尺量检查</td></tr>
<tr><td colspan="3">与窗口中心线（mm）</td><td>20</td></tr>
<tr><td>标高</td><td colspan="3">底部距地面（mm）</td><td>15</td></tr>
<tr><td colspan="4">中心线垂直度（mm）</td><td>3</td><td rowspan="2">吊线和尺量检查</td></tr>
<tr><td colspan="4">侧面倾斜度（mm）</td><td>3</td></tr>
<tr><td rowspan="6">全长内的弯曲（mm）</td><td rowspan="3">灰铸铁</td><td>长翼型（60）
（38）</td><td>2～4片
5～7片</td><td>4
6</td><td rowspan="6">用水准仪（水平尺）、直尺、拉线和尺量检查</td></tr>
<tr><td>圆翼型</td><td>2m以内
3～4m</td><td>3
4</td></tr>
<tr><td>M132柱型</td><td>3～14片
15～24片</td><td>4
6</td></tr>
<tr><td rowspan="3">钢制</td><td>串片型</td><td>2节以内
3～4节</td><td>3
4</td></tr>
<tr><td>扁管（板式）</td><td>$L<1$m
$L>1$m</td><td>4（3）
6（5）</td></tr>
<tr><td>柱型</td><td>3<12片
13<20片</td><td>4
6</td></tr>
</table>

三、排气设备安装

室内采暖系统要在各段管道最高点设置排气装置，目的是将热水采暖系统中的空气收集并加以排除，以保证系统的正常工作。

排气装置有两种：一种是手动集气罐，可按标准图用钢管或钢板制作；另一种是自动排气阀。手动集气罐根据安装形式不同又可分为卧式和立式两种，如图 5-25 所示，集气罐不要直接设在干管末端。手动集气罐要设排气阀和排气管，排气管应接至邻近水池处。自动排气阀前应设置截止阀，以便检修或更换自动排气阀。

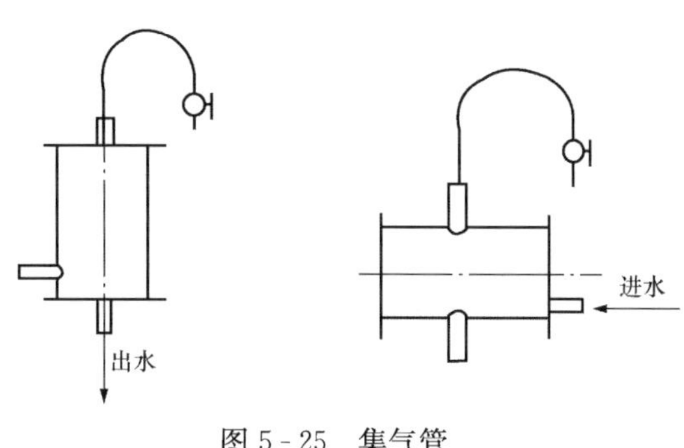

图 5-25　集气管

第四节　低温热水地板辐射采暖系统的安装

低温热水地板辐射采暖，系采用低于 60℃的低温水作为热媒，通过直接埋入建筑地板内的加热盘管中，利用辐射而达到室温要求的一种方便、灵活的采暖方式。

低温热水地板辐射采暖具有高效节能、舒适卫生、低温隔声、热稳定性好、不占使用面积等特点，近年来被广泛使用。实践证明，低温热水地板辐射采暖也是便于按热分户控制、分户计量收费、节约能源的较好方案之一。

一、系统的组成与形式

1. 分户独立热源采暖系统

它主要由热源（燃油锅炉、燃气锅炉、电热锅炉等）、供水管、过滤器、分水器、地板辐射管、集水器、膨胀水箱、回水管等组成，如图 5-26 所示。

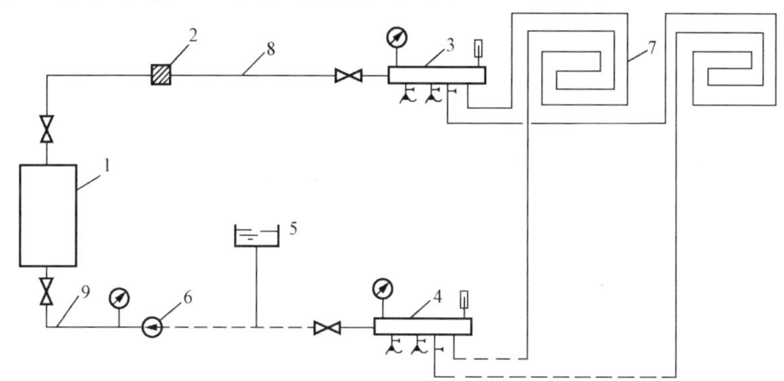

图 5-26　分户独立热源地板辐射采暖系统

1—锅炉；2—过滤器；3—分水器；4—集水器；5—膨胀水箱；6—循环水泵；7—地板辐射管；8—供水管；9—回水管

2. 集中热源的采暖系统

这种系统的布置形式，同分户控制、分户计量的采暖系统相似，它由供水支管、除污器、热量表、分水器、地板辐射管、集水器、回水支管等组成，如图 5-27 所示。

二、系统应用材料及布管方式

1. 材料

（1）加热管材料　敷设在地面填充层内的加热管，应根据使用年限、要求、使用条件等

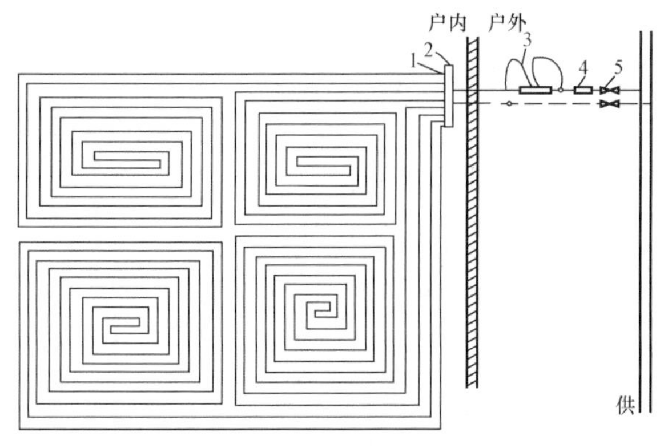

图 5-27 一户一表式地板辐射采暖系统

级、热媒温度和工作压力等，采用以下管材：

交联铝塑复合（PAP、XPAP）管；

聚丁烯（PB）管；

交联聚乙烯（PE—X）管；

无规共聚聚丙烯（PP—R）管。

以上管材具有抗老化、耐高压、易弯曲、不结垢、水力条件好，还有高质量的配件结合体系等优点，得到广泛应用。

（2）其他材料　主要是绝热板材与分、集水器等。

1）绝热板材：宜采用自熄型聚苯乙烯泡沫塑料，其厚度由设计确定。其物理性能应满足以下要求：①密度不应小于 20kg/m^3；②导热系数不应大于 0.05W/(m·K)；③压缩应力不应小于 100kPa；④吸水率不应小于 4%；⑤氧指数不应小于 32。

2）绝热板材表面处理方法：专用敷有玻璃布基铝铂面层或真空镀铝聚酯薄面层。

3）分、集水器：是将管道中的液体进行分流或集流的装置，亦称配水器。分、集水器由单件组成，一般用铜制造。如图 5-28 所示。

2. 系统布管方式

地板辐射采暖系统的管路布管方式，依房间的耗热量不同分别采用旋转形、往复形或直列形等方式，如图 5-29 所示。

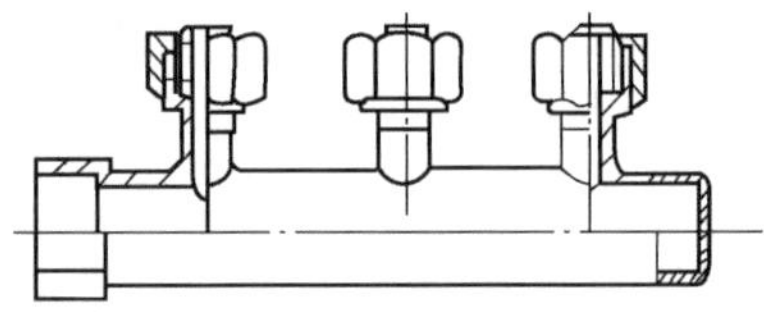

图 5-28 卡套式分、集水器结构图

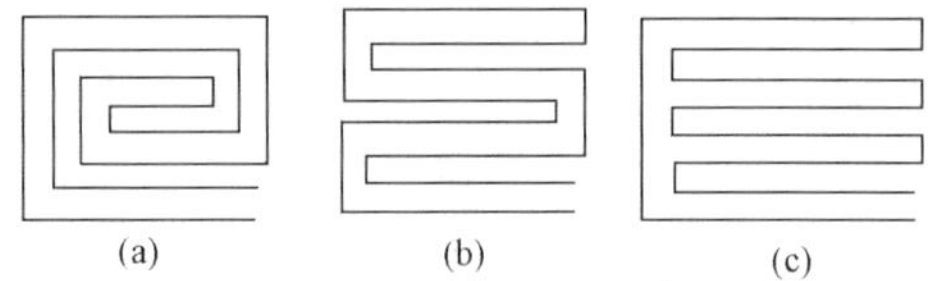

图 5-29 辐射采暖地板加热管的布置方式
(a) 旋转形；(b) 往复形；(c) 直列形

三、地板辐射采暖的结构与施工工艺

1. 工作条件

地板辐射采暖施工应在建筑工程主体及室内地面抹灰已完成，与地面施工同时进行，并且要采暖立管、干管、给排水立管已完成。

2. 施工流程

（1）清理地面　在铺设贴有铝箔的自熄型聚苯乙烯保温板之前，将地面清扫干净，不得有凹凸不平的地面，不得有砂石碎块、钢筋头等。

（2）铺设保温板　保温板采用贴有铝箔的自熄型聚苯乙烯保温板，必须敷设在水泥砂浆找平层上，地面不得有高低不平的现象。保温板铺设时，铝箔面朝上，铺设平整。凡是钢筋、电线管或其他管道穿过楼板保温层时，只允许垂直穿过，不准斜插，其插管接缝用胶带封贴严实、牢靠。

（3）铺设加热盘管　加热盘管的铺设的顺序是从远到近逐个环圈铺设，其间距应根据设计而定。然后加以固定。固定方法有以下几种：用专用塑料 U 形固定卡子将加热管直接固定在敷有复合面层的绝热板上；用扎带将加热管绑扎在铺设于绝热表面的钢丝网上或卡在铺设于绝热层表面的专用管架或管卡上。如图 5 - 30 所示。

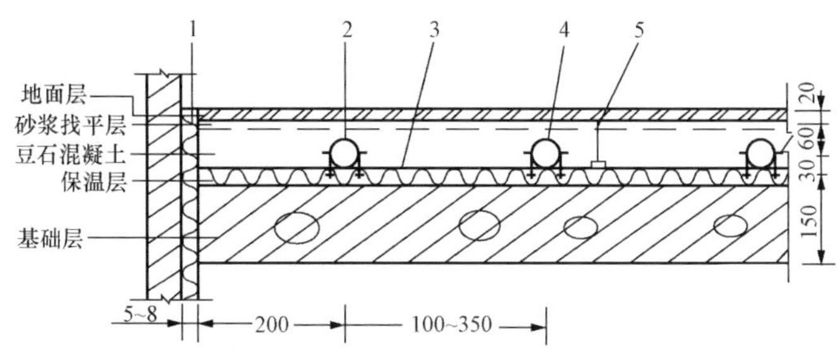

图 5 - 30　地板辐射供暖剖面图

1—弹性保温材料；2—塑料固定卡钉；3—铝箔；4—加热盘管；5—膨胀带

加热管铺设要求：

1）加热管的弯曲半径，不宜小于 8 倍管外径。

2）填充层内的加热管不应有接头。

3）加热管固定点的间距，直管段不应大于 500mm，弯曲管段上不应大于 250mm。

（4）试压　安装完地板上的加热盘管后，要进行水压试验。首先接好临时管路及试压泵，灌水后打开排气阀，将管内空气放净后关闭排气阀，先检查接口，无异样情况方可缓慢地加压，增压过程中观察接口，发现渗漏立即停止，将接口处理后再增压。增加至 0.6MPa 后，稳压 1h，压力降不大于 0.05MPa 为合格。

（5）回填豆石混凝土　试压验收合格后，应立即回填豆石混凝土，要求如下：

1）混凝土强度等级由设计确定，但强度不应小于 C15，豆石粒径宜不大于 12mm，并宜掺入 5%的防龟裂的添加剂。

2）回填和养护过程中，加热管内应保持不小于 0.4MPa 的压力。严禁踩压管路，必须用人力进行捣固密实。严禁机械振捣。

3）当辐射地板面积超过 30m^2 或长边超过 6m 时，混凝土填充层应设置热膨胀缝。

4）加热管穿建筑物伸缩缝处，应设长度不小于 100mm 的柔性套管。

5）填充层的养护周期，应不小于 48h。

（6）分、集水器的安装、连接　应做到：

1）分、集水器安装时，分水器在上，集水器安装在下，中心距为 200mm，集水器中心距地面应小于 300mm，并将其固定。如图 5 - 31、图 5 - 32 所示。

2）加热管始末端出地面至连接配件的管段，应设置在硬质套管内，然后与分、集水器进行连接。

3）将分、集水器与进户装置系统管道连接完。在安装仪表、阀门、过滤器等时，要注意方向，不得装反。

（7）通热水、初次启动　初次启动通热水时，首先将烧至 25～30℃水温的热水通入管路，循环一周，检查地上接口无异样，将水温提高 5～10℃，再运行一周后重复检查，照此循环，每隔一周提高 5～10℃温度，直到供水温度为 60～65℃为止。地上各接口不渗不漏为全部合格。

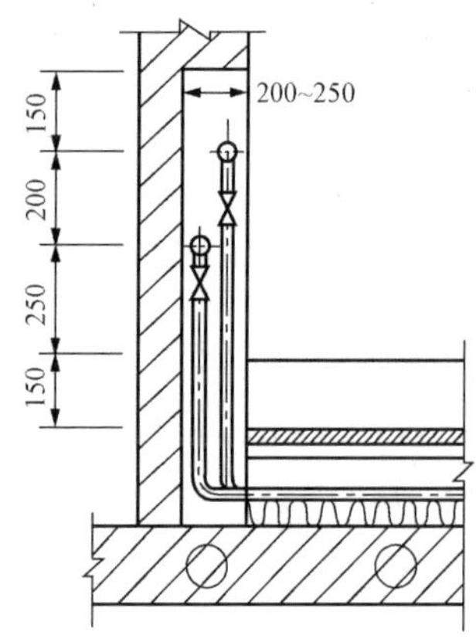

图 5-31 分（集）水器侧视图

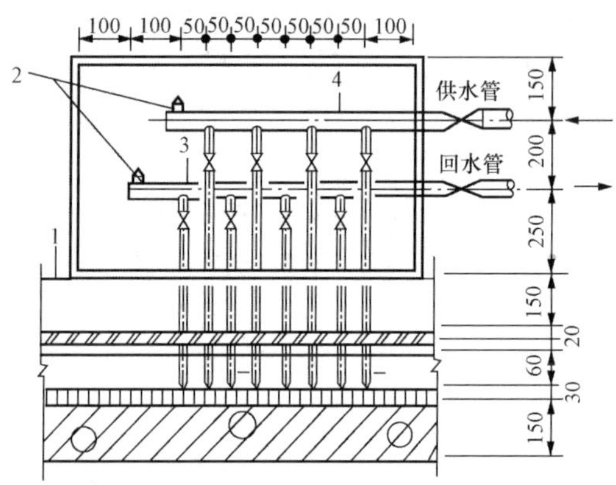

图 5-32 分（集）水器正视图

1—踢脚线；2—放气阀；3—集水器；4—分水器

第六章

热水采暖系统的水力计算

知识点： 热水采暖系统水力计算的原理、方法和种类。

教学目标： 掌握采暖系统的设计计算方法。

第一节　管路水力计算的基本原理

一、基本公式

热水采暖系统进行水力计算可以确定系统中各管段的管径，使各管段的流量和进入散热器的流量符合要求，进而确定出各管路系统的阻力损失。流体在管路中流动时，要克服流动阻力产生的能量损失，能量损失有沿程压力损失和局部压力损失两种形式。

沿程压力损失是由于管壁的粗糙度和流体黏滞性的共同影响，在管段全长上产生的损失。

局部压力损失是流体通过局部构件（如三通、阀门等）时，由于流动方向和速度改变产生局部旋涡和撞击而引起的损失。

1. 沿程压力损失

根据达西公式，沿程压力损失可用下式计算：

$$p_y = \lambda \frac{1}{d} \frac{\rho v^2}{2} \tag{6-1}$$

单位长度的沿程压力损失，也就是比摩阻 R 的计算公式为

$$R = \frac{p_y}{l} = \frac{\lambda}{d} \frac{\rho v^2}{2} \tag{6-2}$$

式中　p_y——沿程压力损失，Pa；

λ——管段的摩擦阻力系数；

d——管子的内径，m；

ρ——流体的密度，kg/m^3；

v——管中流体的速度，m/s；

l——管段的长度，m。

实际工程计算中，往往已知流量，则式（6-2）中的流速 v 可以用质量流量 G 表示为

$$v = \frac{G}{3600 \times \frac{\pi d^2}{4} \rho} = \frac{G}{900 \pi d^2 \rho} \tag{6-3}$$

式中　G——管段中水的质量流量，kg/h。

将式（6-3）代入式（6-2）中，经整理后可得

$$R = 6.25 \times 10^{-8} \frac{\lambda}{\rho} \frac{G^2}{d^5} \tag{6-4}$$

应用式（6-4）时应首先确定沿程阻力系数 λ。λ 与热媒的流动状态和管壁的粗糙度有关，即

$$\lambda = f(Re, K/d)$$

管壁的当量绝对粗糙度 K 值与管子的使用状况（如腐蚀结垢程度和使用时间等因素）有关，根据运行实践积累的资料，对室内使用钢管的热水采暖系统可采用 $K=0.2$mm，室外热水供热系统可取 $K=0.5$mm，对室内使用塑料管的热水采暖系统可采用 $K=0.05$mm。

应用流体力学理论将流动分成几个区域，用经验公式分别确定每个区域的沿程阻力系数 λ。

（1）层流区系数 $\lambda = \frac{64}{Re}$。热水采暖系统很少处于层流状态，仅在自然循环热水采暖系统中，个别管径很小、流速很小的管段中，才会出现层流状态。

（2）紊流区中流体运动又有三种形式：

1）紊流光滑区。λ 值也只与 Re 有关，与 K/d 无关。

可用布拉修斯公式确定 λ，即

$$\lambda = \frac{0.3164}{Re^{0.25}} \tag{6-5}$$

2）紊流过渡区用洛巴耶夫公式计算 λ，即

$$\lambda = \frac{1.42}{\left[\lg\left(Re\frac{d}{K}\right)\right]^2} \tag{6-6}$$

λ 值不仅与 Re 有关，还与 $\frac{d}{K}$ 有关。

3）紊流粗糙，又叫阻力平方区。λ 值仅取决于粗糙度 K/d。

可用尼古拉兹公式计算 λ，即

$$\lambda = \frac{1}{\left(1.14 + 2\lg\frac{d}{K}\right)^2} \tag{6-7}$$

当管径等于或大于 40mm 时，也可以用简单的西夫林松公式确定紊流粗糙区的 λ 值，即

$$\lambda = 0.11\left(\frac{K}{d}\right)^{0.25}$$

此外还有适用于整个紊流区的摩擦阻力系数 λ 值的统一计算公式。可参考有关资料。

一般情况下，室内热水采暖系统的流动状态几乎都是处于紊流的过渡区，室外热水供热系统的流动状态大多处于紊流的粗糙区。

如果水温和流动状态一定，室内、外热水管路就可以利用相应公式计算沿程阻力系数 λ 值。将 λ 值代入式 $R = 6.25\times10^{-8}\frac{\lambda}{\rho}\frac{G^2}{d^5}$ 中，因为 λ 值和 ρ 值均为定值，公式确定的就是 $R = f(G, d)$ 的函数关系式。只要已知三个参数中的任意两个就可以求出第三个参数。

附录 8 就是按式（6-4）编制的热水采暖系统管道水力计算表。

查表确定比摩阻 R 后，该管段的沿程压力损失 $p_y = Rl$（l 为管段长度，m）就可以确定出来。

2. 局部压力损失

局部压力损失可按下式计算：

$$p_j = \sum \xi \frac{\rho v^2}{2} \tag{6-8}$$

式中 $\sum\xi$——管段的局部阻力系数之和，可查附录 9；

$\frac{\rho v^2}{2}$——表示$\sum\xi=1$时的局部压力损失，又叫动压头 Δp_d，Pa（见附录 10）。

3. 总损失

任何一个热水采暖系统都是由很多串联、并联的管段组成的，通常将流量和管径均不改变的一段管路称为一个计算管段。

各个管段的总压力损失 Δp 应等于沿程压力损失 p_y 与局部压力损失 p_j 之和，即

$$\Delta p = \sum(p_y + p_j) = \sum\left(Rl + \xi\frac{\rho v^2}{2}\right) \tag{6-9}$$

二、当量阻力法

当量阻力法是在实际工程中的一种简化计算方法。基本原则是将管段的沿程损失折合为局部损失来计算，即

$$\lambda \frac{l}{d} \frac{\rho v^2}{2} = \xi_d \frac{\rho v^2}{2}$$

$$\xi_d = \frac{\lambda}{d} l \tag{6-10}$$

式中 ξ_d——当量局部阻力系数。

计算管段的总压力损失 Δp 可写成

$$\Delta p = p_y + p_j = \xi_d \frac{\rho v^2}{2} + \Sigma\xi \cdot \frac{\rho v^2}{2} = (\xi_d + \Sigma\xi)\frac{\rho v^2}{2} \tag{6-11}$$

令

$$\xi_{zh} = \xi_d + \Sigma\xi \tag{6-12}$$

式中 ξ_{zh}——管段的折算阻力系数。

则

$$\Delta p = \xi_{zh} \frac{\rho v^2}{2} \tag{6-13}$$

将式（5-3）代入式（5-13）中，则有

$$\Delta p = \xi_{zh} \frac{1}{900^2 \pi^2 d^4 2\rho} G^2 \tag{6-14}$$

设

$$A = \frac{1}{900^2 \pi^2 d^4 2\rho} \tag{6-15}$$

管段的总压力损失

$$\Delta p = A\xi_{zh} G^2 \tag{6-16}$$

附录 11 给出了各种不同管径的 A 值和λ/d 值。

附录 12 给出按式（6-16）编制的水力计算表。

垂直单管顺流式系统立管与干管、支管，支管与散热器的连接方式，在图中已规定出了标准连接图式，为了简化立管的水力计算，可以将由许多管段组成的立管看作一个计算管段。

附录 13 给出了单管顺流式热水采暖系统立管组合部件的 ξ_{zh}。

附录 14 给出了单管顺流式热水采暖系统立管的 ξ_{zh} 值。

三、当量长度法

当量长度法是将局部损失折算成沿程损失来计算的一种简化计算方法，也就是假设某一段管段的局部压力损失恰好等于长度为 l_d 的某管段的沿程损失，即

$$\sum\xi\frac{\rho v^2}{2}=\frac{\lambda}{d}l_d\frac{\rho v^2}{2} \tag{6-17}$$

$$l_d=\sum\xi\frac{d}{\lambda}$$

式中　l_d——管段中局部阻力的当量长度，m。

管段的总压力损失 Δp 可写成

$$\Delta p=p_y+p_j=Rl+Rl_d=Rl_{zh} \tag{6-18}$$

式中　l_{zh}——管段的折算长度，m。

当量长度法一般多用于室外供热管路的水力计算上。

四、塑料管材的水力计算原理

供热的室内系统常用塑料管材，其 λ 值的计算公式是由实验得到的，与使用钢管的传统采暖系统有所不同。利用相关理论可求得比摩阻 R 值，具体可参考有关资料。

为了简化计算，一般可直接查阅水力计算表。塑料类管材的水力计算表，见表6-1。

表 6-1　塑料类管材的水力计算表

流量	计算内径/计算外径（mm）					
	12/16		16/20		20/25	
G(L/h)	v(m/s)	R(Pa/m)	v(m/s)	R(Pa/m)	v(m/s)	R(Pa/m)
90	0.22	91.04				
108	0.27	125.76				
126	0.31	165.30				
144	0.35	209.44	0.20	53.07		
162	0.40	258.20	0.22	65.33		
180	0.44	311.37	0.25	78.77		
198	0.49	368.56	0.27	93.29		
216	0.53	430.07	0.30	108.89		
236	0.57	495.70	0.32	125.57		
252	0.62	563.35	0.35	143.13	0.22	46.70
270	0.66	638.98	0.37	161.77	0.24	55.62
288	0.71	716.42	0.40	181.39	0.25	62.39
306	0.75	797.75	0.42	201.99	0.27	69.55
324	0.80	882.90	0.45	223.57	0.29	77.01

续表

流量	计算内径/计算外径（mm）					
	12/16		16/20		20/25	
G(L/h)	v(m/s)	R(Pa/m)	v(m/s)	R(Pa/m)	v(m/s)	R(Pa/m)
342	0.84	971.78	0.47	246.13	0.30	84.86
360	0.88	1069.3	0.50	269.58	0.31	92.80
396	0.97	1255.7	0.55	319.21	0.35	109.97
432	1.06	1471.5	0.60	372.49	0.39	128.31
468	1.15	1697.1	0.65	429.28	0.41	147.93
504	1.24	1932.6	0.70	489.62	0.45	168.63

注 本表数值系按《建筑给水排水设计手册》经整理和简化所得，计算水温条件为10℃。

由于采暖系统的水温相对较高，因此，对查出的比摩阻 R_o 值要用下述公式进行修正：

$$R = R_o \cdot a \tag{6-19}$$

式中 R——热媒在计算温度和流量下的比摩阻，Pa/m；

R_o——计算流量下表中查得的比摩阻，Pa/m；

a——比摩阻的水温修正系数。

表6-2给出了10℃以上计算阻力对应的不同水温修正系数。

表6-2　　10℃以上计算阻力的水温修正系数

计算水温（℃）	10	20	30	40	50	60	≥70
水温修正系数 a	1.00	0.96	0.91	0.88	0.84	0.81	0.80

根据水力计算表确定管径、实际比摩阻后，由 $\Delta p_y = Rl$ 即可确定管段的沿程阻力损失，再由 $\Delta p_j = \sum\xi\frac{\rho v^2}{2}$ 即可确定管段的局部阻力损失。

热媒通过三通、弯头、阀门等附件的局部阻力系数 ξ 值是由实验方法确定的，可查阅的有关设计手册求得。表6-3、表6-4为天津大学对天津市大通铝塑管厂生产的塑料管材和连接管件进行实验所得到的铝塑复合管的沿程比摩阻和连接管件的局部阻力系数值，可供参考。另外，表6-5还给出了不同水温下水的物性变化对阻力影响程度的水温修正系数。

表6-3　　铝塑复合管沿程比摩阻表

流量	计算内径/计算外径（mm）							
	12/16		14/18		16/20		20/25	
G(L/h)	v(m/s)	R(Pa/m)	v(m/s)	R(Pa/m)	v(m/s)	R(Pa/m)	v(m/s)	R(Pa/m)
50	0.10	24.56	0.09	41.20				
75	0.18	62.88	0.14	57.68	0.10	12.04		
100	0.25	107.25	0.18	77.10	0.14	25.68	0.09	0.38
125	0.31	157.67	0.23	99.47	0.17	41.15	0.11	0.94
150	0.37	214.15	0.27	124.78	0.21	58.43	0.13	1.56
175	0.43	276.67	0.32	153.02	0.24	77.54	0.15	2.21

续表

流量	计算内径/计算外径（mm）							
	12/16		14/18		16/20		20/25	
G(L/h)	v(m/s)	R(Pa/m)	v(m/s)	R(Pa/m)	v(m/s)	R(Pa/m)	v(m/s)	R(Pa/m)
200	0.49	345.25	0.36	184.21	0.28	98.47	0.18	2.91
225	0.55	419.89	0.41	218.35	0.31	121.21	0.20	3.65
250	0.61	500.57	0.45	255.42	0.35	145.78	0.22	4.44
275	0.68	587.31	0.50	295.43	0.38	172.17	0.24	5.27
300	0.74	680.10	0.54	338.39	0.41	200.38	0.27	6.15
325	0.80	778.94	0.59	384.29	0.45	230.40	0.29	7.07
350	0.86	883.84	0.63	433.13	0.48	262.25	0.31	8.04
375	0.92	994.79	0.68	484.91	0.52	295.92	0.33	9.05
400	0.98	1111.79	0.72	539.63	0.55	331.41	0.35	10.10
425	1.04	1234.84	0.77	597.29	0.59	368.72	0.38	11.20
450	1.11	1363.95	0.81	657.90	0.62	407.84	0.40	12.34
475	1.17	1499.11	0.86	721.45	0.66	448.80	0.42	13.52
500	1.23	1640.32	0.90	787.94	0.69	491.57	0.44	14.75
525	1.29	1787.58	0.95	857.37	0.73	536.16	0.46	16.03
550	1.35	1940.90	0.99	929.74	0.76	582.57	0.49	17.34
575					0.79	630.80	0.51	18.71
600							0.53	20.11
625							0.55	21.56
650							0.58	23.06
675							0.60	24.60
700							0.62	26.18

注　本表所列的数据是根据天津大学对天津市大通铝塑复合管有限公司提供的样品实验的实际测量值，测量水温为60℃。

表6-4　　铝塑复合管连接管件局部阻力系数

塑料管变径的局部阻力系数			
变径尺寸	局部阻力系数 ξ	变径尺寸	局部阻力系数 ξ
DN12/16—DN14/18	0.15	DN14/18—DN12/16	0.42
DN16/20—DN20/25	0.04	DN20/25—DN16—20	0.65
DN12/16—DN16/20	0.26	DN16/20—DN12/16	1.19
塑料管与金属管内丝连接的局部阻力系数			
管件尺寸	局部阻力系数 ξ	管件尺寸	局部阻力系数 ξ
DN20—DN14/18	6.11	DN14/18—DN20	0.19

续表

塑料管与金属管内丝连接的局部阻力系数			
管件尺寸	局部阻力系数 ξ	管件尺寸	局部阻力系数 ξ
DN20—DN20/25	7.61	DN20/25—DN20	1.70
DN15—DN12/16	1.20	DN12/16—DN15	0.21
塑料管与金属管内外连接的局部阻力系数			
变径尺寸	局部阻力系数 ξ	变径尺寸	局部阻力系数 ξ
DN15—DN12/16	0.89	DN12/16—DN15	0.09
DN20—DN12/16	0.95	DN12/16—DN20	0.07
塑料管件弯头的局部阻力系数			
弯头尺寸	局部阻力系数 ξ	弯头尺寸	局部阻力系数 ξ
DN12/16	0.62	DN14/18	0.55
DN16/20	0.47		

注　1. 本表所列的数据是根据天津大学对天津市大通铝塑复合管有限公司提供的样品实验的实际测量值，测量水温为60℃。

2. 本表以局部管件入口连接管道计算内径作为动压值的计算直径。

3. 表中DN后有4位数的是塑料管的尺寸，其中前2位为计算内径，后2位为计算外径；DN仅有2位数的代表金属管的公称直径。

表 6-5　不同水温下计算阻力的水温修正系数

水温（℃）	95	90	80	70	60	50	40	30
水温修正系数	0.9	0.93	0.96	0.98	1.0	1.03	1.08	1.12

第二节　热水采暖系统水力计算的任务和方法

一、热水采暖系统水力计算的任务

（1）已知各管段的流量和循环作用压力，确定各管段管径。常用于工程设计。

（2）已知各管段的流量和管径，确定系统所需的循环作用压力。常用于校核计算。

（3）已知各管段管径和该管段的允许压降，确定该管段的流量。常用于校核计算。

二、等温降水力计算方法

等温降法就是采用相同设计温降进行水力计算的一种方法。它认为双管系统每组散热器的水温降相同；单管系统每根立管的供回水温降相同。在这个前提下计算各管段流量，进而确定各管段管径。

等温降法简便，易于计算，但不易使各并联环路阻力达到平衡，运行时易出现近热远冷的水平失调问题。

（1）根据已知温降，计算各管段流量。

$$G=\frac{3600Q}{4.187\times10^{3}(t_{g}-t_{h})}=\frac{0.86Q}{t_{g}-t_{h}} \qquad (6-20)$$

式中　Q——各计算管段的热负荷，W；

t_g——系统的设计供水温度,℃;

t_h——系统的设计回水温度,℃。

(2)根据系统的循环作用压力,确定最不利环路的平均比摩阻 R_{pj},即

$$R_{pj} = \frac{\alpha \Delta p}{\sum l} \tag{6-21}$$

式中 R_{pj}——最不利环路的平均比摩阻,Pa/m;

Δp——最不利环路的循环作用压力,Pa;

α——沿程压力损失占总压力损失的估计百分数,查附录 8 确定 α 值;

$\sum l$——环路的总长度,m。

如果系统的循环作用压力暂无法确定,平均比摩阻 R_{pj} 无法计算;或入口处供回水压差较大时,平均比摩阻 R_{pj} 过大;会使管内流速过高,系统中各环路难以平衡。出现上述两种情况时,对机械循环热水采暖系统可选用推荐的经济平均比摩阻 R_{pj}=60~120Pa/m 来确定管径。剩余的资用压力,由入口处的调压装置节流。

根据平均比摩阻确定管径时,应注意管中的流速不能超过规定的最大允许流速,流速过大会使管道产生噪声。《暖通规范》规定的最大允许流速为:

民用建筑 1.5m/s;

辅助建筑物 2m/s;

工业建筑 3m/s。

(3)根据 R_{pj} 和各管段流量,查附录 8 选出最接近的管径,确定该管径下管段的实际比摩阻 R 和实际流速。

(4)确定各管段的压力损失,进而确定系统总的压力损失。

应用等温降法进行水力计算时应注意:

1)如果系统未知循环作用压力,可在总压力损失之上附加 10%确定。

2)各并联循环路应尽量做到阻力平衡,以保证各环路分配的流量符合设计要求。各种系统形式要求并联环路的允许不平衡率将在各例题中介绍。

3)散热器的进流系数。

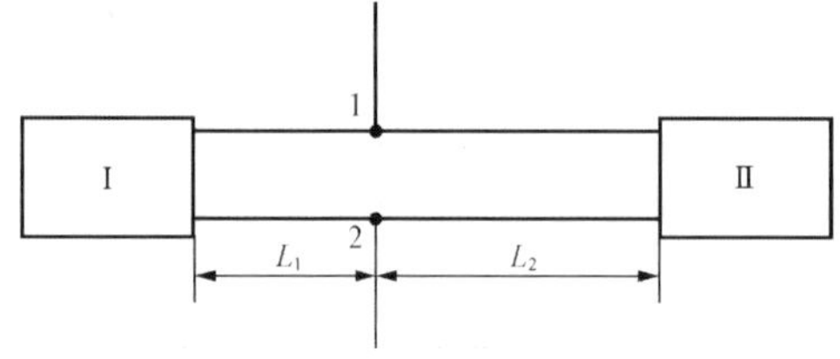

图 6-1 顺流式系统散热器节点

在单管顺流式热水采暖系统中,如图 6-1,两组散热器并联在立管上,立管流量经三通分配至各组散热器。流进散热器的流量 G_s 与立管流量 G_l 的比值,称为该组散热器的进流系数 a,即

$$a = \frac{G_s}{G_l}$$

在垂直顺流式热水采暖系统中,当散热器单侧连接时,进流系数 a =1.0;当散热器双侧连接时,如果两侧散热器支管管径、长度、局部阻力系数都相等,则进流系数 a = 0.5;如果散热器支管管径、长度、局部阻力系数不相等,进流系数可查图 6-2 确定。

跨越式热水采暖系统中,由于一部分直接经跨越管流入下层散热器,散热器的进流系数 a 取决于散热器支管、立管、跨越管管径的组合情况和立管中的流量、流速情况,进流系数可查图 6-3 确定。

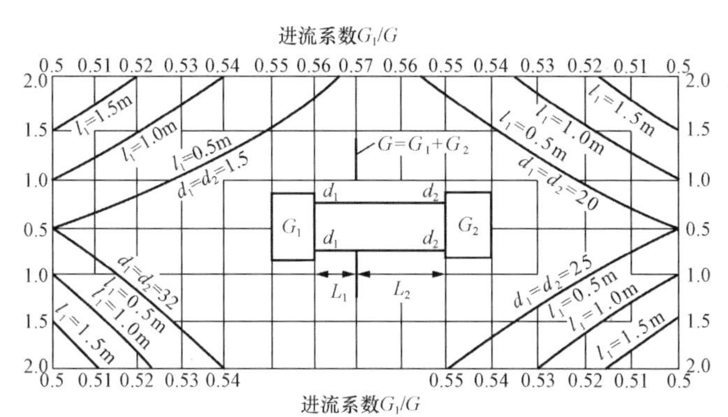

图 6-2　单管顺流式散热器进流系数

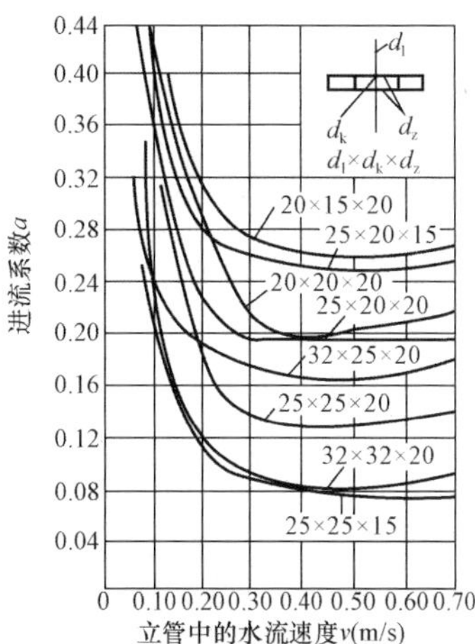

图 6-3　跨越式系统中散热器的进流系数

三、不等温降的水力计算方法

所谓不等温降的水力计算，就是在单管系统中各立管的温降各不相等的前提下进行水力计算。它以开联环路节点压力平衡的基本原则进行水力计算。这种计算方法对各立管间的流量分配，完全遵守并联环路节点压力平衡的水力学规律，能使设计工况与实际工况基本一致。

1. 热水管路的阻力数

无论是室外热水管路或室内热水采暖系统，热水管路都是由许多串联和并联管段组成的。热水管路系统中各管段的压力损失和流量分配，取决于各管段的连接方法——串联或并联连接，以及各管段的阻力数 ξ 值。

式 (6-16) 可改写为

$$\Delta p = A\xi_{zh}G^2 = SG^2 \tag{6-22}$$

式中　S——管段的阻力数，$Pa/(kg/h)^2$。

它的数值表示当管段通过单位流量时的压力损失值。阻力数的概念，同样也可用在由许多管段组成的热水管路上，称为热水管路的总阻力数 S。

对于串联管路（图 6-4），管段的总压降为串联管径压降之和。

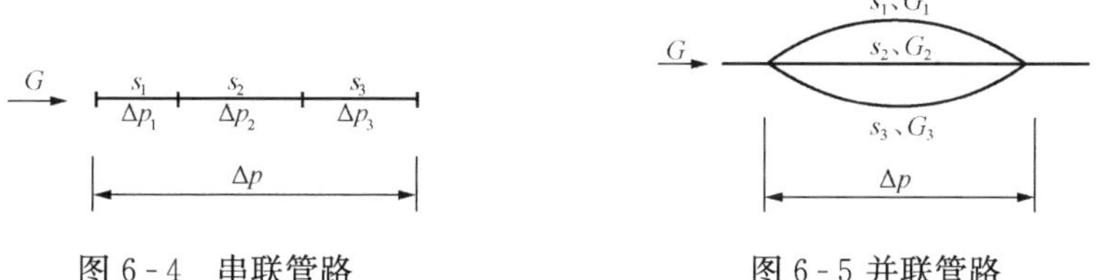

图 6-4　串联管路　　图 6-5 并联管路

$$\Delta p = \Delta p_1 + \Delta p_2 + \Delta p_3 \tag{6-23}$$

式中　Δp_1、Δp_2、Δp_3——各串联管段的压力损失，Pa。

根据式 (6-22)，可得

$$S_{zh}G^2 = s_1G^2 + s_2G^2 + s_3G^2$$

由此可得

$$S_{zh} = s_1 + s_2 + s_3 \tag{6-24}$$

式中 G——热水管路的流量，kg/h；

s_1、s_2、s_3——各串联管段的阻力数，Pa/ (kg/h)^2。

式（6-24）表明：在串联管路中，管路的阻力数为各串联管段阻力数之和。

对于并联管路（图 6-5），管路的总流量为并联管段流量之和，即

$$G = G_1 + G_2 + G_3 \tag{6-25}$$

根据式（6-22），可得

$$G = \sqrt{\frac{\Delta p}{S_b}}; G_1 = \sqrt{\frac{\Delta p}{s_1}}; G_2 = \sqrt{\frac{\Delta p}{s_2}}; G_3 = \sqrt{\frac{\Delta p}{s_3}} \tag{6-26}$$

将式（6-26）代入式（6-25），可得

$$\sqrt{\frac{1}{S_b}} = \sqrt{\frac{1}{s_1}} + \sqrt{\frac{1}{s_2}} + \sqrt{\frac{1}{s_3}} \tag{6-27}$$

设
$$a = 1/\sqrt{s} = G/\sqrt{\Delta p} \tag{6-28}$$

则
$$a_b = a_1 + a_2 + a_3 \tag{6-29}$$

式中 a_1、a_2、a_3——并联管段的通导数，(kg/h)/Pa$^{1/2}$；

S_b——并联管路的总阻力数，Pa/(kg/h)^2；

a_b——并联管路的总通导数，(kg/h)/Pa$^{1/2}$。

又由于

$$\Delta p = s_1 G_1^2 = s_2 G_2^2 = s_3 G_3^2 \tag{6-30}$$

则
$$G_1 : G_2 : G_3 = \frac{1}{\sqrt{s_1}} : \frac{1}{\sqrt{s_2}} : \frac{1}{\sqrt{s_3}} = a_1 : a_2 : a_3 \tag{6-31}$$

由式（6-31）可见，在并联管路上，各分支管段的流量分配与其通导数成正比。此外，各分支管段的阻力状况（即其阻力数 s 值）不变时，管路的总流量在各分支管段上的流量分配比例不变。管路的总流量增加或减小多少倍，并联环路各分支管段也相应增加或减小多少倍。

2. 不等温降水力计算方法

进行室内热水采暖系统不等温降的水力计算时，一般从循环环路的最远立管开始。

（1）首先任意给定最远立管的温降。一般按设计温降增加 2～5℃，由此求出最远立管的计算流量 G_j。根据该立管的流量，选用 R(或 v) 值，确定最远立管管径和环路末端供、回水干管的管径及相应的压力损失值。

（2）确定环路最末端的第二根立管的管径。该立管与上述计算管段为并联管路。根据已知节点的压力损失 Δp，选定该立管管径，从而确定通过环路最末端的第二根立管的计算流量及其计算温降。

（3）按照上述方法，由远至近，依次确定出该环路上供、回水干管各管段的管径及其相应压力损失以及各立管的管径、计算流量和计算温降。

（4）系统中有多个分支循环环路时，按上述方法计算各个分支循环环路。计算得出的各循环环路在节点压力平衡状况下的流量总和，一般都不会等于设计要求的总流量，最后需要根据并联环路流量分配和压降变化的规律，对初步计算出的各循环环路的流量、温降和压降进行调整。最后确定各立管散热器所需的面积。

第三节 自然循环双管热水采暖系统的水力计算

自然循环双管系统通过散热器环路的循环作用压力的计算公式为

$$\Delta p_{zh} = \Delta p + \Delta p_f = gh(\rho_h - \rho_g) + \Delta p_f \tag{6-32}$$

式中 Δp——自然循环系统中只考虑水在散热器内冷却所产生的作用压力，Pa；

g——重力加速度，$g=9.81\text{m/s}^2$；

h——所计算的散热器中心与锅炉中心的高差，m；

ρ_g、ρ_h——供水和回水密度，kg/m^3；

Δp_f——水在循环环路中冷却的附加作用压力，Pa。

应注意：通过不同立管和楼层的循环环路的附加作用压力 Δp_f 值是不相同的，应按附录 9 选定。

【例 6-1】 确定自然循环双管热水采暖系统管路的管径（见图 6-6）。热媒参数：供水温度 $t_g=95$℃，回水温度 $t_h=70$℃。锅炉中心距底层散热器中心距离为 3m，层高为 3m。每组散热器的供水支管上有一截止阀。

图 6-6 为该系统两个支路中的一个支路。图上小圆圈内的数字表示管段号。圆圈旁的数字：上行表示管段热负荷（W），下行表示管段长度（m）。散热器内的数字表示其热负荷（W）。罗马字表示立管编号。

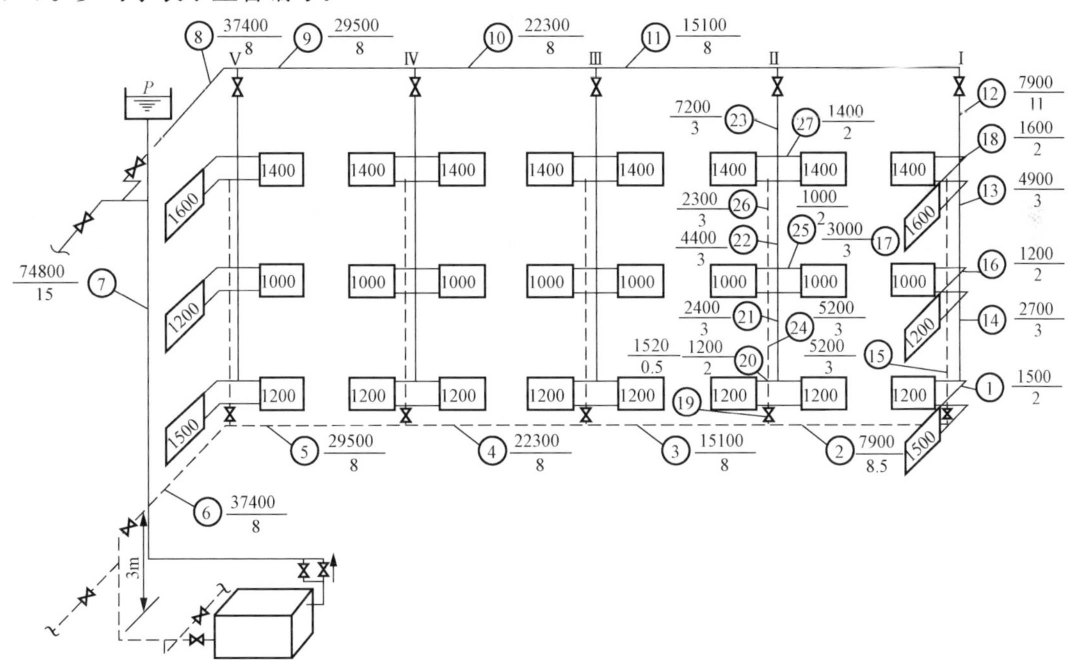

图 6-6 ［例 6-1］的管路计算图

解 计算步骤：

1. 选择最不利环路

最不利环路是通过立管Ⅰ的最底层散热器 I_1（1500W）顺序地经过管段①、②、③、④、⑤、⑥，进入锅炉，再经管段⑦、⑧、⑨、⑩、⑪、⑫、⑬、⑭回到散热器 I_1。

2. 计算通过最不利环路散热器 I_1 的循环作用压力 Δp_{I_1}

根据图中已知条件，查附录 16，得 $\Delta p_f = 350Pa$。根据供回水温度，查未饱和水性质表，得 $\rho_h = 977.81kg/m^3$，$\rho_g = 961.92kg/m^3$。代入式（6-32），得

$$\Delta p_{I_1} = 9.81 \times 39(977.81 - 961.92) + 350 = 818Pa$$

3. 确定最不利环路各管段的管径

（1）求平均比摩阻：

$$R_{pj} = a\Delta p_{I_1} / \sum l_{I_1}$$

式中 $\sum l_{I_1}$ ——最不利环路的总长度，m。

$$\sum l_{I_1} = 2+8.5+8+8+8+8+15+8+8+8+8+11+3+3=106.5m$$

查附录 8 得，沿程压力损失占总压力损失的估计百分数 $\alpha=0.5$。

由式（6-21），得

$$R_{pj} = \frac{\alpha\Delta p_{I_1}}{\sum l_{I_1}} = \frac{0.5 \times 818}{106.5} = 3.84Pa/m$$

（2）根据各管段的热负荷，求出各管段的流量，由式（6-20）知：

$$G = \frac{0.86Q}{t_g - t_h}$$

计算得出的 G 列入表 6-6 的第 3 栏。

（3）根据 G、R_{pj}，查附录 1，选择最接近 R_{pj} 的管径。将查出的 d、v、R 值。列入表 6-6的第 5、6、7 栏。

4. 确定沿程压力损失 $\Delta p_y = Rl$

将每一管段 R 与 l 相乘，列入水力计算表 6-6 的第 8 栏。

5. 确定局部阻力损失 Δp_j

（1）确定局部阻力系数 ξ：根据系统图中管路的实际情况，利用附录 2，将其阻力系数 ξ 值列于表 6-7 中，最后将各管段总局部阻力系数 $\sum\xi$ 列入表 6-6 的第 9 栏。

应注意：在统计局部阻力时，对于三通和四通管件的局部阻力系数，应列在流量较小的管段上。

（2）利用附录 3，根据管段流速 v，可查出动压头 Δp_d 值，列入表 6-6 的第 10 栏，根据 $\Delta p_j = \Delta p_d \cdot \sum\xi$，将求出的 Δp_j 值列入表 6-6 的第 11 栏。

6. 求各管段的压力损失 $\Delta p = \Delta p_y + \Delta p_j$

将表 6-6 中第 8 栏与第 11 栏相加，列入表 6-6 第 12 栏。

7. 求环路总压力损失

即 $$\sum(\Delta p_y + \Delta p_j)_{1\sim14} = 712Pa$$

8. 计算富裕压力值

考虑由于施工的具体情况，可能增加一些在设计计算中未计的压力损失。因此，为保证系统正常工作应有 10%以上的富裕度。

$$\Delta\% = \frac{\Delta p_{I_1} - \sum(\Delta p_y + \Delta p_j)_{1\sim14}}{\Delta p_{I_1}} \times 100\%$$

式中 $\Delta\%$ ——系统作用压力的富裕度；

Δp_{I_1} ——通过最不利环路的循环作用压力，Pa；

$\sum(\Delta p_y + \Delta p_j)_{1\sim14}$ ——通过最不利环路的压力损失，Pa。

$$\Delta\% = \frac{818-712}{818} \times 100\% = 13\% > 10\%$$

9. 确定通过立管Ⅰ第二层散热器环路中各管段的管径

（1）计算通过管Ⅰ第二层散热器环路的循环作用压力 Δp_{I_2}

$$\begin{aligned}\Delta p_{I_2} &= gh_2(\rho_h - \rho_g) + \Delta p_f \\ &= 9.81\times6\ (977.81-961.92)\ +350 \\ &= 1285\text{Pa}\end{aligned}$$

（2）确定通过立管Ⅰ第二层散热器环路中各管段的管径

1）求平均比摩阻 R_{pj}。根据并联环路节点平衡原理（管段 15、16 与管段 1、14 为并联管路），通过第二层管段 15、16 的资用压力为

$$\begin{aligned}\Delta p_{15、16} &= \Delta p_{I_2} - \Delta p_{I_1} + \sum(\Delta p_y + \Delta p_j)_{1、14} \\ &= 1285-818+32 \\ &= 499\text{Pa}\end{aligned}$$

管段 15、16 的总长度为 5m，平均比摩阻为

$$R_{pj} = 0.5\Delta P_{15、16}/\sum l = 0.5\times499/5 = 49.9\text{Pa/m}$$

2）根据同样方法，按 15 和 16 管段的流量 G 及 R_{pj}，确定管段的 d、v、R 值列于表 6-6 中。

（3）求通过底层与第二层并联环路的压降不平衡率

$$x_{12} = \frac{\Delta p_{15,16} - \sum(\Delta p_y + \Delta p_j)_{15,16}}{\Delta p_{15,16}} \times 100\% = \frac{499-524}{499} \times 100\% = -5\%$$

此相对差额在允许±15%范围内。

10. 确定通过立管Ⅰ第三层散热器环路上各管段的管径

计算方法与前相同。计算结果列于表 6-6 中。因 17、18 管段已选用最小管径，剩余压力只能用第三层散热器支管上的阀门消除。

11. 确定通过立管Ⅱ各层环路各管段的管径

对与最不利循环环路并联的其他立管的管径计算，同样应根据节点压力平衡原理与该环路进行压力平衡计算确定。

表 6-6　　自然循环双管热水采暖系统管路水力计算表［例 6-1］

管段号	Q (W)	G (kg/h)	L (m)	d (mm)	v (m/s)	R (Pa/m)	$\Delta p_y = Rl$ (Pa)	$\sum\xi$	Δp_d (Pa)	$\Delta p_j = \Delta p_d \sum\xi$ (Pa)	$\Delta p = \Delta p_y + \Delta p_j$ (Pa)	备注
1	2	3	4	5	6	7	8	9	10	11	12	13
立管Ⅰ　第一层散热器 I_1 环路　　作用压力 Δp_{I_1} =818Pa												
1	1500	52	2	20	0.04	1.38	2.8	25	0.79	19.8	22.6	
2	7900	272	8.5	32	0.08	3.39	28.8	4	3.15	12.6	41.4	
3	15100	519	8	40	0.11	5.58	44.6	1	5.95	5.95	50.6	
4	22300	767	8	50	0.1	3.18	25.4	1	4.92	4.92	30.3	
5	29500	1015	8	50	0.13	5.34	42.7	1	8.13	8.13	51.0	

续表

<table>
<tr><th>管段号</th><th>Q
(W)</th><th>G
(kg/h)</th><th>L
(m)</th><th>d
(mm)</th><th>v
(m/s)</th><th>R
(Pa/m)</th><th>$\Delta p_y=$
Rl
(Pa)</th><th>$\sum\xi$</th><th>Δp_d
(Pa)</th><th>$\Delta p_j=$
Δp_d
$\sum\xi$
(Pa)</th><th>$\Delta p=$
Δp_y+
Δp_j
(Pa)</th><th>备注</th></tr>
<tr><td>1</td><td>2</td><td>3</td><td>4</td><td>5</td><td>6</td><td>7</td><td>8</td><td>9</td><td>10</td><td>11</td><td>12</td><td>13</td></tr>
<tr><td>6</td><td>37400</td><td>1287</td><td>8</td><td>70</td><td>0.1</td><td>2.39</td><td>19.1</td><td>2.5</td><td>4.92</td><td>12.3</td><td>31.4</td><td></td></tr>
<tr><td>7</td><td>74800</td><td>2573</td><td>15</td><td>70</td><td>0.2</td><td>8.69</td><td>130.4</td><td>6</td><td>19.66</td><td>118.0</td><td>248.4</td><td></td></tr>
<tr><td>8</td><td>37400</td><td>1287</td><td>8</td><td>70</td><td>0.1</td><td>2.39</td><td>19.1</td><td>3.5</td><td>4.92</td><td>17.2</td><td>36.3</td><td></td></tr>
<tr><td>9</td><td>29500</td><td>1015</td><td>8</td><td>50</td><td>0.13</td><td>5.34</td><td>42.7</td><td>1</td><td>8.31</td><td>8.13</td><td>51.0</td><td></td></tr>
<tr><td>10</td><td>22300</td><td>767</td><td>8</td><td>50</td><td>0.1</td><td>3.18</td><td>25.4</td><td>1</td><td>4.92</td><td>4.92</td><td>30.3</td><td></td></tr>
<tr><td>11</td><td>15100</td><td>519</td><td>8</td><td>40</td><td>0.11</td><td>5.58</td><td>44.6</td><td>1</td><td>5.95</td><td>5.95</td><td>50.6</td><td></td></tr>
<tr><td>12</td><td>7900</td><td>272</td><td>11</td><td>32</td><td>0.08</td><td>3.39</td><td>37.3</td><td>4</td><td>3.15</td><td>12.6</td><td>49.9</td><td></td></tr>
<tr><td>13</td><td>4900</td><td>169</td><td>3</td><td>32</td><td>0.05</td><td>1.45</td><td>4.4</td><td>4</td><td>1.23</td><td>4.9</td><td>9.3</td><td></td></tr>
<tr><td>14</td><td>2700</td><td>93</td><td>3</td><td>25</td><td>0.04</td><td>1.95</td><td>5.85</td><td>4</td><td>0.79</td><td>3.2</td><td>9.1</td><td></td></tr>
<tr><td colspan="13">$\sum l=106.5\text{mm}$　　$\sum(\Delta p_y+\Delta p_j)_{1\sim14}=712\text{Pa}$
系统作用压力富裕率 $\Delta\%=[\Delta p_{I_1}-\sum(\Delta p_y+\Delta p_j)_{1\sim14}]/\Delta p_{I_1}=(818-712)/818=13\%>10\%$</td></tr>
<tr><td colspan="13">立管Ⅰ　第二层散热器 I_2 环路　　作用压力 $\Delta p_{I_2}=1285\text{Pa}$</td></tr>
<tr><td>15</td><td>5200</td><td>179</td><td>3</td><td>15</td><td>0.26</td><td>97.6</td><td>292.8</td><td>5.0</td><td>33.23</td><td>166.2</td><td colspan="2">459</td></tr>
<tr><td>16</td><td>1200</td><td>41</td><td>2</td><td>15</td><td>0.06</td><td>5.15</td><td>10.3</td><td>31</td><td>1.77</td><td>54.9</td><td colspan="2">65</td></tr>
<tr><td colspan="13">$\sum(\Delta p_y+\Delta p_j)_{15,16}=524\text{Pa}$
不平衡百分率 $x_{I_2}=[\Delta p_{15,16}-\sum(\Delta p_y+\Delta p_j)_{15,16}]=(499-524)/499=-5\%$</td></tr>
<tr><td colspan="13">立管Ⅰ　第三层散热器环路　　作用压力 $\Delta p_{I_3}=1753\text{Pa}$</td></tr>
<tr><td>17</td><td>3000</td><td>103</td><td>3</td><td>15</td><td>0.15</td><td>34.6</td><td>103.8</td><td>5</td><td>11.06</td><td>55.3</td><td>159.1</td><td></td></tr>
<tr><td>18</td><td>1600</td><td>55</td><td>2</td><td>15</td><td>0.08</td><td>10.98</td><td>22.0</td><td>31</td><td>3.15</td><td>97.7</td><td>119.7</td><td></td></tr>
<tr><td colspan="13">$\sum(\Delta p_y+\Delta p_j)_{17,18}=279\text{Pa}$
不平衡百分率 $x_{I_3}=[\Delta p_{15,17,18}-\sum(\Delta p_y+\Delta p_j)_{15,17,18}]=(976-738)/976=24.4\%>15\%$</td></tr>
<tr><td colspan="13">立管Ⅱ　第一层散热器环路　　作用压力 $\Delta p_{19\sim23}=132\text{Pa}$</td></tr>
<tr><td>19</td><td>7200</td><td>248</td><td>0.5</td><td>32</td><td>0.07</td><td>2.87</td><td>1.4</td><td>3</td><td>2.41</td><td>7.2</td><td>8.6</td><td></td></tr>
<tr><td>20</td><td>1200</td><td>41</td><td>2</td><td>15</td><td>0.06</td><td>5.15</td><td>10.3</td><td>27</td><td>1.77</td><td>47.8</td><td>58.1</td><td></td></tr>
<tr><td>21</td><td>2400</td><td>83</td><td>3</td><td>20</td><td>0.07</td><td>5.22</td><td>15.7</td><td>4</td><td>2.41</td><td>9.6</td><td>25.3</td><td></td></tr>
<tr><td>22</td><td>4400</td><td>152</td><td>3</td><td>25</td><td>0.07</td><td>4.76</td><td>14.3</td><td>4</td><td>2.41</td><td>9.6</td><td>23.9</td><td></td></tr>
<tr><td>23</td><td>7200</td><td>248</td><td>3</td><td>32</td><td>0.07</td><td>2.87</td><td>8.6</td><td>3</td><td>2.41</td><td>7.2</td><td>15.8</td><td></td></tr>
<tr><td colspan="13">$\sum(\Delta p_y+\Delta p_j)_{19\sim23}=132\text{Pa}$
不平衡百分率 $x_{\text{Ⅱ}1}=[\Delta p_{19\sim23}-\sum(\Delta p_y+\Delta p_j)_{19\sim23}]/\Delta p_{19\sim23}=(132-132)/132=0\%$</td></tr>
</table>

续表

管段号	Q (W)	G (kg/h)	L (m)	d (mm)	v (m/s)	R (Pa/m)	$\Delta p_y = Rl$ (Pa)	$\sum\xi$	Δp_d (Pa)	$\Delta p_j = \Delta p_d \sum\xi$ (Pa)	$\Delta p = \Delta p_y + \Delta p_j$ (Pa)	备注
1	2	3	4	5	6	7	8	9	10	11	12	13
立管Ⅱ　第二层散热器环路　　作用压力 $\Delta p_{\text{Ⅱ}_2}$=1285Pa												
24	4800	165	3	15	0.24	83.8	251.4	5	28.32	141.6	393	
25	1000	34	2	15	0.05	2.99	6.0	27	1.23	33.2	39.2	

$$\sum(\Delta p_y + \Delta p_j)_{24,25} = 432\text{Pa}$$

$$\text{不平衡百分率 } x_{\text{Ⅱ}_2} = \frac{[\Delta p_{\text{Ⅱ}_2} - \Delta p_{\text{Ⅱ}_1} + \sum(\Delta p_y + \Delta p_j)_{20.21}] - \sum(\Delta p_y + \Delta p_j)_{24.25}}{\Delta p_{\text{Ⅱ}_2} - \Delta p_{\text{Ⅱ}_1} + \sum(\Delta p_y + \Delta p_j)_{20.21}}$$

$$= \frac{(1285 - 818 + 83) - 432}{550} \times 100\% = 21.5\% > 15\%$$

管段号	Q (W)	G (kg/h)	L (m)	d (mm)	v (m/s)	R (Pa/m)	$\Delta p_y = Rl$ (Pa)	$\sum\xi$	Δp_d (Pa)	$\Delta p_j = \Delta p_d \sum\xi$ (Pa)	$\Delta p = \Delta p_y + \Delta p_j$ (Pa)	备注
管Ⅱ　第三层散热器环路　　作用压力 $\Delta p_{\text{Ⅲ}_3}$=1753Pa												
26	2800	96	3	15	0.14	30.4	91.2	5	9.64	48.2	139.4	
27	1400	48	2	15	0.07	8.6	17.2	27	2.41	65.1	82.3	

$$\sum(\Delta p_y + \Delta p_j)_{26,27} = 222\text{Pa}$$

$$\text{不平衡百分率 } x_{\text{Ⅱ}_2} = \frac{[\Delta p_{\text{Ⅱ}_3} - \Delta p_{\text{Ⅱ}_1} + \sum(\Delta p_y + \Delta p_j)_{20\sim21}] - \sum(\Delta p_y + \Delta p_j)_{24,26,27}}{\Delta p_{\text{Ⅱ}_3} - \Delta p_{\text{Ⅱ}_1} + \sum(\Delta p_y + \Delta p_j)_{20\sim22}}$$

$$= \frac{(1753 - 818 + 107) - 615}{1042} \times 100\% = 41\% > 15\%$$

表 6-7　　[例 6-1] 的局部阻力系数计算表

管段号	局部阻力	个数	Σξ	管段号	局部阻力	个数	Σξ
1	散热器	1	2.0	6	DN70、90°煨弯	2	2×0.5
	DN20、90°弯头	2	2×2.0		直流三通	1	1.0
	截止阀	1	10		闸阀	1	0.5
	乙字弯	2	2×1.5			Σξ=2.5	
	分流三通	1	3.0	7	DN70、90°煨弯	5	5×0.5=2.5
	合流四通	1	3.0		闸阀	2	2×0.5=1.0
		Σξ=25.0			锅炉	1	2.5
2	DN32弯头	1	1.5			Σξ=6	
	直流三通	1	1.0	8	DN70、90°煨弯	3	3×0.5
	闸阀	1	0.5		闸阀	1	0.5
	乙字弯	1	1.0		旁通三管	1	1.5
		Σξ=4				Σξ=3.5	
3 4 5	直流三通	1	1.0	9 10 11	直流三通	1	1.0
		Σξ=1				Σξ=1.0	

续表

管段号	局部阻力	个数	$\sum\xi$
12	DN32 弯头	1	1.5
	直流三通	1	1.0
	闸阀	1	0.5
	乙字弯	1	1.0
		$\sum\xi=4.0$	
13	直流四通	1	2.0
14	DN32 或 DN25 括弯		2.0
15	直流四通	1	2.0
	DN15 括弯	1	3.0
		$\sum\xi=5.0$	
16	DN15、90°弯头	2	2×2.0
	DN15 乙字弯	2	2×1.5
	分合流四通	2	2×3.0
	截止阀	1	16
	散热器	1	20
		$\sum\xi=31.0$	
17	直流四通	1	2.0
	DN15 括弯	1	3.0
		$\sum\xi=5.0$	
18	DN15 弯头	2	2×2.0
	DN15 乙字弯	2	2×1.5
	分流四通	1	3.0
	合流三通	1	3.0
	截止阀	1	16.0
	散热器	1	2.0
		$\sum\xi=31.0$	
19	旁流三通	1	1.5
	DN32 闸阀	1	0.5
	DN32 乙字弯	1	1.0
		$\sum\xi=3.0$	
20	DN15 乙字弯	2	2×1.5
	截止阀	1	16.0
	散热器	1	2.0
	分流三通	1	3.0
	合流四通	1	3.0
		$\sum\xi=27.0$	
21	直流四通	1	2.0
22	DN20 或 DN25 括弯	1	2.0
		$\sum\xi=4.0$	
23	旁流三通	1	1.5
	DN32 乙字弯	1	1.0
	闸阀	1	0.5
		$\sum\xi=3.0$	
24	DN15 括弯	1	3.0
	直流四通	1	2.0
		$\sum\xi=5.0$	
25	DN15 乙字弯	2	2×1.5
	截止阀	1	16.0
	散热器	1	2.0
	公合流四通	2	2×3.0
		$\sum\xi=27.0$	
26	DN15 括弯	1	3.0
	直流四通	1	2.0
		$\sum\xi=5.0$	
27	DN15 乙字弯	2	
	DN15 截止阀	1	
	散热器	1	
	合流三通	1	
	分流四通		
		$\sum\xi=27.0$	

(1) 确定通过立管Ⅱ底层散热器环路各管段管径 d。管段 19～23 与管段 1、2、12、13、14 为并联环路，对立管Ⅱ与立管Ⅰ可列出下式，从而求出管段 19～23 的资用压力：

$$\Delta p_{19\sim23} = \Delta p_{\text{I}_1} - \Delta p_{\text{II}_1} + \sum(\Delta p_y + \Delta p_j)_{1,2,12,13,14}$$
$$=818-818+132=132\text{Pa}$$

(2) 管段 19～23 的水力计算方法同前，结果列于表 6-6 中，其总阻力损失 $\sum(\Delta p_y + \Delta p_j)_{19\sim23} = 132\text{Pa}$ 。

(3) 与立管Ⅰ并联环路相比的不平衡率刚好为零。其他立管支管的水力计算方法同前，计算结果列于表 6-6 中，不再赘述。

第四节　机械循环单管热水采暖系统的水力计算

在机械循环系统中，循环压力主要是由水泵提供，同时也存在着自然循环作用压力。管道内水冷却产生的自然循环作用压力，占机械循环总循环压力的比例很小，可忽略不计。

对机械循环双管系统，水在各层散热器冷却所形成的自然循环作用压力不相等，在进行各立管散热器并联环路的水力计算时，应计算在内，不可忽视。

对机械循环单管系统，如建筑物各部分层数相同，每根立管所产生的自然循环作用压力近似相等，可忽略不计；如建筑物各部分层数不同，高度和各层热负荷分配比不同的立管之间所产生自然循环作用压力不相等，在计算各立管之间并联环路的压降不平衡率时，应将其自然循环作用压力的差额计算在内。自然循环作用压力可按设计工况下最大循环作用压力的2/3计算。

一、机械循环单管顺流式热水采暖系统管路水力计算例题

【例6-2】　确定图6-7机械循环垂直单管顺流式热水采暖系统管路的管径。热媒参数：供水温度 $t_g=95℃$，$t_h=70℃$。系统与外网连接。在引入口处外网的供回水压差为30kPa。图6-7表示出系统两个支路中的一个支路。散热器内的数字表示散热器的热负荷。楼层高为3m。

解　计算步骤：

(1) 在轴侧图上，对立管和管段进行编号并注明各管段的热负荷和管长，如图6-7所示。

(2) 确定最不利环路。本系统为异程式单管系统，一般取最远立管的环路作为最不利环路，最不利环路是从入口到立管Ⅴ。这个环路包括管段1至管段12。

(3) 计算最不利环路各管段的管径：本例题采用推荐的平均比摩阻 R_{pj} 为60～120Pa/m来确定最不利环路各管段的管径。

水力计算方法与例题6-1相同。首先根据式(6-20)确定各管段的流量。根据 G 和选定的 R_{pj} 值，查附录8，将确定的各管段 d、D、v 值列入表6-8的水力计算表中。最后算出最不利环路的总压力损失 $\sum(\Delta p_y+\Delta p_j)_{1\sim12}=8633\text{Pa}$。入口处剩余循环压力，用调节阀节流。

(4) 确定立管Ⅳ的管径：立管Ⅳ与管段6、7为并联环路。所以，立管Ⅳ的资用压力 $\Delta p_{\text{Ⅳ}}$，可由下式确定

$$\Delta p_{\text{Ⅳ}}=\sum(\Delta p_y+\Delta p_j)_{6,7}-(\Delta p_y-\Delta p_j)$$

式中　$\Delta p_{\text{Ⅴ}}$——水在立管Ⅴ的散热器中冷却时所产生的自然循环作用压力，Pa；

$\Delta p_{\text{Ⅳ}}$——水在立管Ⅳ的散热器中冷却时所产生的自然循环作用压力，Pa。

由于两根立管各层热负荷的分配比例大致相等，$\Delta p_{\text{Ⅴ}}=\Delta p_{\text{Ⅳ}}$，因而 $\Delta p_{\text{Ⅳ}}=\sum(\Delta p_y+\Delta p_j)_{6,7}$。

立管Ⅳ的平均比摩阻为

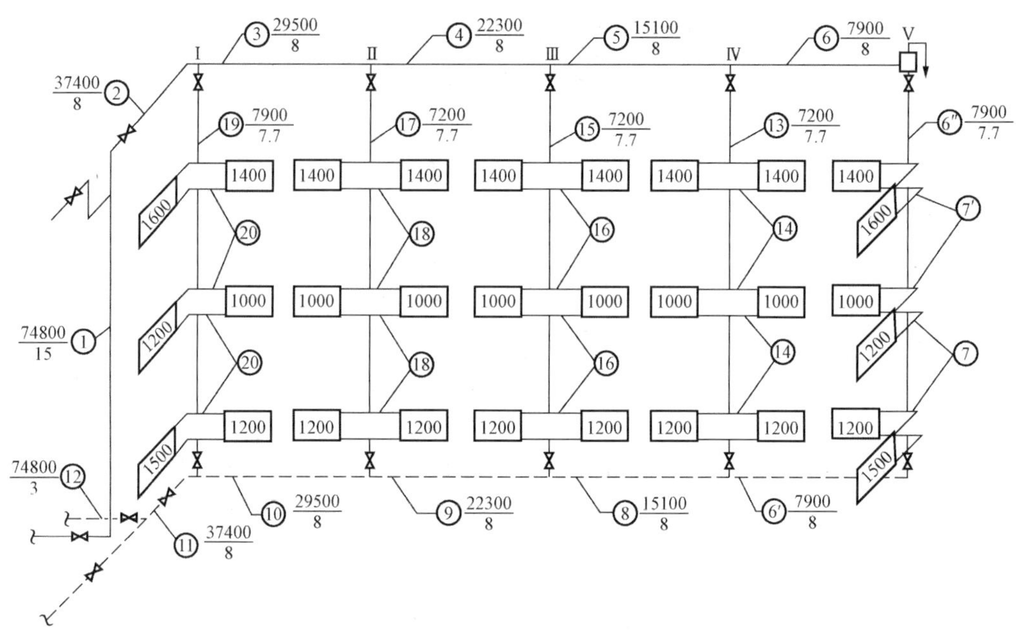

图 6-7 ［例 6-2］的管路计算图

$$R_{pj}=\frac{0.5\Delta p_{Ⅳ}}{\sum l}=\frac{0.5\times 2719}{16.7}=81.4\ \text{Pa/m}$$

根据 R_{pj}、G 值，选立管Ⅳ的立、支管的管径，均取 DN15。计算出立管Ⅳ的总压力损失 2941Pa。与立管Ⅴ的并联环路相比，其不平衡百分率 $x_{Ⅳ}=-8.2\%$。在允许值±15%范围之内。

(5) 确定其他立、支管的管径：按上述同样的方法可分别确定立管Ⅲ、Ⅱ、Ⅰ的立、支管管径，结果列于表 6-8 中。

通过机械循环系统水力计算，即［例 6-2］结果，可以看出：

(1)［例 6-1］与［例 6-2］的系统热负荷、立管数、热媒参数和供热半径都相同，机械循环系统的作用压力比重力循环系统大得多，系统的管径就细很多。

(2) 由于机械循环系统供回水干管的 R_{pj} 值选用较大，系统中各立管之间的并联环路压力平衡较难。例如立管Ⅰ、Ⅱ、Ⅲ的不平衡百分率都超过±15%的允许值。在系统初调节和运行时，只能靠立管上的阀门进行调节，否则在［例 6-2］的异程式系统必然会出现近热远冷的水平失调。如果系统的作用半径较大，同时又采用异程式布置管道，则水平失调现象更难以避免。

为防止或减轻系统的水平失调现象，可采用下述设计方法。

(1) 供、回水干管采用同程式布置；

(2) 仍采用异程式系统，但采用“不等温降”方法进行水力计算；

(3) 仍采用异程式系统，采用首先计算最近立管环路，再计算其他立管环路的方法。

表 6-8　　机械循环单管顺流式热水采暖系统管路水力计算表［例 6-2］

管段号	Q (W)	G (kg/h)	l (m)	d (mm)	v (m/s)	R (Pa/m)	$\Delta p_y = Rl$ (Pa)	$\sum\xi$	Δp_d (Pa)	$\Delta p_j = \Delta p_d \sum\xi$ (Pa)	$\Delta p = \Delta p_y + \Delta p_j$ (Pa)	备注
1	2	3	4	5	6	7	8	9	10	11	12	13
立管Ⅴ												
1	74800	2573	15	40	0.55	116.41	1746.2	1.5	148.72	223.1	1969.3	
2	37400	1287	8	32	0.36	61.95	495.6	4.5	63.71	286.7	782.3	
3	29500	1015	8	32	0.28	39.32	314.6	1.0	38.54	38.5	353.1	
4	22300	767	8	32	0.21	23.09	184.7	1.0	21.68	21.7	206.4	
5	15100	519	8	25	0.26	46.19	369.5	1.0	33.23	33.2	402.7	管段 6
6	7900	272	23.7	20	0.22	46.31	1097.5	9.0	23.79	214.1	1311.6	包括管段
7	—	136	9	15	0.20	58.08	522.7	45	19.66	884.7	1407.4	6′与
8	15100	519	8	25	0.26	46.19	369.5	1	33.23	33.2	402.7	6″
9	22300	767	8	32	0.21	23.09	184.7	1	21.68	21.7	206.4	
10	29500	1015	8	32	0.28	39.32	314.7	1	38.54	38.5	353.1	
11	37400	1287	8	32	0.36	61.95	495.6	5	63.71	318.6	814.2	
12	74800	2573	3	40	0.55	116.41	349.2	0.5	148.72	74.4	423.6	
$\sum l = 114.7\text{m}$　　$\sum(\Delta p_y + \Delta p_j)_{1,12} = 8633\text{Pa}$ 入口处的剩余循环作用压力，用阀门节流												
立管Ⅳ　资用压力 $\Delta p_{Ⅳ} = \sum(\Delta p_y + \Delta p_j)_{6,7} = 2719\text{Pa}$												
13	7200	248	7.7	15	0.36	182.07	1401.9	9	63.71	573.4	1975.3	
14	—	124	9	15	0.18	48.84	439.6	33	16.93	525.7	965.3	
$\sum(\Delta p_y + \Delta p_j)_{13,14} = 2941\text{Pa}$ 不平衡百分率 $x_{Ⅳ} = \frac{\Delta p_{Ⅳ} - \sum(\Delta p_y + \Delta p_j)_{13,14}}{\Delta p_{Ⅳ}} = \frac{2719 - 2941}{2719} \times 100\% = -8.2\%$（在±15%以内）												
立管Ⅲ　资用压力 $\Delta p_{Ⅲ} = \sum(\Delta p_y + \Delta p_j)_{5\sim8} = 3524\text{Pa}$												
15	7200	248	7.7	15	0.36	182.07	1401.9	9	63.71	573.4	1975.3	
16	—	124	9	15	0.18	48.84	439.6	33	15.93	525.7	965.3	
$\sum(\Delta p_y + \Delta p_j)_{17,18} = 2941\text{Pa}$ 不平衡百分率 $x_{Ⅲ} = \frac{\Delta p_{Ⅲ} - \sum(\Delta p_y + \Delta p_j)_{15,16}}{\Delta p_{Ⅲ}} = \frac{3524 - 2914}{3524} \times 100\% = 16.5\% > 15\%$（用立管阀门节流）												
立管Ⅱ　资用压力 $\Delta p_{Ⅱ} \sum(\Delta p_y + \Delta p_j)_{4\sim9} = 3937\text{Pa}$												
17	7200	248	7.7	15	0.36	182.07	1401.9	9	63.71	573.4	1975.3	
18	—	124	9	15	0.18	48.84	439.6	33	15.93	525.7	965.3	
$\sum(\Delta p_y + \Delta p_j)_{17,18} = 2941\text{Pa}$ 不平衡百分率 $x_{Ⅱ} = \frac{\Delta p_{Ⅱ} - \sum(\Delta p_y + \Delta p_j)_{17,18}}{\Delta p_{Ⅱ}} = \frac{3937 - 2941}{3937} \times 100\% = 25.3\% > 15\%$（用立管阀门节流）												

续表

管段号	Q (W)	G (kg/h)	l (m)	d (mm)	v (m/s)	R (Pa/m)	$\Delta p_y = Rl$ (Pa)	$\sum\xi$	Δp_d (Pa)	$\Delta p_j = \Delta p_d \sum\xi$ (Pa)	$\Delta p = \Delta p_y + \Delta p_j$ (Pa)	备注
1	2	3	4	5	6	7	8	9	10	11	12	13
立管Ⅰ 资用压力 $\Delta p_{\text{I}} = \sum(\Delta p_y + \Delta p_j)_{3\sim10} = 4643\text{Pa}$												
19	7900	272	7.7	15	0.39	217.19	1672.4	9	74.78	673.0	2345.4	
20	—	136	9	15	0.20	58.08	522.7	33	19.66	648.8	1171.5	

$$\sum(\Delta p_y + \Delta p_j)_{19,20} = 3517\text{Pa}$$

不平衡百分率 $x_{\text{Ⅳ}} = \dfrac{\Delta p_{\text{I}} - \sum(\Delta p_y + \Delta p_j)_{19,20}}{\Delta p_{\text{I}}} = \dfrac{4643 - 3517}{4643} \times 100\% = 24.3\% > 15\%$（用立管阀门节流）

二、机械循环同程式热水采暖系统管路的水力计算例题

【例 6-3】 将［例 6-2］的异程式系统改为同程式系统。已知条件与［例 6-2］相同。管路系统图见图 6-8。

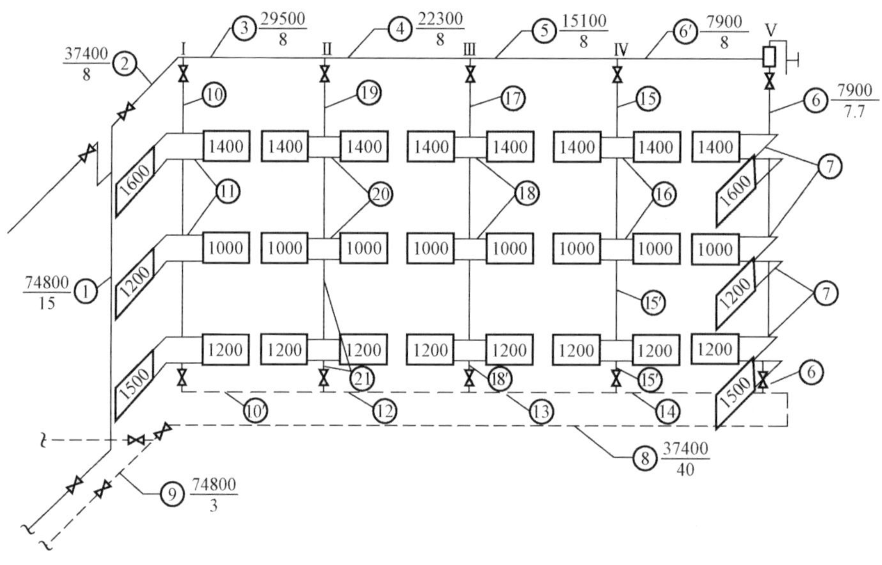

图 6-8 同程式系统管路系统图

解 计算步骤：

(1) 首先计算通过最远立管Ⅴ的环路。确定出供水干管各个管段、立管Ⅴ和回水总干管的管径及其压力损失。计算方法同前述，结果见水力计算表 6-9。

(2) 用同样方法，计算通过最近立管Ⅰ的环路，从而确定立管Ⅰ、回路干管各管段的管径及其压力损失。

(3) 求并联环路立管Ⅰ和立管Ⅴ的压力损失不平衡率，使其不平衡率在±5%以内。

(4) 根据水力计算结果，利用图示方法（见图 6-9），表示出系统的总压力损失及各立管的供、回水节点间的资用压力值。

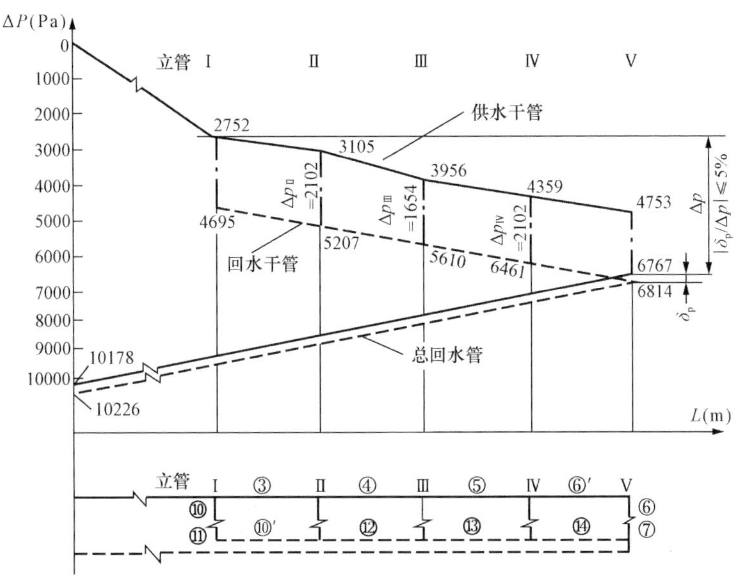

图 6 - 9　同程式系统的管路压力平衡分析图

根据图 6 - 9 可知，立管Ⅳ的资用压力等于 6461－4359＝2102Pa。其他立管的资用压力确定方法相同，数值见表 6 - 9。

应注意：如水力计算结果和图示表明个别立管供、回水节点间的资用压力过小或过大，则会使下一步选用该立管的管径过粗或过细，设计很不合理。此时，应调整第一、二步骤的水力计算，适当改变个别供、回水干管的管段直径，使易于选择各立管的管径并满足并联环路不平衡率的要求。

表 6 - 9　　**机械循环同程式单管热水采暖系统管路水力计算表**

管段号	Q (W)	G (kg/h)	l (m)	d (mm)	v (m/s)	R (Pa/m)	$\Delta p_y = Rl$ (Pa)	$\sum\xi$	Δp_d (Pa)	$\Delta p_j = \Delta p_d \sum\xi$ (Pa)	$\Delta p = \Delta p_y + \Delta p_j$ (Pa)	供水管起点到计算管段末端的压力损失
1	2	3	4	5	6	7	8	9	10	11	12	13
立管Ⅴ												
1	74800	2573	15	40	0.55	116.41	1746.2	1.5	148.72	223.1	1969.3	1969
2	37400	1287	8	32	0.36	61.95	495.6	4.5	63.71	286.7	782.3	2752
3	29500	1015	8	32	0.28	39.32	314.6	1.0	38.54	38.5	535.1	3105
4	22300	767	8	25	0.38	97.51	780.1	1.0	70.99	71.0	851.1	3956
5	15100	519	8	25	0.26	46.19	369.5	1.0	33.23	33.2	402.7	4359
6′	7900	272	8	20	0.22	46.31	370.5	1.0	23.79	23.8	394.3	4753
6	7900	272	9.5	20	0.22	46.31	439.9	7.0	23.79	166.5	606.4	5359
7	37400	136	9	15	0.20	58.08	522.7	45	19.66	884.7	1407.4	6767
8	74800	1287	40	32	0.36	61.95	2478.0	8	63.71	509.7	2987.7	9754
9		2573	3	40	0.55	116.41	349.2	0.5	148.72	74.4	423.6	10178
$\sum(\Delta p_y + \Delta p_j)_{1\sim9} = 10178\text{Pa}$												

续表

管段号	Q (W)	G (kg/h)	l (m)	d (mm)	v (m/s)	R (Pa/m)	$\Delta p_y = Rl$ (Pa)	$\sum\xi$	Δp_d (Pa)	$\Delta p_j = \Delta p_d \sum\xi$ (Pa)	$\Delta p = \Delta p_y + \Delta p_j$ (Pa)	供水管起点到计算管段末端的压力损失
1	2	3	4	5	6	7	8	9	10	11	12	13
通过立管Ⅰ的环路												
10	7900	272	9	20	0.22	46.31	416.8	5.0	23.79	119.0	535.8	3287
11	—	136	9	15	0.20	58.08	522.7	45	19.66	884.7	1407.4	4695
10′	7900	272	8.5	20	0.22	46.31	393.9	5.0	23.79	119.0	512.6	5207
12	15100	519	8	25	0.36	46.19	369.4	1.0	33.23	33.2	402.7	5610
13	22300	767	8	25	0.38	97.51	780.1	1.0	71.0	71.0	851.1	6461
14	29500	1015	8	32	0.28	39.32	314.6	1.0	38.5	38.5	353.1	6814
管段 3～7 与管段 10～14 并联　$\sum(\Delta p_y + \Delta p_j)_{10\sim14} = 4064\text{Pa}$ $\Delta p_{3\sim7} = 3931\text{Pa}$　$\sum(\Delta p_y + \Delta p_j)_{1,2,8,9,10\sim14} = 10226\text{Pa}$ 不平衡率$= \frac{\Delta p_{3\sim7} - \Delta p_{10\sim14}}{\Delta p_{3\sim7}} = \frac{3931-4063}{3931} \times 100\% = -3.4\%$ 系统总压力损失为 10226Pa，剩余作用压力，在引入口处用阀门节流。												
立管Ⅳ　资用压力 $\Delta P_{Ⅳ} = 6461 - 4359 = 2102\text{Pa}$												
15	7200	248	6	20	0.20	38.92	233.5	3.5	19.66	68.8	302.3	
16	—	124	9	15	0.18	48.84	439.6	33.0	15.93	525.7	965.3	
15	7200	248	3.5	15	0.36	182.07	637.2	4.5	63.71	286.7	923.9	
$\sum(\Delta p_y + \Delta p_j)_{15,15,16} = 2191\text{Pa}$ 不平衡率$= \frac{\Delta p_{Ⅳ} - \sum(\Delta p_y + \Delta p_j)_{15,15,16}}{\Delta p_{Ⅳ}} = \frac{2102-2191}{2102} \times 100\% = -4.2\%$												
立管Ⅲ　资用压力 $\Delta p_{Ⅲ} = 5610 - 3956 = 1654\text{Pa}$												
17	7200	248	9	20	0.20	38.92	350.3	3.5	19.66	68.8	419.1	
18	—	124	9	15	0.18	48.84	439.6	33.0	15.93	525.7	965.3	
18′	7200	248	0.5	20	0.20	38.92	19.5	4.5	19.66	88.5	108.0	
$\sum(\Delta p_y + \Delta p_j)_{17,18,18'} = 1492\text{Pa}$ 不平衡率$= \frac{\Delta p_{Ⅲ} - \sum(\Delta p_y + \Delta p_j)_{17,18,18'}}{\Delta p_{Ⅲ}} = \frac{1654-1492}{1654} \times 100\% = 9.8\%$												
立管Ⅱ　资用压力 $\Delta p_{Ⅱ} = 5207 - 3105 = 2102\text{Pa}$												
19		248	6	20	0.20	38.92	233.5	3.5	19.66	68.8	302.3	
20	7200 —7200	124	9	15	0.18	48.84	439.6	33.0	15.93	525.7	965.3	
21		248	3.5	15	0.36	182.07	637.2	4.5	63.71	286.7	923.9	
$\sum(\Delta p_y + \Delta p_j)_{17,18,18'} = 1492\text{Pa}$ 不平衡率$= \frac{\Delta p_{Ⅱ} - \sum(\Delta p_y + \Delta p_j)_{19\sim21}}{\Delta p_{Ⅱ}} = \frac{2102-2191}{2102} \times 100\% = -4.2\%$												

（5）确定其他立管的管径。根据各立管的资用压力和立管各管段的流量，选用合适的立管管径。计算方法同前述。

（6）求各立管的不平衡率。根据立管的资用压力和立管的计算压力损失，求各立管的不平衡率。不平衡率应在±10%以内。

一个良好的同程式系统的水力计算，应使各立管的资用压力值不要变化太大，以便于选择各立管的合理管径。为此，在水力计算中，管路系统前半部供水干管的比摩阻 R 值，宜选用稍小于回水干管的 R 值；而管路系统后半部供水干管的 R 值，宜选用稍大于回水干管的。

三、机械循环异程式单管顺流式热水采暖系统，采用不等温降法进行水力计算的例题

【例 6-4】　［例 6-2］（见图 6-7）的异程式系统采用不等温降法进行系统管路的水力计算。设计供回水温度为 95℃/70℃。用户入口处外网的资用压力为 10kPa。

本例题采用当量阻力法进行水力计算。整根立管的折算阻力系数 ξ_{zh} ，按附录 7 选用。

解　(1) 求最不利环路的平均比摩阻 R_{pj}。一般选最远立管环路为最不利环路。根据式 (6-21) 得

$$R_{pj}=\frac{a\Delta p}{\sum l}=\frac{0.5\times 10000}{114.7}=43.6\text{Pa/m}$$

(2) 计算立管Ⅴ。设立管的温降 $\Delta t=30$ ℃（比设计温降大 5℃），立管流量 $G_V=0.86\times7900/30=226$kg/h。根据流量 G_V，R_{pj}值，选用立、支管管径为 DN20×15。

根据附录 14，得整根立管的折算阻力系数 $\xi_{zh}=72.7$（最末立管设置集气瓶 $\xi=1.5$，刚好与附录 9 的标准立管的旁流三通 $\xi=1.5$ 相等）。

根据 $G_V=226$kg/h，$d=20$mm，查附录 5，当 $\xi_{zh}=1.0$ 时，$\Delta p=15.93$Pa 。立管的压力损失 $\Delta p_V=\xi_{zh}\cdot\Delta p=72.7\times15.93=1159$Pa 。

(3) 计算供、回水干管 6 和 6′ 的管径。管段流量 $G_6=G_{6'}=G_V=226$kg/h。选定管径为 20mm。由附录 4 查出 λ/d 值为 1.8，管段总长度为 8+8=16m。两个直流三通，$\sum\xi=2\times1.0=2.0$ 。管段 6 和 6′ 的 $\xi_{zh}=(\lambda/d)l+\sum\xi=1.8\times16+2=30.8$。

根据 $G=226$ 及 $d=20$mm 值，查附录 5，当 $\xi_{zh}=1.0$ 时，$\Delta p=15.93$Pa，管段 6 和 6′ 的压力损失 $\Delta p_{6,6'}=30.8\times15.93=491$Pa 。

(4) 计算立管Ⅳ。立管Ⅳ与环路 6-Ⅴ-6′ 并联。因此，立管Ⅳ的作用压力 $\Delta p_{Ⅳ}=\Delta p_{6-v-6'}=1158+491=1649$Pa 。立管选用管径为 DN20×15。查附录 7，立管的 $\xi_{zh}=72.7$。

当 $\xi_{zh}=1.0$ 时，$\Delta p=\Delta p_{Ⅳ}/\xi_{zh}=1649/72.7=22.69$Pa ，根据 $\Delta p_{Ⅳ}$ 和 $d=20$mm，查附录 8，得 $G_{Ⅳ}=270$kg/h（根据 $\Delta p=sG^2$ ，用比例法求 G 值，当 $G=264$kg/h 时，$\Delta p=21.68$Pa ，可求得 $G_{Ⅳ}=G(\Delta p_{Ⅳ}/\Delta p)^{0.5}=264(22.69/21.68)^{0.5}=270$kg/h。）

立管Ⅳ的热负荷 $Q_{Ⅳ}=7200$W。由此可求出该立管的计算温降 $\Delta t_j=0.86Q_{Ⅳ}/G_{Ⅳ}=0.86\times7200/270=22.9$ ℃。

按照上述步骤，对其他水平供、回水干管和立管从远至近顺次进行计算。计算结果列于表 6-10 中。在此不再详述。最后得出图 6-10 右侧循环环路初步的计算流量 $G_{j1}=1196$kg/h，压力损失为 $\Delta p_{j1}=4513$Pa 。

(5) 按同样方法计算图 6-10 左侧的循环环路。在图 6-10 中没有画出左侧循环环路的管路图。现假定同样按不等温降法进行计算后，得出左侧循环环路的初步计算流量 $G_{j2}=1180$kg/h，初步计算压力损失 $\Delta p_{j2}=4100$Pa（见图 6-10）。

将左侧计算压力损失按与右侧相同考虑，则左侧流量变为 1180 $(4513/4100)^{0.5}$，则系统初步计算的总流量为

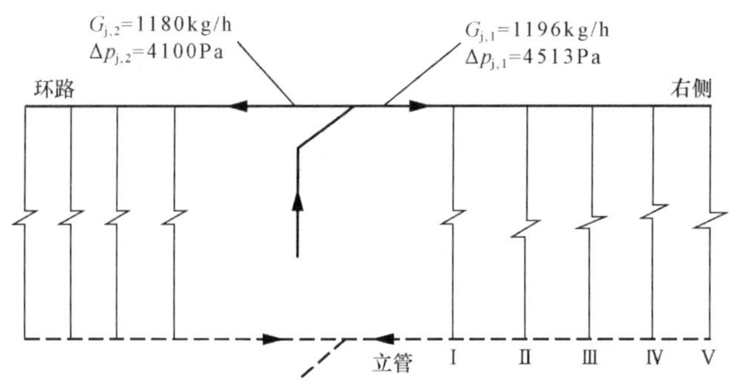

图 6-10 ［例 6-4］的管路系统简化示意图

$$\text{初步计算的总流量} = 1180\sqrt{\frac{4513}{4100}} + 1196 = 2434\text{kg/h}$$

$$\text{系统设计的总流量} = 0.86\sum Q/(t_g - t_h)$$

$$= 0.86 \times 74800/(95-70) = 2573\text{kg/h}$$

两者不相等。因此，需要进一步调整各循环环路的流量、压降和各立管的温度降。

(6) 调整各循环环路的流量、压降和各立管的温度降：

根据并联环路流量分配和压降变化的规律，按下列步骤进行调整。

1）计算各分支循环环路的通导数 a 值。

右侧环路 $a_1 = G_{j1}/\sqrt{\Delta p_{j1}} = 1196/\sqrt{4513} = 17.8$

左侧环路 $a_2 = G_{j2}/\sqrt{\Delta p_{j2}} = 1180/\sqrt{4100} = 18.43$

2）根据并联管路流量分配的规律，确定在设计总流量条件下，分配到各并联循环环路的流量。

根据式（6-31），在并联环路中，各并联环路流量分配比等于其通导数比，亦即

$$G_1 : G_2 = a_1 : a_2$$

当总流量 $G = G_1 + G_2$ 为已知时，并联环路的流量分配比例也可用下式表示：

$$G_1 = \frac{a_1}{a_1 + a_2} \cdot G$$

$$G_2 = \frac{a_2}{a_1 + a_2} \cdot G$$

分配到左、右两侧并联环路的流量应为

右侧环路 $G_{t1} = \dfrac{a_1}{a_1 + a_2} \cdot G_{zh} = \dfrac{17.8}{17.8 + 18.43} \times 2573 = 1264\text{kg/h}$

右侧环路 $G_{t2} = \dfrac{a_2}{a_1 + a_2} \cdot G_{zh} = \dfrac{18.43}{17.8 + 18.43} \times 2573 = 1309\text{kg/h}$

式中 G_{t1}、G_{t2}——调整后右侧和左侧并联环路的流量，kg/h。

3）确定各并联循环环路的流量、温降调整系数。

右侧环路：

流量调整系数 $a_{G1} = G_{t1}/G_{j1} = 1264/1196 = 1.057$

温降调整系数 $a_{t1} = G_{j1}/G_{t1} = 1196/1264 = 0.946$

左侧环路：

流量调整系数　　$a_{G2}=G_{t2}/G_{j2}=1309/1180=1.109$

温降调整系数　　$a_{t2}=G_{j2}/G_{t2}=1180/1309=0.901$

根据右侧和左侧并联环路的不同流量调整系数和温降调整系数，乘各侧立管的第一次算出的流量和温降，求得各立管的最终计算流量和温降。

右侧环路的调整结果，见表 6-10 的第 12 栏和 13 栏。

4）并联环路节点的压力损失值，可由下式确定。

压力损失调整系数

右侧　　$a_{p1}=(G_{t1}/G_{j1})^2$

右侧　　$a_{p2}=(G_{t2}/G_{j2})^2$

调整后左右侧环路节点处的压力损失

$$\Delta p_{t(2\sim11)}=\Delta p_{j1}\cdot a_{p2}$$

右侧：$\Delta p_{t(2\sim11)}=4513\left(\dfrac{1264}{1196}\right)^2=5041\text{Pa}$

左侧：$\Delta p_{t(2\sim11)}=4100\left(\dfrac{1309}{1180}\right)^2=5045\text{Pa}\neq5041\text{Pa}$（计算误差）

表 6-10　　　　[例 6-4] 的管路水力计算表（不等温降法）

管段号	热负荷 Q (W)	管径 d $d_{立}\times d_{支}$ (mm)	管长 l (m)	$\frac{\lambda}{d}l$	$\sum\xi$	总阻力数 ξ_{zh}	$\xi_{zh}=1$ 的压力损失 Δp (Pa)	计算压力损失 Δp_j (Pa)	计算流量 G_j (kg/h)	计算温降 Δt_j (℃)	调整流量 G_t (kg/h)	调整温降 Δt_t (℃)
1	2	3	4	5	6	7	8	9	10	11	12	13
立管Ⅴ	7900	20×15				72.7	15.93	11.58	226	30	239	28.4
6+6′	7900	20	16	28.8	2.0	30.8	15.93	491	226		239	
立管Ⅳ	7200	20×15				72.7	22.69	1649	270	22.9	285	21.7
5+8	15100	25	16	20.8	2.0	22.8	29.50	673	496		524	
立管Ⅲ	7200	15×15				48.4	48.0	2322	216	28.7	228	27.2
4+9	22300	32	16	14.4	2.0	16.4	19.72	323	712		753	
立管Ⅱ	7200	15×15				48.4	54.65	2645	230	26.9	243	35.4
3+10	29500	32	16	14.4	2.0	16.4	34.54	566	942		996	
立管Ⅰ	7900	15×15				48.4	66.34	3211	254	26.7	268	25.3
2+11	37400	32	16	14.4	9.0	23.4	55.66	1302	1196		1264	

水力计算成果：右侧环路 $\Delta p_{j1(2\sim11)}=4513\text{Pa};G_{j1}=1196\text{kg/h}$

假定：左侧环路 $\Delta p_{j2}=4100\text{Pa};G_{j2}=1180\text{kg/h}$

调整后右侧环路 $\Delta p_{t(2\sim11)}=5041\text{Pa};G_{t1}=1264\text{kg/h}$

左侧环路 $\Delta p_{t2}=5045\text{Pa};G_{t2}=1309\text{kg/h}$

（7）确定系统供、回水总管管径及系统的总压力损失。并联环路水力计算调整后，剩下最后一步是确定系统供、回水总管管径及总压力损失。供、回水总管管径 1 和 12 的设计流量 $G_{zh}=2573\text{kg/h}$。选用管径 $d=40\text{mm}$。根据附录 8 水力计算表的数据，得出 $\Delta p_1=$

1969.3Pa，$\Delta p_{12}=423.6$Pa。

系统的总压力损失

$$\Delta p_{1\sim12}=\Delta p_1+\Delta p_{t(2\sim11)}+\Delta p_{12}=1969.3+5041+423.6=7434\text{Pa}$$

至此，系统的水力计算全部结束。

水力计算结束后，最后进行所需的散热器面积计算。由于各立管的温降不同，通常近处立管的流量比按等温降法计算的流量大，远处立管的流量会小。因此，即使在同一楼层散热器热负荷相同条件下，近处立管的散热器的平均水温高，所需的散热器面积会小些，而远处立管要增加些散热器面积。

综上所述，异程式系统采用不等温降法进行水力计算的主要优点是：完全遵守节点压力平衡分配流量的规律，并根据各立管的不同温降调整散热器的面积，从而有可能从设计角度上去解决系统的水平失调现象。因此，当采用异程式系统时，宜采用不等温降法进行管路的水力计算。

第七章

采暖系统的调节与控制装置

知识点：采暖系统调节方法，采暖系统的控制装置。

教学目标：掌握采暖系统的初调节、运行调节和控制装置的特性。

第一节　调节与控制装置

为保证供热系统在规定的设计流量下运行，达到室内所要求的温度，除设计合理外，还需进行正确的调节。而对于供热系统无论是初调节，还是运行调节，流量调节都是关键的一环。要想实现流量调节和室温控制，就必须采用各种调节和控制装置。

一、阀门的调节特性

阀门的调节特性是指阀门的流量特性和阻力特性。阀门的流量特性反映了阀门本身特有的调节性能，而阻力特性反映了阀门的流通能力。

（一）流量特性

流量特性是指介质流过阀门的相对流量与阀门相对开度之间的关系，即

$$\bar{G} = f(\bar{L}) \tag{7-1}$$

$$\bar{G} = \frac{G}{G'} \tag{7-2}$$

$$\bar{L} = \frac{L}{L'} \tag{7-3}$$

式中　$\bar{G}$——相对流量；

$\bar{L}$——相对开度；

G,G'——分别为阀门任意开度及全开时的流量；

L,L'——分别为阀门的任意开度及全开度。

一般情况下，改变阀门的阀芯与阀座之间的节流面积，便可调节流量。但实际上由于各种因素的影响，在节流面积变化的同时，还会发生阀前阀后压差的变化，而压差的变化也会引起流量的变化。因此，流量特性有理想流量特性和工作流量特性两个概念。

1. 理想流量特性

所谓理想流量特性是指阀门前后压差固定不变的情况下得到的流量特性。

对于任一阀门，其水力特性满足

$$\Delta H = SG^2 \tag{7-4}$$

式中　ΔH——阀门前后压差，mH_2O；

S——阀门的阻力特性系数，$mH_2O/(m^3 \cdot h^{-1})^2$；

G——通过阀门的流量，m^3/h。

根据理想流量特性的定义，研究阀门理想流量特性，实质上就是在上式中 ΔH 固定不变的条件下，研究阀门阻力系数 S 与流量 G 之间的关系。因为阀门阻力系数 S 只取决于阀门

的本身结构，所以，理想流量特性是阀门本身固有的特性，它直接反映了阀门的调节性能。

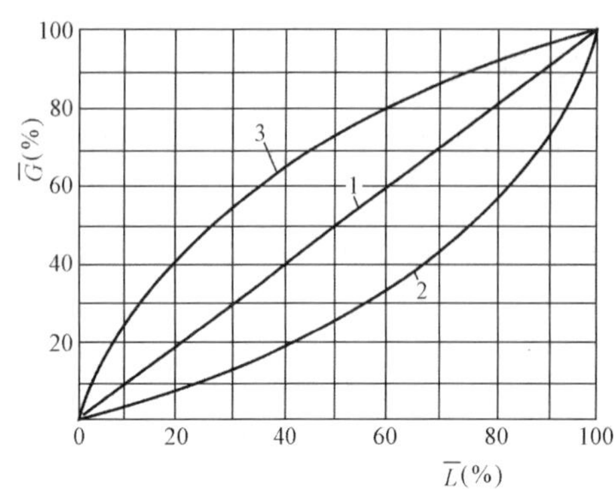

图 7-1　理想流量特性曲线

典型的理想流量特性有线性流量特性、等百分比流量特性和快开流量特性。

图 7-1 所示为理想流量特性曲线图，横坐标表示相对开度 $\overline{L}$，纵坐标表示相对流量 $\overline{G}$。图中曲线 1 为线性流量特性曲线，曲线 2 为等百分比流量特性曲线，曲线 3 为开流量特性曲线。

（1）线性流量特性

从图 7-1 上可以看出线性流量特性曲线 1 实际上是一条直线，它表示阀门的相对流量 $\overline{G}$ 与相对开度 $\overline{L}$ 成直线关系，即当阀门从小逐渐开大时，相对流量增加的百分比和阀门相对开度增加的百分比相同。如图所示，当相对开度从 10%开大到 20%时，相对流量也从 10%增加到 20%；当相对开度从 40%开大到 50%时，相对流量从 40%增大到 50%；当相对开度从 80%开大到 90%时，相对流量同样也从 80%变化到 90%。

以相对开度 10%、40%和 80%三点看，其相对开度变化 10%所引起的相对流量的变化是相等的，均为 10%，但流量变化量分别为

$$\frac{20-10}{10}\times 100\% = 100\%$$

$$\frac{50-40}{40}\times 100\% = 25\%$$

$$\frac{90-80}{80}\times 100\% = 12.5\%$$

可见，线性特性在开度变化相同时，在小开度下流量的变化量大；在大开度下，流量的变化量小。因此，在小负荷时流量调节过于灵敏，不容易控制，与系统配合不好会产生振荡，有时甚至可能关死阀门。在大负荷时，调节不容易及时，调节不灵敏。

（2）等百分比流量特性

从图 7-1 可以看到，等百分比流量特性曲线 2 是向下弯的一条曲线。当相对开度从 10%开大到 20%时，相对流量将从 4.67%增加到 6.58%；相对开度从 40%增大到 50%时，相对流量从 18.3%增大到 25.6%；相对开度从 80%变为 90%时，相对流量从 54.7%变为 76.4%。相对应的流量变化量分别为

$$\frac{6.58-4.67}{4.67}\times 100\% \approx 40\%$$

$$\frac{25.6-18.3}{18.3}\times 100\% \approx 40\%$$

$$\frac{76.4-54.7}{54.7}\times 100\% \approx 40\%$$

由以上分析可以看出，当相对开度增加量相同时，阀门在任何开度下引起的流量变化量是相等的。如在上述分析中，相对开度在 10%、40%和 80%三个点上均增加 10%，所引起流量的变化量皆为 40%。因此，具有等百分比流量特性的阀门，其特点是流量的变化量和

相对开度的增强量成直线关系。

具有该流量特性的阀门，其调节性能优于线性流量特性的阀门，小开度下流量的调节量小，大开度下流量的调节量大。也就是说在小负荷时，流量变化小；在大负荷时，流量变化大。这符合实际供暖效果的要求。因此，这种阀门在接近全关时，工作缓和平稳，而在接近全开时，工作灵敏有效，它适合于负荷变化幅度大的系统。

（3）快开流量特性

图 7-1 中曲线 3 是快开流量特性曲线，该曲线是一条向上凸起的曲线。当相对开度比较小时，就有较大的流量，随着相对开度的增大，流量很快就达到最大值。这种阀门调节性能较差。因此，只能起关断作用，不能用来调节流量。

对于以上三种理想流量特性，只有具有线性流量特性和百分比流量特性的阀门，才具有良好的调节性能，才能称为调节阀。具有等百分比特性的调节阀，其调节性能优越于具有线性流量特性的调节阀，如我们后面要讲的平衡阀。普通的调节阀、蝶阀的流量特性接近于线性特性。这几种调节阀的调节性能目前在国内属于比较好的。目前通用的闸阀、截止阀属于快开流量特性，只起关断流量的作用。因此，在供热系统中，应优先选用等百分比流量特性的调节阀。

2. 工作流量特性

前面所讲的理想流量特性是在阀门前、后压差固定不变的情况下得到的，但在实际使用时，阀门装在具有阻力的管道系统上，阀门前后压差不可能保持不变。因此，尽管阀门在同一开度下，通过阀门的实际流量与理想特性时所对应的流量也不会相同，所以还必须研究工作条件下的流量特性。

所谓工作流量特性是指阀门前、后压差随工况变化的情况下，所得到的流量特性，即相对流量 $\overline{G}$ 与相对开度 $\overline{L}$ 之间的关系。

图 7-2 所示为阀门在供热系统中处于工作状态的情形。ΔH_f 为阀门的压降，ΔH_x 为系统阻力压降（不包括阀门），ΔH 为系统总压降，系统总压降应为阀门压降与系统阻力压降之和。

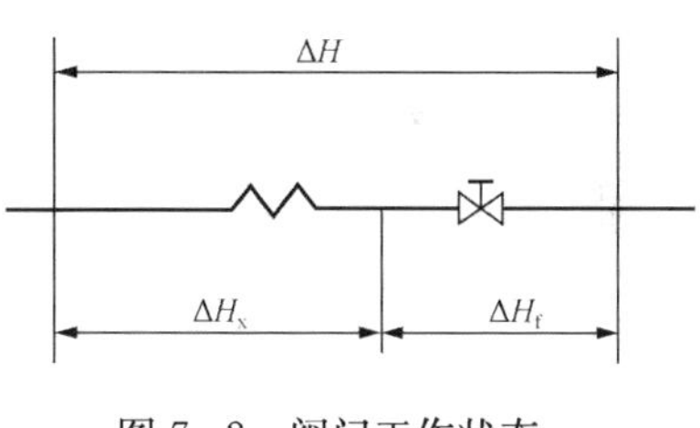

图 7-2 阀门工作状态

若令

$$S_f = \frac{\Delta H_f'}{\Delta H_f' + \Delta H_x}$$

式中 S_f ——阀门的调节能力，也称阀权度；

$\Delta H_f'$ ——阀门全开时的压降。

S_f 在数值上等于阀门在全开状态下，阀门压降占系统总压降的百分比。

若供热系统中管道、设备无阻力损失时，即系统的总压降全部落在阀门前时，$\Delta H_x=0$，$S_f=1$，阀门的实际工作特性与理想特性是一样的。当 S_f 值不同时，阀门的工作流量特性亦不同。图 7-3 所示为阀门的工作流量特性曲线图，（a）图为线性流量特性，（b）图为等百分比流量特性。它反映了阀门在实际工作中相对流量 $\overline{G}$ 与相对开度 $\overline{L}$ 的关系。

从图 7-3 中我们可以看到，随着管道系统阻力 ΔH_x 的增加、S_f 值的减小，阀门的工作特性曲线与理想流量特性曲线的偏差越来越大。直线流量特性渐趋快开特性，等百分比流量特性渐趋直线特性。

出现阀门工作流量特性偏离理想流量特性的原因是因为阀门在工作状态下，决定供热系统流量和压降的主要因素是系统的总阻力特性，而不单纯是阀门本身的阻力特性。因此，阀门本身的阻力特性系数（或压降）在整个供热系统的阻力特性系数（或压降）中所占比重越大，阀门的工作流量特性越接近于理想流量特性。

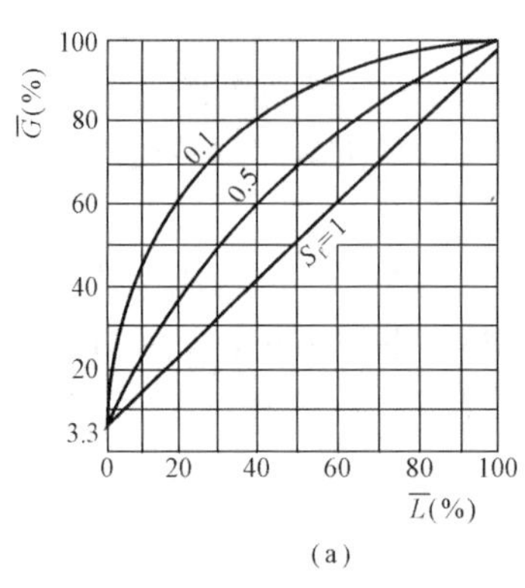

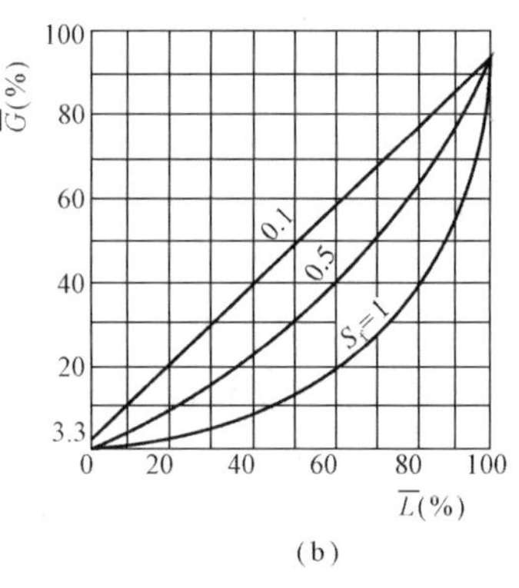

图 7-3　工作流量特性曲线

(a) 线形流量特性曲线；(b) 等百分比流量特性曲线

（二）阻力特性

阀门的阻力特性方程 $\Delta H = SG^2$ 还可以写成

$$G = K_V \sqrt{\Delta H} \tag{7-5}$$

式中　K_V——阀门的流量系数，它反映了阀门在某一开度下的流通能力。

对应不同开度有不同的 K_V 值，K_V 值越大，说明阀门的流通能力越大。K_V 值与阻力系数 S 有如下关系：

$$K_V = \frac{1}{\sqrt{S}} \tag{7-6}$$

可见，随着开度的变化，K_V 和 S 的变化方向相反，即开度减小，S 增大，K_V 减小；反之，当开度增大时，S 减小，K_V 增大。因此，改变阀门的开度，实质上就是改变了阀门的阻力，从而改变 K_V 值，达到调节流量的目的。

通常将不同口径阀门的流量系数 K_V 与相对流量 $\overline{G}$ 和相对开度 $\overline{L}$ 的关系在实验台上进行测定，并绘制曲线，该曲线称为阀门的阻力特性曲线。利用阻力特性曲线可以进行阀门的选型和阀门开度的确定。

二、散热器温控阀

散热器温控阀能自动调节进入散热器的流量，达到室内恒温的目的。

（一）散热器温控阀的构造及工作原理

散热器温控阀又称恒温阀、恒温器，它是由恒温控制器和阀体两部分组成的。恒温控制器包括感温元件、囊箱、弹簧等，感温元件是恒温控制器的核心部分，也称作温度传感器。根据温度传感器的位置区分，恒温控制器有内置式与外置式两种，图 7-4 所示为内置式传感器温控阀结构简图。在温控阀感温元件内充有感温介质，能够感应环境温度，随感应温度的变化产生体积变化，带动阀芯产生位移，进而调节通过散热器的水流量来改变散热器的散热量，从而达到自动调节室内温度的目的。

室内温度可以人为设定，在温控阀恒温控制器的外壳上标有温度标尺，即 1、2、……一组数字，每一个数字对应一个温度。旋转恒温控制器的手柄，箭头对应的刻度就是所设定的温度，如图 7-5 所示为散热器温控阀外观。恒温控制器具有防冻装置及限制和锁定温度设定点的功能，在其上具有锁定卡环，当锁定卡环被插入感温元件头的不同位置时，囊箱下面的弹簧的伸缩长度被限制，即等于改变了室温的给定值，此时弹簧上的作用力与囊箱压力达到一种新的平衡，进而使室内温度达到不同的数值。室内温度的可调范围一般为6～28℃。温控阀的阀体具有较佳的流量调节性能，其阀杆采用密封活塞形式，在恒温控制器的作用下做直线运动，带动阀芯运动以改变阀门开度。

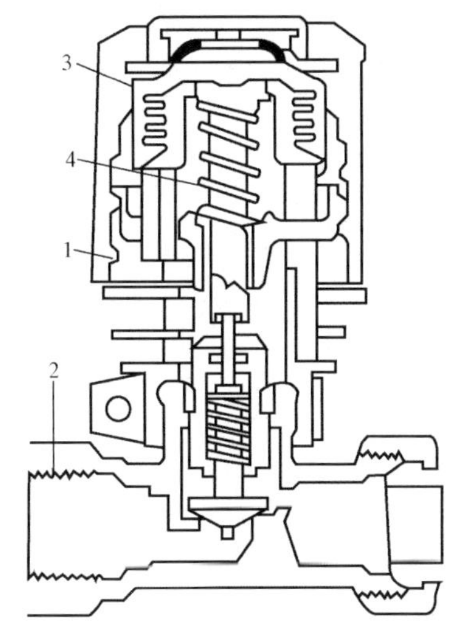

图 7-4　散热器恒温阀

1—感温元件；2—阀体；3—囊箱；4—弹簧

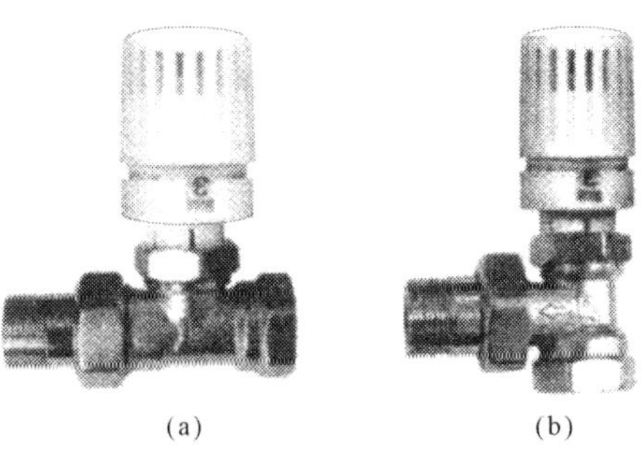

图 7-5　散热器温控阀外观

(a) 直通式散热器温控阀；(b) 角式散热器温控阀

散热器温控阀是一种节能产品，其工作原理是利用恒温控制器中感温元件来控制阀门开度的大小。当室内温度超过设定值时，感温元件中的感温介质受热膨胀，使囊箱内的压力增大，压缩阀杆使阀门关小，减少进入散热器的流量，进而达到降低室内温度的目的。当室内温度低于设定值时，感温元件因冷却而收缩，使囊箱内的压力降低，阀杆带动阀芯产生位移，使阀门开大，增加进入散热器的流量，达到提高室温的目的。

由温控阀工作原理可以得知，温度传感器是构成温控阀的核心部分，它对实现温控阀对室温的控制起着重要的作用。一个良好的传感器应能正确感应房间的实际温度变化，以控制阀体做出正确的动作。

由于安装条件等因素的影响，房间实际温度与设定温度值往往有偏差。房间实际温度的变化会使传感器体积比例的变化，从而使阀门阻力和流量也相应地发生比例变化，导致散热器散热量比例的变化，最终控制室温变化。因此，散热器温控阀也可看成是一个比例控制器，即根据房间温度与温控阀温度设定值的偏差，按比例调节阀门开度。阀门的开度保持在相当于需求负荷的位置处，使其供水量与室温保持稳定，最终可根据室温变化时的流量做连续的线性调节。

散热器温控阀的比例调节范围通常用比例带来表示。所谓比例带是指相对于某一温度设定值，散热器温控阀从开到全关位置的室温变化范围。通常比例带为0.5～2℃，温控阀的比例调节范围一旦超出比例范围，温控阀将自动关闭。

（二）散热器温控阀的安装位置

散热器温控阀一般安装在供暖房间散热器的进水管上或分户采暖系统的总人口进水管上。

由于温控阀的工作受诸多因素影响，其传感器只有感受到房间的温度才能对其进行控制，所以温控阀的安装位置很重要。

对于内置式传感器的温控阀应尽量采用水平安装，并且要安装在室内空气能够自由流通的地方，以防管道、阀体的热辐射使传感器误以为房间温度要比实际设定的室温高，而导致恒温控制器的错误动作。但当温控阀的传感器被长窗帘或暖气罩覆盖而无法感受室内温度时，就必须采用外置式传感器的温控阀，将传感器放置在它可能控测到正确房间温度的地方。

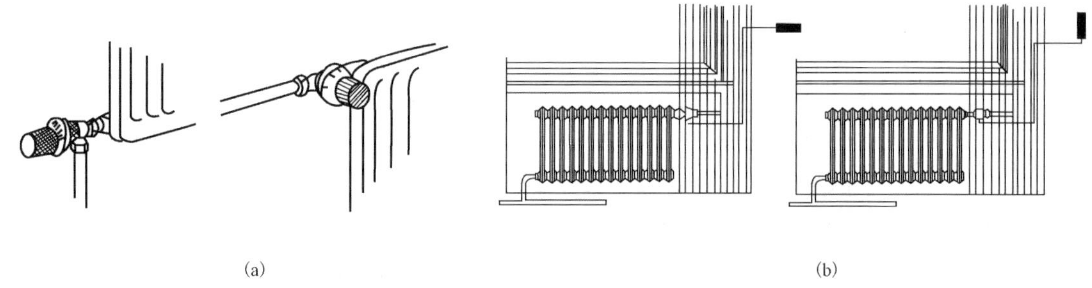

(a) (b)

图7-6 温控阀的安装位置

(a) 内置式传感器温控阀安装；(b) 外置式传感器温控阀安装

如图7-6所示为散热器温控阀的安装位置，(a) 图所示为内置式传感器温控阀的安装位置，(b) 图所示为外置式传感器温控阀的安装位置。

（三）散热器温控阀的调节作用

散热器温控阀在以热水供热系统为主的北欧发达国家中，已应用得相当广泛。尤其是在世界能源危机后，已列入各国建筑节能法规中。而我国尽管起步较晚，但由于温控阀在供热系统中的独特作用，目前在分户计量的实施过程中已被广泛应用。

散热器温控阀安装在供热系统中，主要有以下作用：

(1) 恒温控制，提高室内热环境的舒适度　温控阀安装在每组散热器的进水管上，用户可根据对室温高低的要求，调节并设定室温。当室内获得“自由热”，如阳光照射、炊事、照明、电器及居民等散发的热量而使室温有升高趋势时，温控阀会及时减少流经散热器的水量，保持室温恒定，以提高室内热环境的舒适度。

(2) 节能　通常采暖设备的选型是按照冬季室外计算温度下满足室内温度需要的原则来确定的。而室外温度逐时逐刻都在变化，当室外实际温度高于室外计算温度时，耗热量将会降低。如不采取措施，将会造成能量的浪费。因此，利用温控阀预先设定室温，根据室外气候的变化自动调节流量，以达到节能的目的。另外，根据温控阀的原理，可以充分利用自由热，同样可减小能耗，达到节能的目的。

(3) 避免房间冷热失调现象　由于供热房间每组散热器安装了温控阀，可以确保各房间的温度，避免了立管水量不平衡以及单管系统上层与下层室温不均的问题。在双管系统中设置散热器温控阀，可以消除由于自然压差造成的上热下冷的垂直失调现象。在单管系统中应用温控阀，必须安设跨越管。

三、平衡阀

（一）平衡阀的构造及工作原理

1. 平衡阀的工作原理

平衡阀亦称静态平衡阀、手动平衡阀，它属于调节阀范畴。其工作原理是通过改变阀芯与阀座的间隙（即开度）来改变流经阀门的流动阻力，以达到调节流量的目的。平衡阀相当于一个局部阻力可以改变的节流元件，对于不可压缩流体，根据流体力学流量方程式可得

$$G = \frac{A}{\sqrt{\xi}}\sqrt{\frac{2(p_1 - p_2)}{\rho}} \tag{7-7}$$

式中　G——流经平衡阀的流量，m^3/h；

A——平衡阀接管截面积，m^2；

p_1、p_2——分别为阀前、阀后压力，10^5Pa；

ρ——流体的密度，kg/m^3。

由上式可以看出，当 A 一定，阀前、后压差不变的情况下，流量 G 仅与平衡阀阻力系数 ξ 有关。当 ξ 增大，即关小平衡阀时，G 减小；反之，当 ξ 减小，即平衡阀开大时，G 增大。平衡阀就是以改变阀芯的行程来改变阀门的阻力系数，以达到调节流量的目的。

若令 $K_V = \frac{A}{\sqrt{\xi}} \cdot \sqrt{\frac{2}{\rho}}$，即可得到平衡阀阻力特性方程

$$G = K_V \sqrt{\Delta p}$$

式中 K_V 为平衡阀的流量系数，它在数值上的含义就是平衡阀前后压差为 10^5Pa 时，通过平衡阀的流量值。K_V 可用来比较不同型号、不同开度平衡阀的流通能力。

对某一给定的平衡阀，K_V 仅与 ξ 有关，而 ξ 又与平衡阀的开度有关，若开度不变，则平衡阀的流量系数 K_V 不变，即流量系数 K_V 由开度而定。因此平衡阀每一个开度值都对应于一个 K_V 值。通过在试验台实测可以获得不同开度下不同型号平衡阀的流量系数。若以横坐标表示平衡阀的相对开度 $\overline{L}$，纵坐标表示平衡阀的流量系数 K_V，将试验台上测得的不同开度、不同型号平衡阀的流量系数 K_V 值绘制在坐标图上即得平衡阀的流量系数曲线。图7-7所示为某系列平衡阀的流量系数曲线。从图中可以看出，随开度的增加，平衡阀的 K_V 亦增大，说明平衡阀随开度的增大，其流通能力增大，即流量增大。若已知平衡阀的 K_V，从流量系数曲线图中可以查出所需要平衡阀的型号及开度。

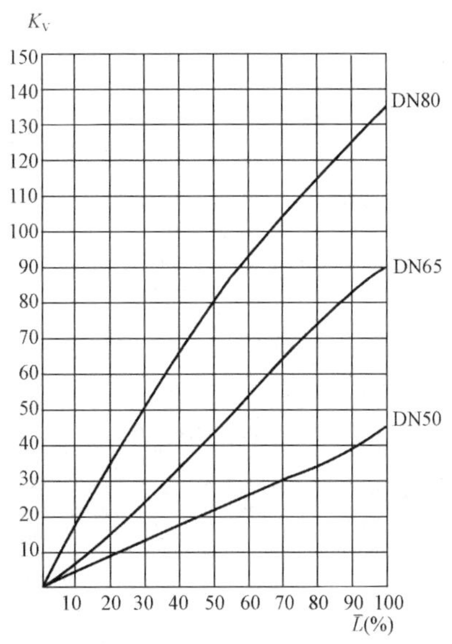

图 7-7　平衡阀的流量特性曲线

2. 平衡阀的构造及性能特点

平衡阀不同于常规的调节阀，其理想流量特性为等百分比特性，而实际工作流量特性接近于直线特性。其线性调节特性决定了平衡阀具备流量精确调节的基础，

是目前管网水力平衡的主要调节设备之一。它主要由阀体、阀塞、手轮、数字显示器、锁定装置及测试小阀等组成。图 7-8 为河北平衡阀门制造有限公司生产的 SPF 系数数字锁定平衡阀，其阀杆采用斜杆，内升降结构；阀体材料采用锻压铜合金（DN15～DN25），灰铸铁（DN32～DN300），碳素铸钢（DN350～DN600）；阀塞采用不锈钢；内升降螺母采用铜合金制造；阀塞与阀体之间的密封材料采用聚四氟乙烯以保证密封性能。锁定装置的作用是当阀门调至所需开度后，可将其开度锁定，非操作或运行管理人员无法改变设定状态。阀门下面的两个测压阀的作用是在管网平衡阀调试时，用软管连接智能仪表，利用智能仪表可测出流经平衡阀的流量和平衡阀前后压差。

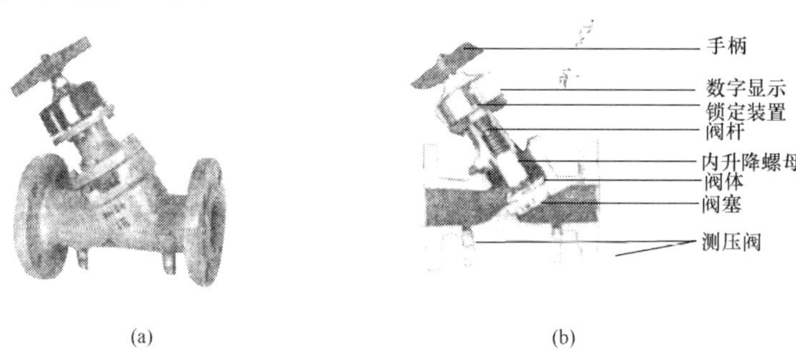

图 7-8　平衡阀结构示意图
(a) 平衡阀外观；(b) 平衡阀结构图

平衡阀与普通调节阀的不同之处在于其阀体上有开度指示、开度锁定装置及两个测压小阀，其主要特性如下：

(1) 具有较好的调节流量功能　阀门的特性曲线决定了阀门的调节流量性能，平衡阀理想流量特性曲线为等百分比流量特性，而在实际工作中，由于平衡阀前、后压力不同，使实际工作特性曲线接近于直线特性曲线。这一特性对方便准确地调整系统平衡具有重要意义。

(2) 清晰、准确的阀门开度数字指示　在平衡阀手柄数字显示窗上，可以显示平衡阀开启的圈数，从而可得到平衡阀的相对开度 $\overline{L}$ 。

(3) 平衡调试后，具有开度锁定功能　在平衡阀上设有锁定装置，当平衡阀门处管道或用户流量调至设计流量后，利用锁定装置将阀门锁定，无关人员不准随便开大阀门开度，以免出现水力失调。当管路需要检修时，可以关闭平衡阀，检修完毕后，打开阀门，使其回复到锁定位置，可保证平衡阀的规定流量不变。

(4) 与智能化仪表配合，具有测量功能　平衡阀阀体上有两个测压小阀，将其用软管与智能仪表相连，可方便地测出流过平衡阀的流量及平衡阀前、后的压差。若将平衡阀的特性关系编程后固化在智能仪表内，只要向智能仪表输入该平衡阀处要求的流量值后，仪表经计算分析，可直接显示管路系统达到水力平衡时该阀门的开度值。

(5) 平衡阀的局部阻力系数较大　根据平衡阀实测流量特性计算出其全开时局部阻力系数 ξ 为

$$\text{DN15} \sim \text{DN32 时}, \xi = 16;$$

$$\text{DN40} \sim \text{DN150 时}, \xi = 10 \sim 15;$$

$$\text{DN200} \sim \text{DN600 时}, \xi = 8 \sim 12。$$

(6) 内升降阀杆无须预留操作空间，内部元件为不锈钢、铜合金制造，抗锈蚀性强。

(7) 具有关断和截止功能。

(8) 具有耐温、耐压性能：平衡阀的耐压能力为 1.6MPa，热水允许的温度范围为3～150℃。

(二) 平衡阀的安装位置与选型

1. 平衡阀的安装位置

平衡阀的作用就是有效的调节流量，因此，在热水供热系统中，凡需要保证设计流量的环路均需要安装平衡阀，每一个环路上安装一个平衡阀。具体安装位置如下：

(1) 可安装在热源处　在采暖锅炉房中，一般采用并联机组，由于各机组之间具有不同的阻力，引起各机组的流量不一致，有些机组流量超过设计流量，而有些机组流量低于设计流量，因此，不能发挥机组的最大出力。为保证各机组之间的流量分配达到设计流量，可在每台锅炉处安装平衡阀，使每台机组都能获得设计流量，达到其设计出力，确保每台机组安全、正常运行。

(2) 可安装在热力部一、二次循环水环路上　在区域供热系统中，由热电厂或区域锅炉房间向若干热力站供热水时，为保证各热力站获得所需要的水量，宜在各热力站的一次水环路侧安装平衡阀。为保证二次环路水流量为设计流量，热力站的二次水环路侧也宜安装平衡阀。

(3) 可安装在小区供热系统中　在小区供热系统中，通常由一个锅炉房或热力站向若干幢建筑供热，由于每幢建筑距热源远近不同，流量分配不符合设计要求，出现近端过热，远端过冷的水力失调现象。为保证小区中各干管各建筑水流量达到设计流量，在供水总管、分支干管及各用户人口处均应安装平衡阀以解决小区供热水力失调问题。如图 7 - 9 所示为小区供热系统平衡阀的安装简图。

(4) 可安装在室内供热系统中各环路及各立管上　可用以解决各并联环路之间流量分配不合埋的现象。平衡阀可安装在供水管上，也可安装在回水管上。对于一次环路来说，为了方便平衡调试，一般安装在水温较低的回水管上。但对地形高差比较大的管网，在地形低洼处的建筑入口处平衡阀宜安装于供水管上，以保证用户不超压；在地形较高处的建筑入口处平衡阀宜安装于回水管上，以保证用户不倒空。总管上的平衡阀宜安设于供水总管水泵后。

为使流经平衡阀前后的水流稳定，避免平衡阀入口处出现较大的波动，保证测量精确度，平衡阀应尽可能安装在直管段处，且平衡阀前应有 5 倍管径长的直管段，平衡阀后应有 2 倍管径长的直管段。若平衡阀装设在水泵的出口管路上，那么水泵与平衡阀之间应有 10 倍管径长的直管段。

2. 平衡阀的选型

供热管路上设置平衡阀的目的，就是人为地增加一个阻力，以消除环路上的剩余压头，从而使管路或用户的流量符合要求。

对于新建工程和管网改造工程资料齐全的系统，需要在管网水力计算的基础上，计算出各支路平衡阀的流量值及所需要消除的剩余压头值，然后根据平衡阀选用图进行选择计算，确定平衡阀的型号（口径），使所选阀门的相对开度在 60%～90%之间。

下面以图 7 - 10 管路系统为例说明平衡阀设计选型及确定开度的方法。

1) 由水力计算确定最不利环路 A—B—C—D—D′—C′—B′—A′—A 各计算管段的管径，并计算出压力损失。

2) 确定末端支路 D—D′上平衡阀口径，并计算出平衡阀前、后压差 Δp_1 。

末端平衡阀口径一般按管径确定，开度在 90%左右选定。然后由口径和开度查出 K_{V1}，

再由末端支路流量 G_1 和 K_{V1} 求出阀门的前、后压差 Δp_1；亦可直接由口径、开度、流量查平衡阀线算图得 Δp_1。

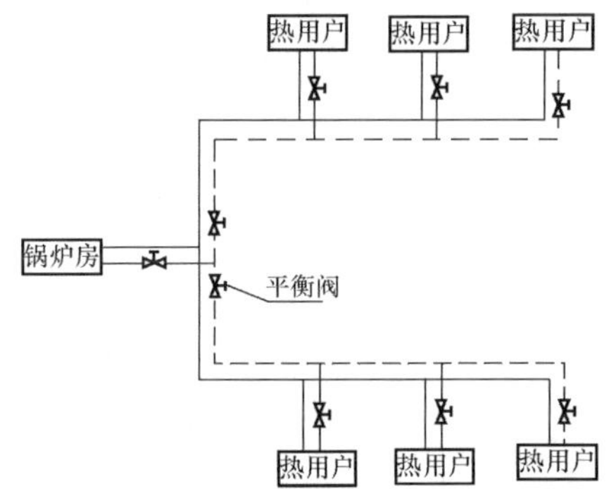

图 7-9　小区供热系统平衡阀设置简图

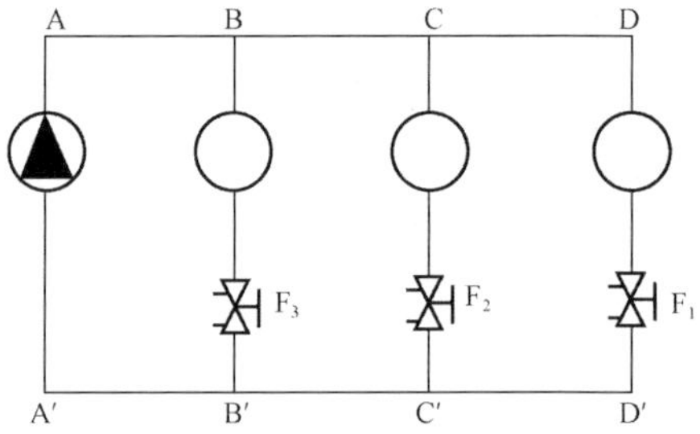

图 7-10　管路系统简图

3）根据最不利环路的计算结果，可确定 C　C′间的资用压力 $\Delta p_{C-C'}$。

4）由水力计算得出 C—C′间的实际压力损失 $(RL+Z)_{C-C'}$。

5）$\Delta p_{C-C'}-(RL+Z)_{C-C'}$ 即为支路 C—C′上平衡阀应该消耗的压差 Δp_2。

6）由 G_2、Δp_2 计算 K_{V2}（或直接查线算图），并按开度在 60%～90%的原则确定平衡阀的口径和开度。

7）其他支路的选型同 C—C′支路。

当旧系统改造资料不全时，无法进行水力计算，可按管径大小选用平衡阀，直接以平衡阀代替原有的闸阀或截止阀。为避免原有管径过于富裕使流经平衡阀时产生的压降过小而引起调试时由于压降过小而造成较大的误差，需进行压力校核计算。一般情况下，平衡阀的最小压差为 2～3kPa。

压力校核计算的具体步骤如下：

1）根据面积热负荷标准估算平衡阀所在管段的设计流量 G。

2）由管径、流量值，按公式 $v=\dfrac{G}{\frac{\pi}{4}d^2}$ 计算该管段的流速 v。

3）由该型号平衡阀的局部阻力系数 ξ 值，按公式 $\Delta p=\xi\cdot\dfrac{\rho v^2}{2}$ 求出平衡阀前、后压差 Δp。若 $\Delta p\leqslant 2$kPa，可改选小口径的平衡阀，重新计算 v 和 Δp，直到平衡阀在设计流量下的压差 $\Delta p\geqslant 2$～3kPa 为止。

那么在实际工程设计中，若已知流量和所应消耗的压差，又如何对平衡阀进行选型呢？通常情况下，我们可以根据平衡阀流量系数曲线图或各生产厂家产品样本上的线算图进行选择。利用流量系数曲线图进行平衡阀选型时，还应根据公式 $K_V=\dfrac{G}{\Delta p}$ 计算出 K_V，然后再由图 7-7 查得平衡阀型号及开度。而利用线算图进行平衡阀选型，则可省略计算过程。因这在线算图中，已将各种型号平衡阀的流量 G、压差 Δp、流量系数 K_V 及相对开度 $\overline{L}$ 列在其中，已知其中任意三个参数即可查出另一参数。如图 7-11 所示为河北平衡阀门制造有限公司生产的 SPF 系列数字锁定平衡阀的线算图，图 7-11（a）所示为 DN15～DN80 平衡阀线算图，图 7-11（b）所示为 DN100～DN400 平衡阀线算图。下面我们举例来说明该线算图的使用方法。

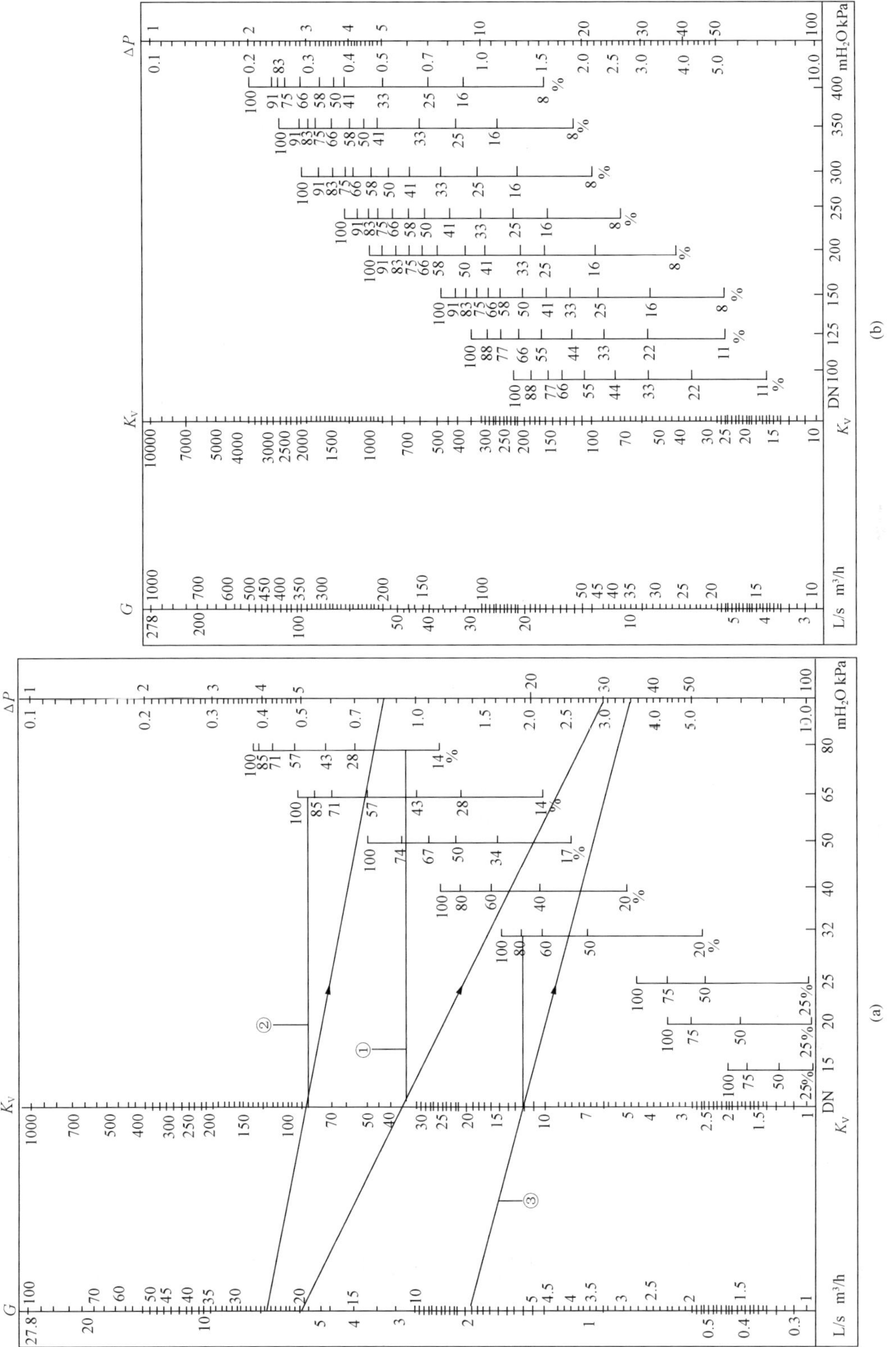

图 7-11　平衡阀线算图

(a) DN15～DN80 平衡阀线算图；(b) DN100～DN400 平衡阀线算图

【例 7-1】 已知流量 $G=20m^3/h$，压差 $\Delta p=30kPa$，选择平衡阀口径和开度。

解 （1）在 G 轴上与 Δp 轴上分别找到其数值点，然后相连。

（2）两点的连接与 K_V 轴交于一点。

（3）由交点作水平线与DN50、DN65、DN80 的开度线相交，开度分别为 74%、46%和 20%。做图过程见图 7-11 中①。

（4）根据平衡阀开度一般为 60%～90%的原则选取平衡阀口径为 DN50，开度为 74%。

【例 7-2】 已知流量 $G=25m^3/h$，平衡阀口径为 DN65，开度为 90%，求压差 Δp。

解 （1）由 DN65 的 90%开度处作水平线交 K_V 轴于一点，见图 7-11 中②。

（2）在 G 轴上找到 $G=25m^3/h$ 的点，连接该点与 K_V 轴上交点，并延长至 Δp 轴。

（3）延长线与 Δp 的交点即为所求，即 $\Delta p=8.3kPa$。

【例 7-3】 已知压差 $\Delta p=35kPa$，平衡阀口径为 DN32、开度为 80%，求流量 G。

解 （1）由 DN32 的 80%开度处作水平线交 K_V 轴于一点。

（2）K_V 轴上的交点与 Δp 轴上的 30kPa 点相连，反相延长至 G 轴，即得 $G=7.2m^3/h$，见图 7-11 中③。

（三）平衡阀的调试

在供热系统中，各用户之间有较强的耦合关系，其中调节某一用户平衡阀时，不但引起该用户流量的变化，而且还要影响其他用户流量的变化。平衡阀安装后，要经过调试才能实现水力平衡。

平衡阀调试需利用与之配套的专用智能仪表。智能仪表是由差压变送器和二次仪表两部分组成。差压变送器由半导体差压传感器、排气阀、差压平衡阀和测压软管组成。二次仪表由微机芯片，A/D 转换、电源及显示等部分组成。智能仪表具有显示流量和压差、分析和计算管网水力工况，以及显示管路系统达到平衡时平衡阀的开度值的功能。

供热系统具备测试条件后，应用专用智能仪表通过专业技术人员对系统中全部平衡阀进行调试，并将调好的所有平衡阀开度加以锁定，以免无关人员随意变动平衡阀开关，使管网实现水力平衡，达到良好的供热品质和节能效果。

在管网系统正常运行过程中，不要随意变动平衡阀的开度，特别是不要变动定位锁定装置，因为变动任意一个平衡阀开度都会改变已调好的流量。当管网系统中增设或取消其他环路时，除应增加或关闭相应的平衡阀外，还应将所有新设的平衡阀及原有系统中的平衡阀全部重新调试，才能获得最佳供热及节能效果。

对于供热系统而言，采用平衡阀调节管网，调节过程比较复杂且技术含量较高，因为水的管路系统本身就是一个复杂的系统，支路之间阻力和流量相互影响，调节前端平衡阀，后端流量会受影响，调整后端流量，前端流量又会变化，要想实现每一支路达到设计流量，就要对每台平衡阀进行反复调整。这就要求调试人员不但要具备暖通专业相关的知识和技能，并且要有丰富的经验，一旦系统压力或负荷发生变化仍需重新调整所有平衡阀才能实现水力平衡，所以应该选择合理且恰当的调试方法。如瑞典 TA 公司提出的比例法及补偿法，中国建筑科学研究院空气调节研究所提出的计算机法，以及国内专家在大量实践中总结的简易快速法等调节方法，均可利用平衡阀及配套的智能仪表来完成管网水力平衡调试工作。这些调试方法的具体操作过程，我们将在下章中详细讲述。

四、自力式控制阀

前面所述平衡阀是一种静态平衡阀，它是通过手动调节其开度，不能随系统工况变化而自动调节。而自力式控制阀则不需要任何外来能源，依靠被调介质自身的压力、温度、流量的变化而自动调节，它具有测量、执行、控制的综合功能。因此，自力式控制阀也称为动态平衡阀。

下面分别介绍自力式流量控制阀、自力式温度控制阀和自力式压差控制阀这三种动态平衡阀。

（一）自力式流量控制阀

1. 构造特点及工作原理

自力式流量控制阀亦称动态流量平衡阀、流量限制器及定流量阀等。各种类型的自力式流量控制阀，结构各有不同，但工作原理相似。目前生产自力式流量控制阀的厂家很多，大多数产品采用双阀结构原理。

如图 7-12 所示为自力式流量控制阀结构原理图及外形图，它由一个手动调节阀组和一个自动调节阀组组成。手动调节阀组由手动调节阀芯、手动调节阀杆、流量显示及锁定装置等组成，其作用是设定流量。自动调节阀组由自动调节阀芯、自动调节阀杆、弹簧、膜片等组成，其作用是消除管阀的剩余压头，以维持控制系统流量恒定。

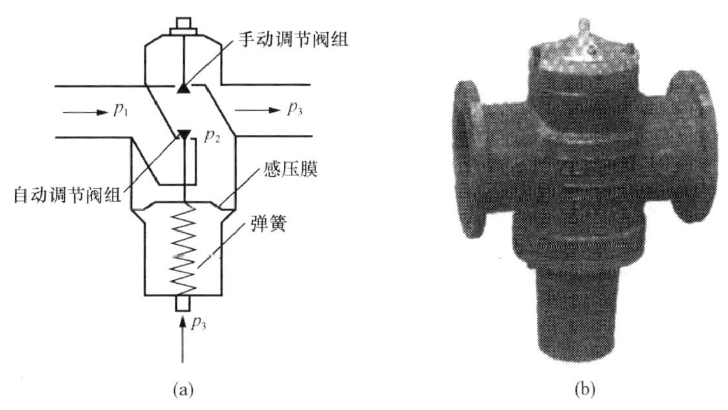

图 7-12　自力式流量控制阀

（a）自力式流量控制阀结构原理简图；（b）自力式流量控制阀外形图

图 7-12（a）中，p_1 为系统的工作压力，p_2、p_3 分别为手动调节阀前、后压力。对于手动调节阀阀组，其流量 $G=K_V\sqrt{\Delta p}=K_V\sqrt{p_2-p_3}$，式中 K_V 为手动调节阀的流量系数，K_V 的大小取决于手动调节阀开度，若开度固定，K_V 即为常数。那么，当手动调节阀开度固定时，只要保证手动调节阀前后压差 Δp 不变，则流量 G 不变，而 Δp 的恒定是由自动调节阀组控制的。自动调节阀组的感压部分是膜片，它同时受 p_2 向下的压力及弹簧和 p_3 向上的推力，当膜片上所受到的力平衡时，自动调节阀阀芯的开度保持不变。也就是说自动调节阀阀组是通过膜片感应压力的大小，带动自动调节阀阀杆上下移动，改变开度的大小，控制通过手动调节阀前、后的压差 p_2-p_3，从而达到保持 Δp 恒定的目的。

当通过阀门流量增大时，压差 p_2-p_3 将超过设定值，膜片下移，自动调节阀阀杆带动阀芯将随之下移，使自动调节阀阀芯与阀座流通面积减小，即阀门关小，导致通过流量减少，直至压差 p_2-p_3 减小到原设定值，保持通过阀门的流量不变。反之，当通过阀门的流量减少时，压差 p_2-p_3 将低于设定值，膜片在弹簧力的作用下将上移，自动调节阀阀杆带动阀芯随之上移，阀门开度增大，流量增加，直至压差增大到原设定值，保持通过阀门的流量不变为止。

自力式流量控制阀可以通过改变手动调节阀开度来改变设定流量值，其自动调节流量的有效范围取决于工作弹簧的性能。一般自力式流量控制阀工作压差在20～300kPa的范围内能按设定值有效地控制流量，其性能曲线见图7-13。当工作压差小于20kPa时，控制流量达不到设定值；当工作压差超过300kPa时，将会产生噪声。该控制阀阀体上端有开启圈数和流量数字显示。每一个开度对应一个流量，开度和流量的关系由试验台试验标定。控制阀流量控制相对误差不大于8%，工作温度为4～150℃，工作压力为1.0MPa或1.6MPa。阀体材料可采用灰铸铁、碳素铸钢或铜合金，内部元件可采用铜合金或不锈钢材料。

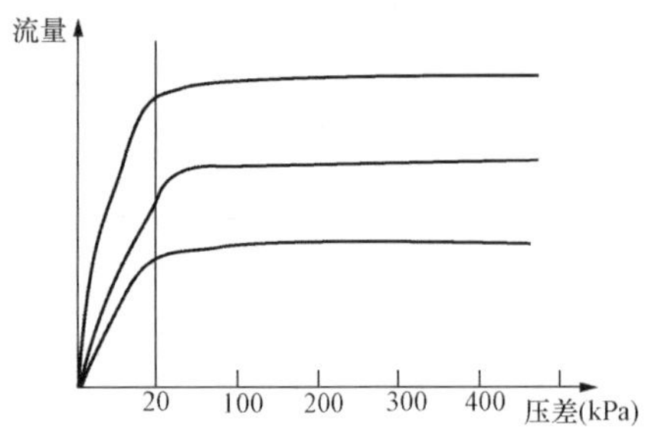

图7-13　自力式流量控制阀性能曲线

自力式流量控制阀的基本参数见表7-1。

表7-1　自力式流量控制阀的基本参数

公称直径DN	流量控制最小范围（m³/h）	阀体结构长度（mm）		公称直径	流量控制最小范围（m³/h）	阀体结构长度（mm）	
		螺纹连接	法兰连接			螺纹连接	法兰连接
20	0.1～1	110	—	100	10～35	—	350
25	0.2～2	125	160	125	15～50	—	400
32	0.5～4	140	180	150	20～80	—	480
40	1～6	—	200	200	40～160	—	495
50	2～10	—	230	250	75～300	—	622
65	3～15	—	290	300	100～450	—	698
80	5～25	—	310	350	200～650	—	787

2. 安装位置与选型

自力式流量控制阀与平衡阀的作用相同，均可以调节和控制流量，达到合理分配各环路水流量的目的。因此，它的安装与平衡阀的安装一样，也可安装在热力站的一次循环水侧、热用户入口处以及室内供热系统各立管或水平串联管上，用以自动调节和控制流量。自力式流量控制阀可安装在供水管上，也可安装在回水管上。在地势起伏的热网系统中，处在地势较低位置的热用户宜安装在给水管上，处在地势较高位置的热用户宜安装在回水管上。为便于操作调试，其在管道上既可水平安装，也可垂直安装，但要注意应使水流方向与阀体上箭头所示方向相同。在一般情况下，应尽量将其安装在回水管上。

选择自力式流量控制阀时，应先根据阀门所在管段供暖的建筑面积、面积热指标及供回水温度确定其设计流量，再根据表7-1所列的流量控制范围选择阀门的公称直径，使所选阀门的设计流量在选型流量范围内，以保证足够的调节余量。由于自力式流量控制阀可调范围较宽，阀门口径一般可按管道直径选取，必要时可缩径。

自力式流量控制阀与平衡阀均具有开度显示和锁定功能，两者虽然都可以解决管网水力失调问题，但又有所不同。平衡阀是借助其专用智能仪表，通过手动定量调试来匹配管网系统中各个环路的阻力，使系统实现水力平衡，一旦调试完成后一般将不再动作。而供热管网是一个复杂的水力系统，系统中各环路间水力工况的变化是相互影响和相互制约的，只要有一个热用户的流量发生变化，就会引起其他热用户流量的变化，管网系统就需要重新调试。另外，当管网扩建后，其阻力特性发生改变，这时也需要重新调试。而且平衡阀的调试比较繁琐，管网系统越大，调试也越困难。调试的效果也因人而异，其系统稳定性也往往不同，所以，使用平衡阀已不能适应由于各环路间水力工况变化引起的流量重新分配。而自力式流量控制阀能自动消除系统中多变的剩余压头，根据系统水力工况的变化自动调节，按设计流量进行一次调节，即可使系统流量自动恒定在要求的设定值，使流量分配工作变得简单便捷，能够有效地解决管网水力失调问题。但在变流量运行的管网中不可采用自力式流量控制阀，因为当供热系统总流量减少时，近端回路维持流量不变，而远端回路流量会严重不足。另外，在分户计量中，由于系统总循环水量的变化取决于用户需求，当用户主动调小流量时，自力式流量控制阀将会开大阀门，直到全开失效为止；当用户主动调大流量时，自力式流量控制阀将会关小阀门，直到全闭失效为止。

因此，自力式流量控制阀适用于定流量供热系统，尤其是多热源管网，热源切换运行时不会对用户流量产生影响。

（二）自力式温度控制阀

1. 构造特点及工作原理

自力式温度控制阀主要由控制阀和温控器组成。控制阀由阀体、阀座及阀芯组成；温控器由控制系统、温度传感器、温度设定旋钮、毛细导管、过温保护装置、温度设定指示牌等组成，如图7-14所示。其上温度传感器2的作用是直接感受被控介质的温度，以带动阀杆上下移动，调节通过控制阀介质的流量，从而达到被控介质恒温的目的。利用温度设定旋钮5可以设定被控介质温度，设定值可在温度设定指示牌上显示。过温保护装置的作用是防止被控介质温度超过设定值一定范围后，感温液体持续膨胀产生的高压导致气体泄漏和温控器损坏。

自力式温度控制阀无需任何外加能源，利用被控介质自身的温度变化而实现阀门的自控和调节。其基本工作原理是利用了液体的热胀冷缩特性和液体的不可压缩特性。在图7-14所示的温度传感器2、控制系统3及毛细导管4中充满了某种热膨胀性能好的感温液体。当被控介质温度升高时，感温液体膨胀，带动阀杆及阀芯产生位移，关小阀门，使通过流量减小，从而降低输出温度；反之，当被控介质温度降低时，感温液体收缩，阀门开大，使通过流量增加，直至被控介质的温度升至设定值为止。

自力式温度控制阀具有结构简单，维修、操作方便，安全性高，温度控制精确度高，过温保护装置灵敏可靠，保护范围大，适应范围广，比例式控制的优点，特别适用于需集中控制管理而又希望节能的控制系统。

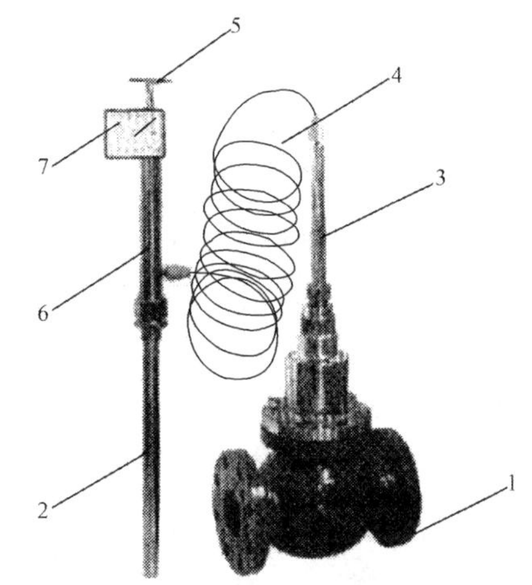

图7-14　自力式温度控制阀

1—阀体；2—温度传感器；3—控制系统；4—毛细导管；5—温度设定旋钮；6—过温保护装置；7—温度设定指示牌

2. 安装位置与选型

在供热系统中，自力式温度控制阀主要用于汽水—水换热、水—水换热的热交换设备的温度自动控制，它在系统中的安装见图7-15。

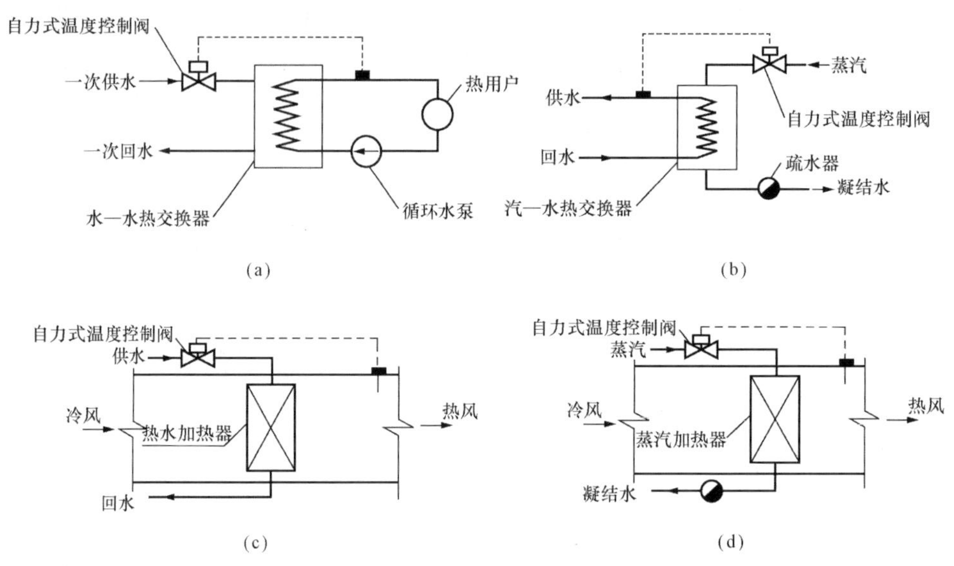

图7-15　自力式温度控制阀安装

(a) 水—水热交换器的调节；(b) 汽—水热交换器的调节；(c) 热水加热器的调节；(d) 蒸汽加热器的调节

自力式温度控制阀安装时，应使阀体箭头标注方向与被控介质流动方向一致，调节阀前应安装过滤器。温度传感器须全部直接浸没在被加热介质出口处或在被加热介质出口管路内，使之能正确感受被加热介质的出口温度。自力式温度控制阀的选型应以管道公称直径、被控介质温度作为根据。

（三）自力式压差控制阀

1. 构造特点及工作原理

自力式压差控制阀亦称动态差压调节阀、动态差压平衡阀、差压控制器及定压差阀等。它主要由阀体、双节流阀座、阀瓣、感压膜、弹簧、导压管及压差调节装置等组成。如图7-16所示为ZY47型自力式压差控制阀结构简图，其阀体材料采用灰铸铁、碳素钢或锻压铜合金，调节部分材料采用黄铜，弹簧采用不锈钢材料，导压管采用黄铜材料。感压膜将控制器分成上、下两个小室，感压膜上同时受被控环路压差所产生的向下的力和弹簧向上的弹力的作用，当被控环路压差改变时，感压膜带动阀瓣上下移动，直到感压膜所受的力平衡为止。

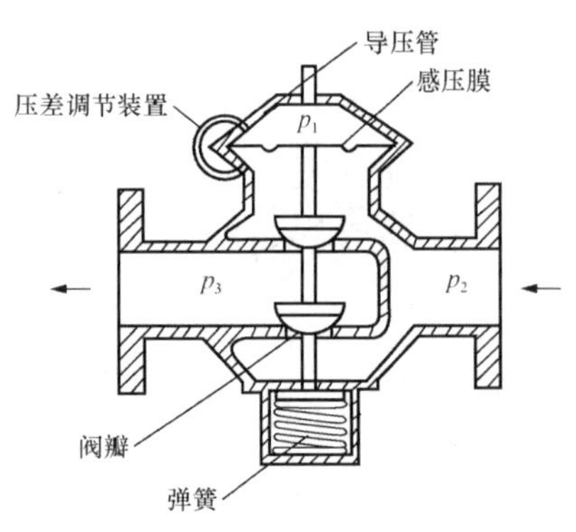

图7-16　ZY47型自力式压差控制阀结构简图

ZY47型自力式压差阀按所控环路压差是否可调分为定压差型和可调压差型两种。定压差型按其所控制的压差，配用不同的压缩弹簧；可调压差型可根据需要直接调节自力式压差控制阀的压差调节装置，如图7-16所示。按其在系统中的安装位置分为供水式压差控制阀和回水式压差控制阀。供水式压差控制阀安装在供水管道上，回水式压差控制阀安装在回水管道上。

图 7－16 所示为回水式压差控制阀，其工作原理简图及安装位置见图 7－17。图 7－17 中 p_1 为网络的供水压力，p_2 为被控环路后、压差阀前的压力，p_3 为网路的回水压力，Δp 为被控环路的压差，$\Delta p'$ 为压差阀的工作压差。p_1 通过导压管与感压膜上室相通，作用在感压膜上，p_2 与感压膜的下室相通，直接作用在感应膜下，感压膜下端的弹簧力用来平衡被控系统的压差 $\Delta p = p_1 - p_2$ 。

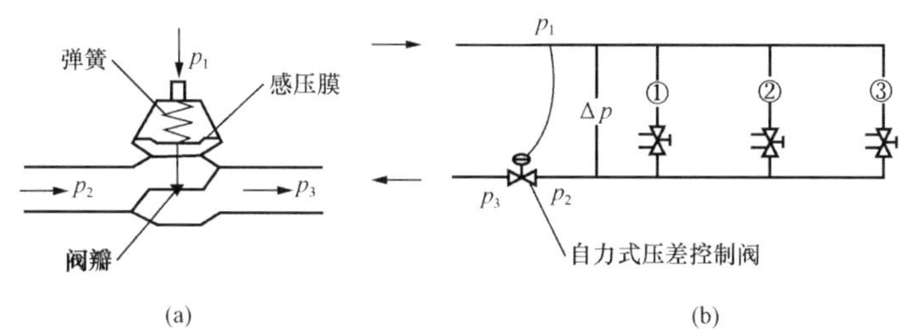

图 7－17　自力式压差控制阀工作原理及安装位置示意图

(a) 工作原理图；(b) 安装位置示意图

当网路供水压力 p_1 增大或减少时，信号由导压管传入感压膜上室，感压膜带动阀瓣下移或上移，使阀门的流通面积减小或增大，压差阀的工作压差 $\Delta p' = p_2 - p_3$ 随之增大或减小，直至 $\Delta p = p_1 - p_2$ 保持原值恒定；当网络回水压力 p_3 也随之瞬间增大或减小，感压膜带动阀瓣上移或下移，直至感压膜的受力重新平衡，p_2 恢复原值，直到 $\Delta p = p_1 - p_2$ 保持原值恒定。

当被控环路阻力减小或增大时，p_2 增大或减小，感压膜带动阀瓣膜上移或下移，阀口的流通面积增大或减小，引起 p_2 减小或增大，$\Delta p' = p_2 - p_3$ 亦随之减小或增大，直到 $\Delta p = p_1 - p_2$ 保持原值恒定。

由上述工作原理可知，无论是网络压力出现波动，还是被控环路内部的阻力发生变化，自力式压差控制阀均可维持施加于被控环路的压差 Δp 恒定。自力式压差控制阀的公称压力为 1.6MPa，介质温度为 0～150℃，其压差控制精确度可达±10％。

2. 安装位置及选型

自力式压差控制阀的功能是控制网络中某个支路或某个用户的压差恒定，应用于集中供热、中央空调等水系统中，有利于被控制系统各用户和末端装置的自主调节，尤其适用于分户计量的供热系统。自力式压差控制阀可安装在高层或多层建筑中每层供热分支环路上，确保分支环路的压差恒定；也可安装在多层或高层建筑室内供热立管上及建筑供热入口处，确保其压差恒定；亦可安装在热力站一次水侧，确保热力站或热力站中某一电动调节阀的压差恒定，消除一次水侧水流量变化的影响。它在供热系统中的安装如图 7－18、图 7－19 所示。图 7－18 为自力式压差控制阀在用户供热系统上的安装，也可安装在供水管上，图 7－19 为自力式压差阀在热力站中的安装。

自力式压差控制阀安装时无角度限制，但要注意应使阀门箭头方向与水流方向一致。

自力式压差控制阀的性能参数见表 7－2，表中最小启动压差是指压差阀工作压差 $\Delta p'$ 的最小值，最大工作压差是指压差阀工作压差 $\Delta p'$ 的最大值。压差阀在最小启动压差和最大工作压差之间可以正常工作，其选型主要根据被控环路的流量按表 7－2 中的推荐流量选定阀门口径，一般情况下尽量不选用变径阀门。

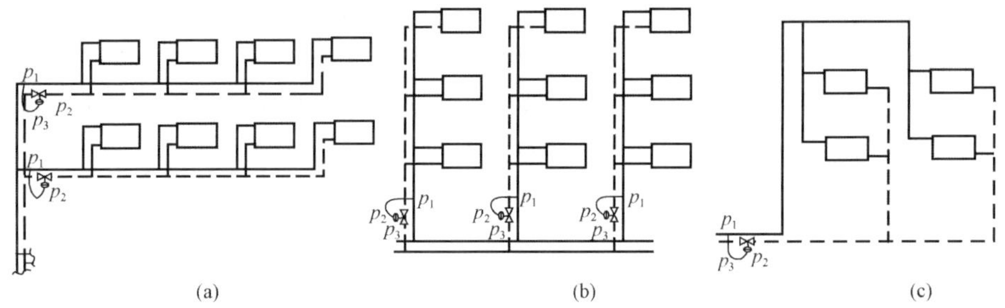

图 7-18 自力式压差控制阀安装在用户供热系统上

（a）安装在建筑中每层供热分支环路上；（b）安装在建筑中供热立管上；（c）安装在建筑供热入口上

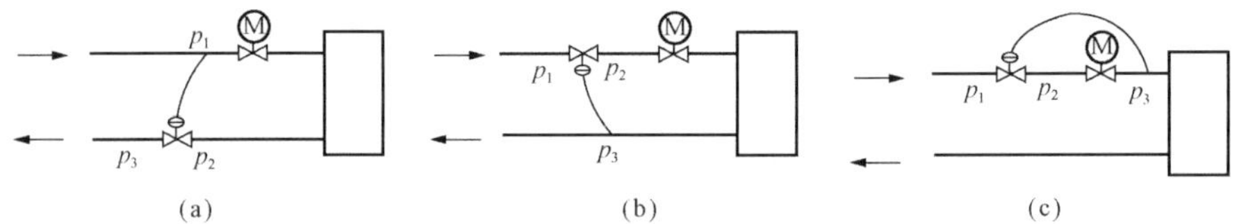

图 7-19 自力式压差阀安装在热力站中

（a）安装在回水管上控制压差 $\Delta p=p_1-p_2$；（b）安装在供水管上控制压差 $\Delta p=p_2-p_3$；

（c）安装在供水管上控制电动调节阀压差 $\Delta p=p_2-p_3$

表 7-2 自力式压差控制阀性能参数表

DN	结构长度（mm）	流量范围（m^3/h）	推荐流量范围（m^3/h）	最小启动压差（MPa）	最大工作压差（MPa）
20	100	0.5～3	0.7～2	0.01	0.6
25	120	0.7～5	1～3	0.01	0.6
32	180	1～7	1.5～4	0.015	0.6
40	200	2～10	2.5～7	0.015	0.6
50	230	3～16	4～10	0.02	0.6
65	290	5～25	6～20	0.02	0.6
80	310	8～30	10～25	0.025	0.6
100	350	10～50	15～40	0.025	0.6
125	400	20～90	30～75	0.025	1.0
150	480	300～120	40～100	0.025	1.0
200	495	40～200	60～160	0.03	1.2
250	622	50～400	100～300	0.03	1.2
300	698	100～500	150～450	0.035	1.2
350	787	150～750	300～650	0.035	1.2

自力式压差控制阀既能起到隔绝用户间流量变化互相干扰的作用，又能消除外网波动对被控系统的影响，而自力式流量控制阀只能消除外网波动对被控系统的影响，不能支持被控系统内部自主改变流量。所以，自力式流量控制阀只适用于定流量系统，而自力式压差控制阀不管在变流量系统还是在定流量系统中均能起到动态平衡的作用。自力式压差控制阀的性能特点支持被控系统内部流量的自主调节，满足分户计量供热的变流量运行要求，消除各用户间调节的互相干扰，特别适用于分户计量供热以及自动控制等用户流量随机自主调节的场合。

五、气候补偿器

1. 气候补偿器简介与工作原理

气候补偿器是一种自动控制仪表，在其内设有供热曲线，它可以根据室外气温变化，用户设定的不同时间的室内温度要求，按照设定曲线求出恰当的供水温度，自动控制供水温度，实现供热系统供水温度的气候补偿，也可通过室内温度传感器根据室温调节供水温度实现室温补偿。

在供热系统中，像散热器、锅炉等供暖设备均按设计工况进行选型，由于太阳能的增益和风寒影响的减弱，系统的总供热负荷将下降，再加上气候变化的不规律，使得通常情况下室外温度高于设计温度。这时简单地通过划分几个采暖期或将一天划分为几个时间段来控制供热热负荷，必然不能满足按需供热的要求，如果不能及时根据室内外情况调节供水温度，势必会造成浪费。气候补偿器正是针对这一点，根据实际室外温度和室内供水温度，随时调节供水温度，简单准确地实现动态质调节，以获得最佳供暖舒适度和最小的能源消耗。

下面以图 7-20 为例来说明其工作原理，在图中室外温度传感器安装在建筑物室外，其作用是对室外温度进行实时监控，并将测得的温度反馈到气候补偿器 N 中。供水温度传感器安装在系统供水管上，监控供水温度并将测得的温度反馈到气候补偿器 N 中。气候补偿器的工作原理为：由室外温度传感器测得的室外温度与气候补偿器 N 中的供热曲线进行比较后，确定供水温度的设定值，然后与供水温度传感器测得的实际供水温度再进行比较，并根据两者的偏差控制三通调节阀的动作，改变供回水混合比例，使供水温度符合供热曲线。

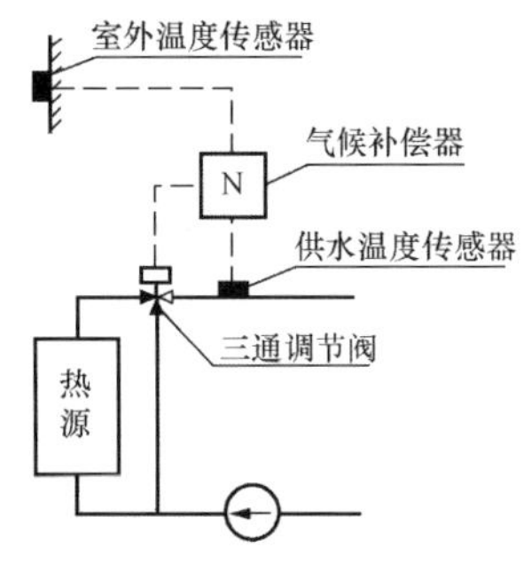

图 7-20　安装气候补偿器的供热系统

2. 气候补偿器的功能与应用范围

气候补偿器的功能主要体现在以下几个方面：

(1) 根据气候变化自动控制供水温度；

(2) 自动限制最高和最低供水温度；

(3) 低温运行后，在规定的时间内自动升高供水温度，达到迅速供热的目的；

(4) 自动限制最低回水温度；

(5) 防止系统冻结；

(6) 室外温度过高时自动切断供热功能。

气候补偿器一般用于集中供热系统的热力站或采暖锅炉直接供暖的供热系统中，其应用见图 7-21、图 7-22。

图 7-21 (a) 中，通过室内温度传感器 B 测出室内温度，在气候补偿器 N 内与供热曲线进行比较，从而确定供水温度的设定值，然后再与供水温度传感器 B_2 测得的实际供水温度比较，根据两者的偏差控制三通调节阀的动作，直至供水温度接近设定值，实现室温补偿。在图 7-21 (b) 中，由室外温度传感器 B_1 测得的实际室外温度与气候补偿器 N 中的供热曲线进行比较后，确定供水温度的设定值，然后，与 B_2 测得的实际供水温度再进行比较，并根据两者的偏差控制三通调节阀动作，使供水温度接近设定值，实现供热系统供水温度的气候补偿。图 7-21 (c) 与 (b) 的不同之处是设有回水温度传感器和防冻元件，回水温度

传感器通过测得实际回水温度，限制回水温度不低于设定的最低值。防冻元件的动作是在夜间温度下降至低于3℃，而程序选择开关处于“黑夜关”位置时，自动启动循环水泵，并使供水温度保持相当于维持室内温度接近+2℃所需的温度。图7-21中气候补偿器内的限制器具有限制供水温度最大值及最小值的作用。

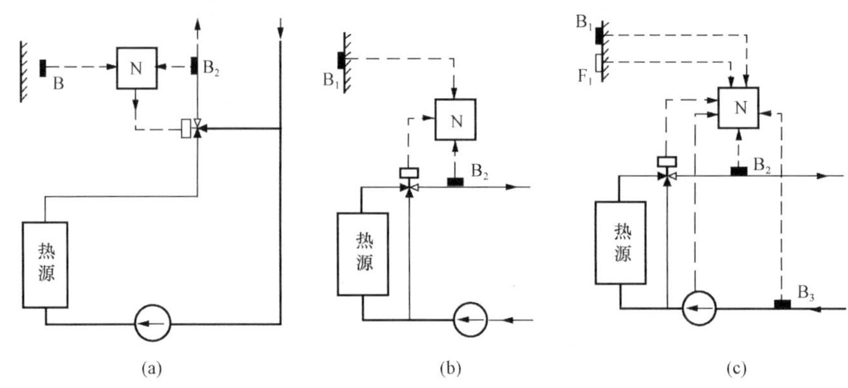

图7-21 气候补偿器在直接供热系统中的应用

(a) 供水温度的室温补偿自动控制；(b) 供水温度的气候补偿自动控制（一）；(c) 供水温度的气候补偿自动控制（二）

B—室内温度传感器；B_1—室外温度传感器；B_2—供水温度传感器；B_3—回水温度传感器；F_1—防冻元件；N—气候补偿器

图7-22是气候补偿器在热力站中的应用，图（a）中的功能主要是保持供热环路供水温度为定值，即供水温度传感器 B_2 测得的实际供水温度与气候补偿器中的供热曲线进行比较，若有偏差，则指挥二通调节阀工作，直至达到设定值为止。为了防止热交换器过热，当达到规定的设定上限时，温度限制器F通过气候补偿器N切断热交热器的供热。(b) 图中气候补偿器内设定供热曲线，与来自室外温度传感器 B_1 的信号进行比较，确定供水温度的设定值，同时，由传感器 B_2 测出实际供水温度，两者比较后得出偏差，作为指挥热交换器供水管上二通调节阀的信号，改变热交换器的供热量。当换热器内的温度超过设定的最高值时，温度限制器F通过气候补偿器N关闭二通调节阀。防冻元件 F_1 的元件如图7-21（c）。

3. 气候补偿器的应用意义

气候补偿器的应用，对于我国供热计量的推广普及有着深远的意义。

（1）气候补偿器有利于供热系统实现节能降耗。目前的供热系统中，大多数采用24h连续供热，例如公共场所、办公建筑无人时间照常供热，因此造成了很大的浪费。在这些公共场所，可以利用气候补偿器时间编程的功能设定不同时间段的不同需求温度，这样在建筑物内无人的情况下只需设定值班温度，可大幅度地实现节能。另外，我国的集中供热缺乏量化管理，司炉工凭感觉、经验烧锅炉，势必造成锅炉供热量与需热量的不一致，采用气候补偿器，能够随着室外温度的提高降低供水温度，以获得最佳取暖舒适度和最小的能源消耗。

（2）气候补偿器使锅炉在连续供热的条件下实现间歇调节成为可能。采用气候补偿器，当室外温度达到设定的锅炉停止供热温度时，锅炉机组将自动转入停机状态，而当室外温度达到或低于锅炉设计温度点时，锅炉机组则满负荷运行，保证采暖的需要，使锅炉在连续供热条件下实现间歇调节。

(3) 气候补偿器促进了供热系统运行调节的发展。

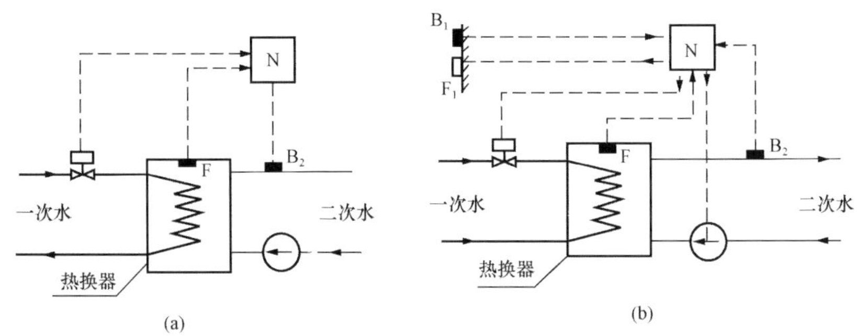

图 7-22　气候补偿器在间接供热系统中的应用

(a) 供水温度定值控制；(b) 供水温度的气候补偿自动控制

N—气候补偿器；F—温度限制器；B_1—室外温度传感器；

B_2—供水温度传感器；F_1—防冻元件

第二节　供热系统的初调节

为保证供热系统的供热质量、安全可靠又经济地向各用户供应热能，除要求设计合理、施工安装质量完好外，还必须对供热系统进行供热调节。供热系统调节分初调节和运行调节，本节主要介绍初调节的概念及各种方法。

一、初调节的概念及必要性

1. 初调节的概念

对于任何一个供热系统，施工安装完毕投入运行时，不可避免地会存在用户实际流量与设计流量不一致的水力失调现象。因此，必须通过系统中安装的各种调节与控制装置，对系统各环路及支管的流量进行一次调节。这种在供热系统运行之前或运行期间进行的调节称为初调节。

2. 初调节的必要性

初调节也称流量调节或均匀调节，其目的是将各热用户的运行流量调节至理想流量，即满足用户实际热负荷需求的流量，当供热系统为设计工况时，理想流量即为设计流量。

供热系统的初调节实质上就是解决流量分配不均的问题，即消除各用户流量小于其设计流量的水力失调现象，而水力失调必然会引起热力失调，使热用户室内温度偏高或偏低。因此，对新安装的供热系统不能忽略初调节，对经过大修或改装的系统交付使用前也要重新进行初调节。

二、初调节的方法

初调节是利用各热用户入口及系统中安装的流量调节装置进行的。目前进行初调节的方法包括阻力系数法、预定计划法、比例法、补偿法、计算机法、模拟分析法、自力式调节法及简易快速法等，这些方法在供热系统中均得到了不同程度的实际应用。下面对上述各种初调节方法分别作一简单介绍。

1. 阻力系数法

阻力系数法就是将各热用户的启动流量和热用户局部系统的压力损失调整到一定比例，使其阻力系数达到正常工作时的理想值的一种初调节方法。

在该调节方法中，热用户局部系统阻力系数可按下式进行计算：

$$S=\frac{\Delta H}{G^2} \tag{7-8}$$

式中 S——热用户局部系统的阻力系数，$mH_2O/(m^3 \cdot h^{-1})^2$；

ΔH——热用户局部系统的压力损失，mH_2O；

G——热用户的理想流量，m^3/h。

由上式可以看出，只要测得热用户的流量和压力损失，即可计算出用户系统的阻力系数。

该调节方法基本原理简单易懂，但阻力系数值不能直接测量，需根据式（7-8）计算求得，所以要想把某个热用户的局部阻力系数 S 调到理想值，就必须反复调节有关阀门，并反复测量其流量和压力损失，同时根据式（7-8）反复计算，直到系统阻力系数 S 达到理想值。由于该方法调节工作量及计算工作量均较大，因此除只有几个热用户的供热系统外，在实际中一般不采用。

2. 预定计划法

预定计划法是预先计算出热用户的启动流量，在调节前关闭所有用户入口处阀门，然后按一定顺序（从离热源最远端或最近端开始），依次开启热用户入口阀门，开启热用户入口阀门的同时，采用测流量的仪器在现场一面检测流量，一面调节热用户入口阀门，使通过热用户的流量等于预先计算出的启动流量的一种初调节方法。

采用该调节方法的关键是各热用户启动流量的计算，各热用户在一定顺序下按启动流量全部开启后，供热系统就能在理想流量下运行，从而完成初调节任务。

下面就一具体实例来说明预定计划法的调节原理。

【例 7-4】 如图 7-23 所示，供热系统有 3 个热用户，热源循环水泵的扬程为 $40mH_2O$，用户 1、2、3 的设计流量均为 $100m^3/h$，压力损失分别为 30、20、$10mH_2O$，AB、BC、CD 管段压力损失都为 $10mH_2O$，试计算各热用户的启动流量。

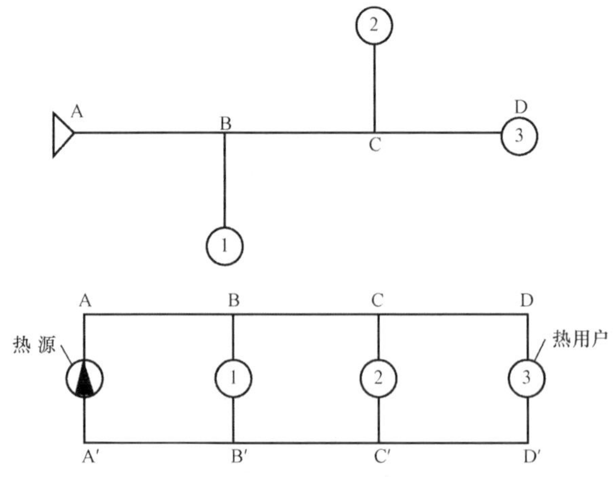

图 7-23 供热系统预定计划法调节简图

解　首先计算各管段及各热用户的阻力系数，然后按照从离热源最远的3用户开始，依次开启用户3、2、1进行调节，并计算其启动流量。

1. 各管段及各用户阻力系数的计算

（1）计算各管段的设计流量

管段CD：$G_{CD}=G_3=100m^3/h$

管段BC：$G_{BC}=G_2+G_3=100+100=200m^3/h$

管段AB：$G_{AB}=G_1+G_2+G_3=100+100+100=300m^3/h$

（2）计算各管段及用户的阻力系数

对于管段CD，根据公式（7-8）得阻力系数：

$$S_{CD}=\frac{\Delta H_{CD}}{G_{CD}^2}=\frac{10}{100^2}=1\times 10^{-3}mH_2O/(m^3\cdot h^{-1})^2$$

管段AB、BC及用户1、2、3的阻力系数的计算方法同上，计算结果见表7-3。

表7-3　　**阻力系数计算表**

管段及热用户编号		流量G（m^3/h）	压力损失ΔH（mH_2O）	阻力系数$S\times10^{-3}$［$mH_2O/(m^3\cdot h^{-1})^2$］
管段	AB	300	10	0.11
	BC	200	10	0.25
	CD	100	10	1.00
热用户	1	100	30	3.00
	2	100	20	2.00
	3	100	10	1.00

2. 各热用户启动流量的计算

（1）开启热用户3时，热网及用户3的总阻力系数为：

$$\begin{aligned}S&=S_{AB}+S_{BC}+S_{CD}+S_3\\&=(0.11+0.25+1.00+1.00)\times10^{-3}\\&=2.36\times10^{-3}mH_2O/(m^3\cdot h^{-1})^2\end{aligned}$$

热网的总流量为：　$G=\sqrt{\frac{\Delta H}{S}}=\sqrt{\frac{40}{2.36\times10^{-3}}}\approx 130m^3/h$

用户3的启动系数为：$a_3=G/G_3=130/100=1.3$

（2）热用户3调节至启动流量后，开启热用户2，此时热用户2后的热网总阻力系数为：

$$S_{2-3}=\Delta H_2/G_{BC}^2=\frac{20}{200^2}=0.5\times10^{-3}mH_2O/(m^3\cdot h^{-1})^2$$

热网及用户2、3的总阻力系数为：

$$\begin{aligned}S&=S_{AB}+S_{BC}+S_{2-3}\\&=(0.11+0.25+0.5)\times10^{-3}\\&=0.86\times10^{-3}mH_2O/(m^3\cdot h^{-1})^2\end{aligned}$$

热网的总流量为：　$G=\sqrt{\frac{\Delta H}{S}}=\sqrt{\frac{40}{0.86\times10^{-3}}}\approx 216m^3/h$

用户 2 的启动系数为：$a_2=\dfrac{G}{G_2+G_3}=\dfrac{216}{100+100}=1.08$

用户 2 的启动流量为：$G'_2=a_2G_2=1.08\times100=108\text{m}^3/\text{h}$

（3）当热用户 2 调节至启动流量后，开始开启用户 1，此时用户 1 后的热网总阻力系数为：

$$S_{1-3}=\frac{\Delta H_1}{G_{AB}^2}=\frac{30}{300^2}=0.33\times10^{-3}\text{mH}_2\text{O}/(\text{m}^3\cdot\text{h}^{-1})^2$$

热网及用户 1、2、3 的总阻力系数为：

$$S=S_{AB}+S_{1-3}=(0.11+0.33)\times10^{-3}=0.44\times10^{-3}\text{mH}_2\text{O}/(\text{m}^3\cdot\text{h}^{-1})^2$$

热网的总流量为：$G=\sqrt{\dfrac{\Delta H}{S}}=\sqrt{\dfrac{40}{0.44\times10^{-3}}}\approx3.2\text{m}^3/\text{h}$

用户 1 的启动流量为：$G'_1=a_1G_1=1.01\times100=101\text{m}^3/\text{h}$

调节用户 1 入口处阀门直到通过用户 1 的流量等于启动流量为止，即完成预定计划法的初调节过程。

由以上分析可以看出，该调节方法计算工作量较大，当热用户较多时，手工计算难以实现，而且该调节方法在调节前必须关闭所有热用户阀门，这就决定了此调节方法只能在运行前进行，而不能在系统运行过程中进行，故实际中使用不多。

3. 比例法

比例法是指各热用户系统阻力系数一定的情况下，系统上游端的调节，将使各热用户流量成等比例变化的一种初调节方法。

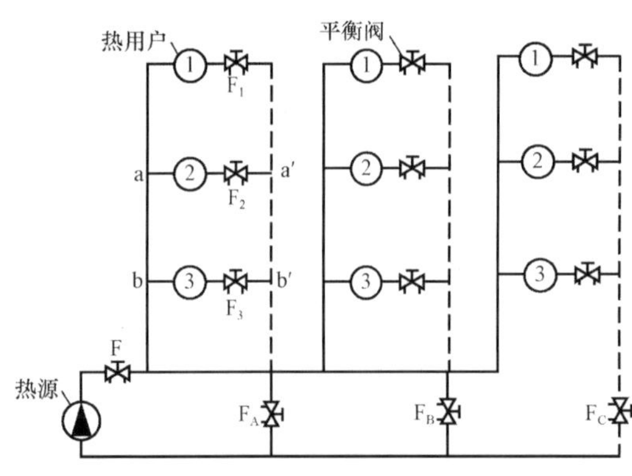

图 7 - 24　供热系统比例法调节简图

采用比例法进行初调节，需要供热系统中安装平衡阀，如图 7 - 24 所示供热系统，在各支线回水管上及用户入口处、热源出口处均安装有平衡阀，利用智能仪表直接测量平衡阀前后压差及通过平衡阀的流量，并计算出水力失调度。根据比例法的调节原理，调节平衡阀，从而解决供热系统水力失调的问题。比例法的具体调节步骤如下：

（1）选择调节支线

1）利用智能仪表测量出通过各支线平衡阀的流量 G_S。

2）计算各支线的流量比值，即水力失调度 x。

$$x=G_S/G$$

式中　G_S——实际流量，m^3/h；

G——设计流量，m^3/h。

3）选择水力失调度最大的支线为调节支线。如图 7 - 24 所示，假定通过平衡阀 F_A 的支线水力失调度最大，则该支线为调节支线。

（2）支线上各热用户的调节

1）利用智能仪表测出调节支线上各热用户入口处通过平衡阀的流量，并计算各热用户水力

失调度 x，以水力失调度最小的用户为参考用户。如调节支线上 2 用户为参考用户，失调度 x_2。

2）调节末端用户平衡阀 F_1。用另一台智能仪表测出通过平衡阀 F_1 的流量，并计算其水力失调度 x_1，调节平衡阀 F_1，直到 $x_1 \approx 0.95x_2$ 为止。

3）按支线上从远到近的顺序依次调节其他热用户，如 3 用户上的平衡阀 F_3。按调节平衡阀 F_1 的方法调节平衡阀 F_3，直到 $x_3 = x_1$ 为止。

4）按支线水力失调度从大到小的顺序依次按上述方法调节其他支线上热用户。

（3）干线上各支线的调节

1）用智能仪表测出各支线通过平衡阀的流量，如图 7－24 中 F_A、F_B、F_C 的流量 G_{SA}、G_{SB}、G_{SC}，并计算出其水力失调度，以水力失调度最小的支线阀门为参考阀门，例如以 F_B 平衡阀为参考阀门。

2）调节末端用户平衡阀 F_1。用另一台智能仪表则出通过平衡阀 F_1 的流量，并计算其水力失调度 x_1，调节平衡阀 F_1，直到 $x_1 \approx 0.95x_2$ 为止。

3）按支线上从远到近的顺序依次调节其他热用户，如 3 用户上的平衡阀 F_3。按调节平衡阀 F_1 的方法调节平衡阀 F_3，直到 $x_3 = x_1$ 为止。

4）按支线水力失调度从大到小的顺序依次按上述方法调节其他支线上热用户。

（4）干线调节

调节热源处总平衡阀 F，使末端支线水力失调度 $x_C = 1$。

根据一致等比失调原理，经上述调节后，各支线、各用户水力失调度均为 1，即各支线、各用户均在设计流量下运行。

比例法适用于较大型、较复杂供热系统的调试工作，其原理简明、效果较好，但调节方法繁琐，且必须使用两套智能仪表，配备两组测试人员，通过报话机进行信息联系，平衡阀重复测量次数过多，调节过程费时费力。

4. 补偿法

补偿法是依靠供热系统上游端平衡阀的调节，来补偿下游端因调节而引起阻力的变化。也就是说，当下游端用户的流量经平衡阀调至设计流量时，锁定其开度。而调节其他用户平衡阀时，势必要影响已调节好的下游端用户的流量，那么要想保证下游端已调好的用户流量不变，就必须保持其压力不变。采用的方法是，在调试其他平衡阀时，用改变其上一级平衡阀的开度来保持已调试好的平衡阀的压降不变，但不能改变已调好的阀门开度。

（1）支线上各热用户的调节

1）任选调节支线，确定调节支线上局部系统阻力最大的热用户（未含平衡阀阻力）。为保证智能仪表的测量精确度，该用户平衡阀的最小压降一般取 $0.3mH_2O$。

局部系统阻力最大热用户的确定方法有以下几种：①当各热用户局部系统阻力相等时，取末端用户；②当各热用户局部系统阻力不等但皆为已知时，取最大值；③当各热用户局部系统阻力不等且未知时，先将调节支线上所有平衡阀打开，然后逐个关闭热用户的平衡阀，并测出各热用户的总压降（含平衡阀）H_i，再分别调节各热用户的平衡阀至设计流量，测出此时各热用户的总压降 H'_i，有 $H_i - H'_i$ 最大值的用户即为阻力最大的热用户。

例如图 7－24 中的供热系统，假定通过平衡阀 F_A 的支线为调节支线，其上用户 2 为局部系统阻力最大的热用户。

2）调节调节支线上最末端用户 1 的平衡阀 F_1 至其开度，然后锁定平衡阀 F_1。平衡阀

F_1 的开度可由阀 F_1 的设计流量 G_1 及设计流量下平衡阀 F_1 前后压差 ΔH_1 通过查平衡阀线算图求得。

设计流量 G_1 可根据《供热工程》教材中所讲的方法求得。那么，要想求平衡阀开度，关键是求阀 F_1 前后压差 ΔH_1 。假定调节支线上 a—1—a′压降 $\Delta H'$（不含平衡阀 F_1）及 a—2—a′压降 $\Delta H''$（不含平衡阀 F_2）为已知，则根据 $\Delta H' + \Delta H_1 = \Delta H'' + 0.3$ 即可求出平衡阀 F_1 前后压差 ΔH_1 。

3）将智能仪表接至平衡阀 F_1 上测出其实际流量。若其实际流量偏离设计流量，则调节上一级平衡阀 F_A，直至通过平衡阀 F_1 前后压差等于 ΔH_1 为止。

4）将另一台智能仪表接至其上游端用户 2 的平衡阀 F_2 上，调节阀 F_2，直至通过它的流量达到设计流量。同时，通过第一台智能仪表监测通过 F_1 流量的变化，调节平衡阀 F_A，使通过 F_1 的流量达设计值。

5）采用同样的方法调节 3 用户平衡阀 F_3，直至通过其的流量达设计流量。

6）按照以上方法依次调节其他支线上的热用户。

（2）干线上各支线间的调节

1）调节末端支线平衡阀 F_C，使通过它的流量达设计流量，然后将其锁定。

2）依次调节其他支线上平衡阀 F_B、F_A，使其流量达设计值，同时要监测末端支线上通过平衡阀 F_C 的流量的变化。

3）调节热源处总平衡阀 F，使末端支线上的流量始终保持在设计值。

从以上调节方法中可以看出，采用补偿法进行初调节准确、可靠，而且每个热用户的平衡阀只测量一次，因而节省人力。另外由于平衡阀是在允许的最小压降下调节的，因此降低了供热系统循环水泵的扬程，节省了运行费用。但是该方法调节时需要两台智能仪表、二组操作人员，通过报话机进行信息联系，当仪表、人力有限时，操作有一定困难。

5. 计算机法

计算机法也是借助于平衡阀以及与其配套的智能仪表来完成的，与比例法、补偿法所不同的是将用户平衡阀开度的计算过程编为程序后固化在智能仪表中，借助平衡阀和智能仪表得出各热用户平衡阀的开度，并在现场进行调节。

该方法适用于系统较简单的小区供热管网系统的平衡调试，为了计算平衡阀的开度，我们对管网系统做如下假设：

（1）对某一用户平衡阀调试时，该用户系统的其他部分看作一个阻力，用阻力系数 S' 表示。

（2）调节某一用户平衡阀任意两个开度过程，S' 保持不变，而且该用户系统总压降 ΔH 不变。

有了以上两点假设，就可以得到任一用户系统总压降等于该用户系统其余部分压降与调试平衡阀压降之和，即

$$\Delta H = \Delta H' + \Delta H_F \tag{7-9}$$

式中 ΔH ——用户系统总压降，mH_2O；

$\Delta H'$ ——用户系统其余部分压降，mH_2O；

ΔH_F ——调试平衡阀压降，mH_2O。

对该平衡阀作两次开度调节，可获得如下两个方程式

$$\Delta H = S'G_1^2 + S_{F1}G_1^2 = S'G_1^2 + \Delta H_{F1} \tag{7-10}$$

$$\Delta H = S'G_2^2 + S_{F2}G_2^2 = S'G_2^2 + \Delta H_{F2} \tag{7-11}$$

由式（7-10）、式（7-11）可得

$$S'G_1^2 + \Delta H_{F1} = S'G_2^2 + \Delta H_{F2} \tag{7-12}$$

将智能仪表与所调试平衡阀阀体上两个侧压小阀连接后，即可测得 G_1、G_2、ΔH_{F1}、ΔH_{F2} 值，将 G_1、G_2、ΔH_{F1}、ΔH_{F2} 代入式（2-6）就可以计算出 S'。

由用户设计流量及设计压降求出用户系统总阻力系数 S，再由该用户系统总阻力系数 S 及用户系统其他部分阻力系数 S' 求出调试平衡阀的阻力系数 S_F，即

$$S_F = S - S' \tag{7-13}$$

根据平衡阀阻力系数及性能曲线，可知平衡阀的开度值 K_S。

将上述计算过程编为程序，固化在智能仪表中，并将平衡阀的性能曲线储存在智能仪表中。以图 7-25 为例，该方法的具体操作过程如下：

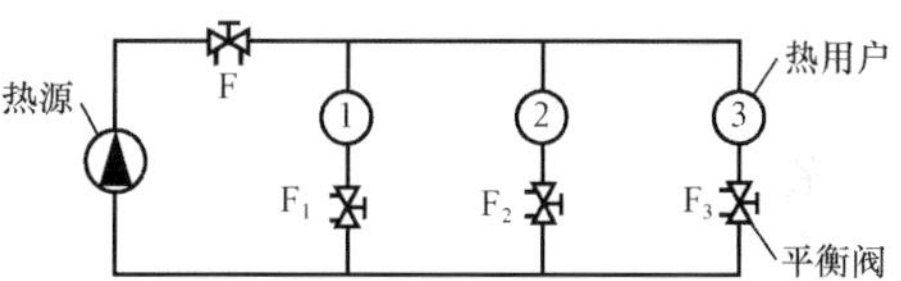

图 7-25　供热系统计算机调节法简图

1）调节热源出口处平衡阀 F：将智能仪表与平衡阀 F 相连，改变两次阀门的开度，然后向智能仪表输入系统总设计流量，由智能仪表读出该平衡阀开度值，将该平衡阀调至开度值后锁定平衡阀。

2）调节剩余压头最大的用户平衡阀，一般在最有利环路上，如用户 1。采用上述方法调节好平衡阀 F_1，并将其锁定。

3）按上述方法依次由最有利到最不利用户进行调节，即依次调节用户 2、3，直至结束。

用计算机法进行初调节，计算工作量较小，操作方法也较简单。但不足之处是该方法在编程计算过程中把平衡阀二次不同开度下用户总压降视为相等，与实际工况不符，尤其是当装平衡阀的用户热力入口与系统干、支线分支点相距较远时将会产生较大误差。

6. 模拟分析法

模拟分析法就是通过建立供热系统水力工况数学模型，将整个计算过程编成程序，由计算机快速准确地预测供热系统在调节过程中全网流量、压力的变化情况，即计算出调节过程中的过渡流量或过渡压力，然后在现场实施的一种调节方法。

模拟分析法中供热系统水力工况数学模型是基于基尔霍夫电流、电压定律和流体力学中的伯努利方程建立的。所谓基尔霍夫电流定律是指对于任何一个集中供热系统，所有流入或流出任一节点的流量，其代数和为零。基尔霍夫电压定律是指对于任何一个集中供热系统，任何一个回路，其中各管段的压降代数和为零。依据基尔霍夫定律及伯努利方程即可建立供热系统水力工况模型。

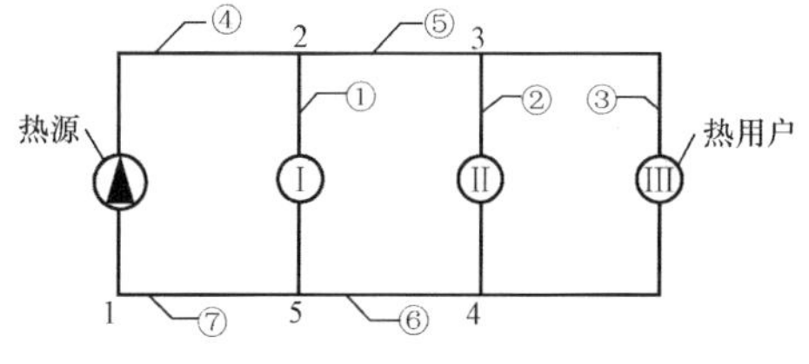

图 7-26　供热系统简图

如图 7-26 所示供热系统有三个热用户，由 7 个管段组成，管段编号分别为①、②、③、④、⑤、⑥、⑦，在此供热系统中，有 5 个分支节点，其编号分别是 1，2，3，4，5。各管段对应的流量分别为 G_1、G_2、G_3、G_4、G_5、G_6、G_7；各管段的压降分别为 ΔH_1、ΔH_2、ΔH_3、ΔH_4、ΔH_5、ΔH_6、ΔH_7，各分支点相对基

准面的位置高度分别为 Z_1、Z_2、Z_3、Z_4、Z_5，循环水泵的扬程为 H。

根据基尔霍夫电流定律，若流入节点的流量为负，流出节点的流量为正，则通过节点2、3、4、5 的流量分别满足下列方程式。

$$\begin{cases} G_1+G_5-G_4=0 \\ G_2+G_3-G_5=0 \\ G_6-G_2-G_3=0 \\ G_7-G_1-G_6=0 \end{cases} \tag{7-14}$$

根据基尔霍夫电压定律，任一回路各管段压降的代数和为零可得出回路 1—2—5—1、1—2—3—Ⅱ—4—5—1、1—2—3—Ⅲ—4—5—1 分别满足下列方程式：

$$\begin{cases} \Delta H_4+\Delta H_1+\Delta H_7-H=0 \\ \Delta H_4+\Delta H_5+\Delta H_2+\Delta H_6+\Delta H_7-H=0 \\ \Delta H_4+\Delta H_5+\Delta H_3+\Delta H_6+\Delta H_7-H=0 \end{cases} \tag{7-15}$$

根据伯努利方程可得各管段分别满足下列方程式：

$$\begin{cases} \Delta H_1=S_1G_1^2+(Z_5-Z_2) \\ \Delta H_2=S_2G_2^2+(Z_4-Z_3) \\ \Delta H_3=S_3G_3^2+(Z_4-Z_3) \\ \Delta H_4=S_4G_4^2(Z_2-Z_1)-H \\ \Delta H_5=S_5G_5^2(Z_3-Z_2) \\ \Delta H_6=S_6G_6^2(Z_5-Z_4) \\ \Delta H_7=S_7G_7^2(Z_1-Z_5) \end{cases} \tag{7-16}$$

将方程组（7-14）和（7-15）与方程组（7-16）联立即得供热系统水力工况数学模型，即方程组（7-17）。

$$\begin{cases} G_1+G_5-G_4=0 \\ G_2+G_3-G_5=0 \\ G_6-G_2-G_3=0 \\ G_7-G_1-G_6=0 \\ \Delta H_4+\Delta H_1+\Delta H_7-H=0 \\ \Delta H_4+\Delta H_5+\Delta H_2+\Delta H_6+\Delta H_7-H=0 \\ \Delta H_4+\Delta H_5+\Delta H_3+\Delta H_6+\Delta H_7-H=0 \\ \Delta H_1=S_1G_1^2+(Z_5-Z_2) \\ \Delta H_2=S_2G_2^2+(Z_4-Z_3) \\ \Delta H_3=S_3G_3^2+(Z_4-Z_3) \\ \Delta H_4=S_4G_4^2+(Z_2-Z_1)-H \\ \Delta H_5=S_5G_5^2+(Z_3-Z_2) \\ \Delta H_6=S_6G_6^2+(Z_5-Z_4) \\ \Delta H_7=S_7G_7^2+(Z_1-Z_5) \end{cases} \tag{7-17}$$

在上述水力工况数学模型中，独立的方程数有 14 个，正好等于系统管段数的 2 倍。因此，当供热系统比较大时，其管段数越多，建立的数学模型方程数也就越多，手工计算难以完成，因此将整个计算过程编为程序，由计算机求解。通常我们将上述水力工况模型进行简化，从图 7 - 26 可以看出，管段④、⑤、⑥、⑦的流量均可用三个热用户的流量表示，即：

$$\begin{cases} G_4 = G_7 = G_1 + G_2 + G_3 \\ G_5 = G_6 = G_2 + G_3 \end{cases} \tag{7-18}$$

分别将方程组（7 - 16）和（7 - 18）代入方程组（7 - 14）化简后得：

$$\begin{cases} S_1G_1^2 + (S_4 + S_7)(G_1 + G_2 + G_3)^2 - 2H = 0 \\ S_2G_2^2 + (S_4 + S_7)(G_1 + G_2 + G_3)^2 + (S_5 + S_6)(G_2 + G_3)^2 - 2H = 0 \\ S_3G_3^2 + (S_4 + S_7)(G_1 + G_2 + G_3)^2 + (S_5 + S_6)(G_2 + G_3)^2 - 2H = 0 \end{cases} \tag{7-19}$$

方程组（7 - 19）为简化后的供热系统水力工况数学模型，简化后方程组的个数正好等于热用户的个数，将计算过程编为程序，由计算机求解。若假定各管段的阻力系数为已知，则从上述分析中可以看出供热系统流量分配即水力工况取决于系统管段的阻力状况。当系统阻力状况发生变化后，其流量状况也必然要发生变化。因此，通过调节各用户阀门改变其阻力系数，从而使各热用户流量达到设计流量。

整个调节过程先在计算机内进行模拟后，再在现场实施。下面，我们用一具体实例来说明该方法的具体操作过程。

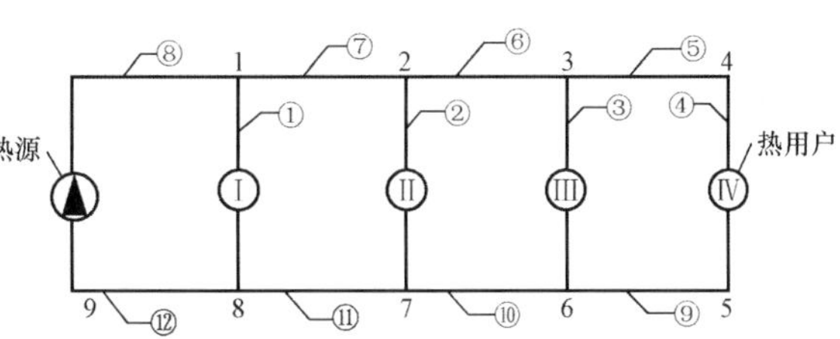

图 7 - 27 供热系统模拟分析法简图

【例 7 - 5】 如图 7 - 27 所示，循环水泵扬程为 50mH_2O，各热用户的设计流量分别为 100m^3/h，实际运行中各热用户流量分别为 G_1 = 140m^3/h，G_2 = 120m^3/h，G_3=80m^3/h，G_4=60m^3/h。在理想工况下，Ⅰ、Ⅱ、Ⅲ、Ⅳ热用户的压降分别为 40、30、20、10mH_2O，其余管段压降均为 5mH_2O。试用模拟分析法进行初调节。

解

1. 确定实际工况

(1) 利用超声波流量计和普通弹簧式压力表在现场进行实际测量，得到各热用户及管段的实际运行流量 G_S 和各管段的实际压降 ΔH_S，将实测结果填入表 7 - 4 中。

(2) 根据实测 G_S 和 ΔH_S 值及式 $S = \Delta H/G^2$ 计算各管段的实际阻力系数 S_S，将计算结果填入表 7 - 4。

(3) 在测量过程中，应记录供热系统循环水泵的运行台数及其型号，并应将系统空气排尽，以保证系统稳定运行，提高测量精确度。

表 7 - 4 **实 际 工 况**

管段号	1	2	3	4	5	6	7	8	9	10	11	12
流量 G_S (m^3/h)	140	120	80	60	60	140	260	400	60	140	260	400
压降 ΔH_S (mH_2O)	40.00	32.49	27.59	23.99	1.80	2.45	3.77	5.00	1.80	2.45	3.77	5.00
阻力系数 S_S [mH_2O/(m^3·h^{-1})^2]	0.20×10^{-2}	0.23×10^{-2}	0.43×10^{-2}	0.67×10^{-2}	0.50×10^{-3}	0.13×10^{-3}	0.56×10^{-4}	0.31×10^{-4}	0.50×10^{-5}	0.13×10^{-3}	0.56×10^{-4}	0.31×10^{-4}

2. 计算理想工况

（1）将各热用户的设计流量输入计算机，运行方程组（7 - 19）的求解程序，求得Ⅰ、Ⅱ、Ⅲ、Ⅳ热用户理想工况下的阻力系数 S_{L1}、S_{L2}、S_{L3}、S_{L4}，并将其分别填入表 7 - 5。

（2）通常情况下，供热系统供、回水干管可不进行调节。因此，供、回水干管各管段理想工况下的阻力系数即为实测阻力系数，如表 7 - 5 中所示。

表 7 - 5　　理　想　工　况

管段号	1	2	3	4	5	6	7	8	9	10	11	12
流量 G_L (m^3/h)	100	100	100	100	100	200	300	400	100	200	300	400
压降 ΔH_S (mH_2O)	40	30	20	10	5	5	5	5	5	5	5	5
阻力系数 S_L [$mH_2O/(m^3\cdot h^{-1})^2$]	0.40×10^{-2}	0.30×10^{-2}	0.20×10^{-2}	0.10×10^{-2}	0.50×10^{-3}	0.13×10^{-3}	0.56×10^{-4}	0.31×10^{-4}	0.50×10^{-5}	0.13×10^{-3}	0.56×10^{-4}	0.31×10^{-4}

3. 制定调节方案

所谓调节方案的制定，实质上是在计算机上对供热系统进行模拟调节。

（1）以实际工况为起始工况按照离热源由近到远的顺序，逐个将热用户的理想阻力系数 S_L 代替各自的实际阻力系数 S_S。

（2）每调节一个用户后，要运行方程组（7 - 19）的求解程序，得到一个调节后的流量分配新工况，即过渡流量。

（3）根据模拟调节的计算结果，将制定的调节方案列入表 7 - 6 中。

表 7 - 6　　调　节　方　案

管　段　号		1	2	3	4	5	6	7	8	9	10	11	12
起始工况（实际工况）	阻力系数 S	0.20×10^{-2}	0.23×10^{-2}	0.43×10^{-2}	0.67×10^{-2}	0.50×10^{-3}	0.13×10^{-3}	0.56×10^{-4}	0.31×10^{-4}	0.50×10^{-3}	0.13×10^{-3}	0.56×10^{-3}	0.31×10^{-4}
	流量 G (m^3/h)	140	120	80	60	60	140	260	400	60	140	260	400
	压降 ΔH (mH_2O)	40.00	32.49	27.59	23.99	1.80	2.45	3.77	5.00	1.80	2.45	3.77	5.00
调节用户Ⅰ	阻力系数 S	0.40×10^{-2}	0.23×10^{-2}	0.43×10^{-2}	0.67×10^{-2}	0.50×10^{-3}	0.13×10^{-3}	0.56×10^{-4}	0.31×10^{-4}	0.50×10^{-3}	0.13×10^{-3}	0.56×10^{-3}	0.31×10^{-4}
	流量 G (m^3/h)	101.96	122.35	81.56	61.17	61.17	142.74	265.09	367.42	61.17	142.74	265.09	367.04
	压降 ΔH (mH_2O)	41.58	33.77	28.68	24.94	1.87	2.55	3.90	4.21	1.87	2.55	3.90	4.21
调节用户Ⅱ	阻力系数 S	0.40×10^{-2}	0.30×10^{-2}	0.43×10^{-2}	0.67×10^{-2}	0.50×10^{-3}	0.13×10^{-3}	0.56×10^{-4}	0.31×10^{-4}	0.50×10^{-3}	0.13×10^{-3}	0.56×10^{-3}	0.31×10^{-4}
	流量 G (m^3/h)	102.58	107.96	82.99	62.24	62.24	145.24	253.19	355.77	62.24	145.24	253.19	355.74
	压降 ΔH (mH_2O)	42.09	34.97	26.69	25.82	1.94	2.64	3.56	3.96	1.94	2.64	3.56	3.96

续表

管段号		1	2	3	4	5	6	7	8	9	10	11	12
调节用户Ⅲ	阻力系数 S	0.40×10^{-2}	0.30×10^{-2}	0.20×10^{-2}	0.67×10^{-2}	0.50×10^{-3}	0.13×10^{-3}	0.56×10^{-4}	0.31×10^{-4}	0.50×10^{-3}	0.13×10^{-3}	0.56×10^{-3}	0.31×10^{-4}
	流量 G (m^3/h)	101.42	104.47	122.86	57.65	57.65	170.51	274.99	376.41	57.65	170.51	274.99	376.41
	压降 ΔH (mH_2O)	41.15	32.74	25.47	22.15	1.66	3.63	4.20	4.43	1.66	3.63	4.20	4.43
调节用户Ⅳ	阻力系数 S	0.40×10^{-2}	0.30×10^{-2}	0.20×10^{-2}	0.10×10^{-2}	0.50×10^{-3}	0.13×10^{-3}	0.56×10^{-4}	0.31×10^{-4}	0.50×10^{-3}	0.13×10^{-3}	0.56×10^{-3}	0.31×10^{-4}
	流量 G (m^3/h)	100	100	100	100	100	200	300	400	100	200	300	400
	压降 ΔH (mH_2O)	40	30	20	10	5	5	5	5	5	5	5	5

4. 现场实施调节方案

(1) 按表 7-6 的调节方案，调节用户Ⅰ阀门。因为Ⅰ用户 $S_{L1}=0.4\times10^{-2}mH_2O/(m^3\cdot H^{-1})^2$ 大于 $S_{S1}=0.20\times10^{-2}mH_2O/(m^3\cdot h^{-1})^2$，所以在调节用户Ⅰ阀门时，应将阀门逐渐关小，以增大Ⅰ用户阻力，直到其实际阻力系数 $S_{S1}=S_{L1}=0.4\times10^{-2}mH_2O/(m^3\cdot h^{-1})^2$ 为止。由于阻力系数不能直接测量，所以在调节用户Ⅰ阀门时，同时要监测Ⅰ用户流量，当流量等于方案中制定的对应过渡流量时，即 $G_1=101.96m^3/h$，就可断定用户1的阻力系数已由实际值达到了理想值。

(2) 按照上述方法，根据表 7-6 的调节方案，依次关小用户Ⅱ阀门、开大用户Ⅲ阀门、开大用户Ⅳ阀门，直到过渡流量分别为 $G_2=107.96m^3/h$、$G_3=112.86m^3/h$、$G_4=100m^3/h$ 时，即用户Ⅱ、Ⅲ、Ⅳ调到理想阻力系数。

(3) 所有用户按上述方法调节完毕后，整个供热系统必然在理想流量工况下运行，即 $G_1=G_2=G_3=G_4=100m^3/h$，原有水力失调消除，实现了初调节的目的。

由上述操作方法可以看出，由于该方法所建立的数学模型已考虑了供热系统调节过程中各热用户的互相影响，反映了实际的运行情况，而且整个计算过程由计算机来完成。因此，该方法比前述调节方法更为准确、快速。但采用该方法调节，每个热用户调节阀流量需测量两次，即实际工况与现场调节测试的流量。

5. 自力式调节法

自力式调节法是依靠自力式调节阀，自动进行流量的调节与控制，以达到初调节的目的。自力式调节阀有散热器温控阀和自力式平衡阀两种。

散热器温控阀的工作原理在前面我们已讲过，它可以人为预先设定室温，当室内的温度超过设定温度时，阀门自动关小，流量随之增大，使室内温度升高。该阀不需任何外来能耗，能自动调节流量，实现恒温控制，既能提高室内热环境的舒适度，又能达到节能的目的。但当供热系统热源供热量不足时，即使所有散热器温控阀均开到最大，也会形成新的冷热不均的失调现象。因此，国外通常将散热器温控阀与供热系统的其他自动控制装置相结合，配套使用。

自力式平衡阀可以限制通过自身的流量不超过给定的最大值。当流量超过最大值时，其阀前、阀后的压差增大，阀芯关小，达到限流作用。采用该阀调节流量，需将安装在所有用户入口处的自力式平衡阀逐个调到用户设计流量，同时将其锁定，不需要进行手工调节，通过自动调节流量达到消除供热系统冷热不均的目的。因此，该方法在大型管网上应用可以使流量分配工作变得简单便捷，尤其是多热源管网，热源切换运行时不会对用户流量产生影响。但是对于变流量运行的管网不可采用自力式平衡网。

6. 简易快速法

简易快速法是在大量的实践基础上，由有关专家提出的一种简单易行的简易快速调节法。其调节步骤如下：

(1) 改变循环水泵运行台数或调节系统供、回水总阀门，同时监测供热系统总流量，直到它达到总设计流量的120%左右为止。

(2) 按照离热源由近到远的顺序，逐个调节各支线、各用户，同时监测其流量，使流量达到以下要求：

1) 最近的支线、用户的流量应调至其设计流量的80%～85%；

2) 较近的支线、用户的流量应调至其设计流量的85%～90%；

3) 较远的支线、用户的流量应调至其设计流量的90%～95%；

4) 最远的支线、用户的流量应调至其设计流量的95%～100%。

(3) 当供热系统分支线较多时，应在分支处安装调节阀，仍按上述方法调节。

(4) 在调节过程中，若某支线或用户当阀门全开而其流量仍未达到要求时，可按既定顺序先调其他支线或用户，待所有用户调节完毕后再检查该支线或该用户的运行流量。若与设计流量偏差超过20%时，应检查、排除有关故障。

(5) 重新测量供热系统总流量，并将其控制在设计流量的100%左右。采用该方法调节，流量的测量既可以利用平衡阀、智能仪表配套使用，也可以利用超声波流量计配合普通调节阀。采用简易快速调节方法调节供热管网，供热量的最大误差不超过10%。

第三节　供热系统的运行调节

一、运行调节的概念与必要性

1. 运行调节的概念

供热系统的最佳运行状态是热用户的用热量时时刻刻与散热设备的散热量相等，也与热源的供热量相等。但热用户的用热量即热负荷因各种因素的变化而随时变化，如建筑供暖热负荷随室外气温等气象因素和人为的调低室内供热温度等人为因素而随时变化，在供热系统运行期间，为了使散热设备放出的热量与热用户变化的用热量相适应，人为地或供热系统自动地对供热的热媒参数或流量作合理的调节，称为供热系统的运行调节。

根据调节地点不同，供热调节可以分为集中调节、局部调节和个体调节三种调节方式。集中调节在热源处集中进行，局部调节在热力站或用户引入口处进行，而个体调节直接在散热设备（如散热器、暖风机等）处进行。

集中调节的方法有下列几种：

（1）质调节——改变网路供水温度；

（2）量调节——改变网路的循环流量；

（3）分阶段改变流量的质调节；

（4）分阶段改变供水温度的量调节；

（5）间歇调节——改变每天供暖时数。

2. 运行调节的必要性

供热系统如果不进行运行调节，恒定地按设计的热媒参数和流量运行，可以想像有两种后果，一是供热效果不能满足要求，二是供热浪费能源。如热水供暖系统，若系统恒定按设计供水温度和设计水流量运行，在室外气温高于供暖设计室外温度的时间里，散热器的供热量大于供暖房间的热负荷，室内空气温度高于室内设计温度，使人感觉不舒适。另外室内温度高于设计温度会导致供暖能耗增加，运行费用增加，室内温度太高时有的用户会采用打开窗户等人为措施降温，更造成能源的浪费。所以，为了保证供热质量，满足使用要求，并使热能制备和输送经济合理，在保证供暖质量的前提下得到最大限度节能，供热运行调节是非常必要的。

二、热水供暖系统的运行调节

热水供热是城市集中供热或局部供热的主要供热方式，主要有供暖、通风、热水供应和生产工艺用热系统。北方冬季供暖的地区，热水供热系统主要是供暖系统，本节主要学习掌握热水供暖系统的运行调节原理与方法。

1. 集中运行调节

热水供暖系统的集中运行调节是指在集中热水锅炉房或集中热力站的运行调节，由于室内供暖系统与热源的连接方式有直接连接与间接连接的不同，所以两种连接方式下供暖系统的调节方法也不同。

（1）运行调节的基本公式

如前所述，供暖系统运行调节的目的是保证供暖房间室内设计温度基本恒定，要达到这一目的，供热系统运行时要处于这样一种状态，即供暖热用户的热负荷应等于用户内散热设备的散热量，同时也应等于热水网路热媒的供热量（如不考虑管网沿途热损失）。如图7-28，供暖系统在设计工况下，供暖房间的热负荷 Q'_1 应与散热设备的散热量 Q'_2 相等，同时也与供暖管网热水的供热量 Q'_3 相等。供暖系统在非设计工况下，即室外气温 $t_w > t'_w$ 时，通过运行调节也要使供暖房间的热负荷 Q_1 与散热设备的散热量 Q_2，以及供热管网热水的供热量 Q_3 相等。

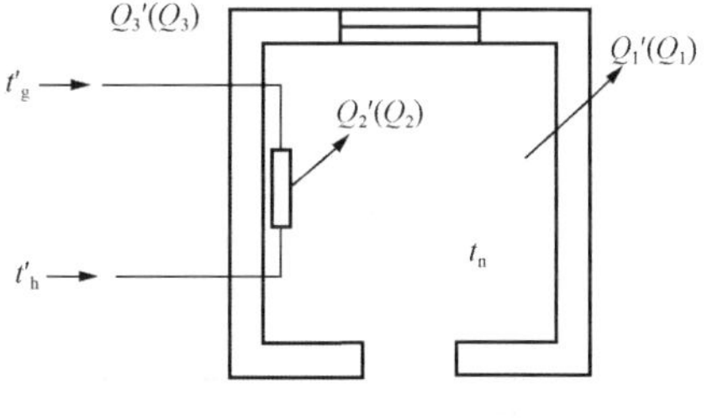

图 7-28 热平衡示意图

在设计与非设计工况下，供暖房间的热负荷、散热设备散热量、供热管网的供热量可有下面的计算公式：

设计工况下

$$Q'_1 = q'V(t_n - t'_w) \tag{7-20}$$

$$Q'_2 = KA(t'_{pj} - t_n) = aA[(t'_g + g'_h)/2 - t_n]^{1+b} \tag{7-21}$$

$$Q'_3 = G'c(t'_g - t'_h)/3600 = 4187G'/(t'_g - t'_h)/3600 = 1.163G'(t'_g - t'_h) \tag{7-22}$$

非设计工况下

$$Q_1 = qV(t_n = t_w) \tag{7-23}$$

$$Q_2 = aA[(t_g + t_h)/2 - t_n]^{1+b} \tag{7-24}$$

$$Q_3 = 1.163G(t_g - t_h) \tag{7-25}$$

式中 q', q——分别为设计与非设计工况下建筑物的体积热指标，W/(m³ · ℃)；

V——建筑物的外部体积，m³；

t_n——供暖室内计算温度，℃；

t'_w, t_w——分别为供暖室外计算温度和任意室外日均温度，℃；

a，b——散热器传热系数实验公式 $K = a(t_{pj} - t_n)^b$ 中的系数与指数；

A——散热器的散热面积，m²；

t'_g, t'_h——热媒设计工况下的供、回水温度，℃；

t_g, t_h——热媒非设计工况下的供、回水温度，℃；

G', G——热媒在设计与非设计工况下的流量，kg/h。

令 $\bar{G} = \dfrac{G}{G'}, \bar{Q} = \dfrac{Q}{Q'}$，并认为 $q = q'$

则
$$\bar{Q} = \frac{Q_1}{Q'_1} = \frac{Q_2}{Q'_2} = \frac{Q_3}{Q'_3} = \frac{t_n - t_w}{t_n - t'_w} = \frac{(t_g + t_h - 2t_n)^{1+b}}{(t'_g + t'_h - 2t_n)^{1+b}} = \bar{G}\frac{t_g - t_h}{t'_g - t'_h} \tag{7-26}$$

式（7-26）称为热水供暖系统运行调节的基本公式。

（2）直接连接系统的集中运行调节

1）质调节

在热水供暖系统运行期间，保持系统循环流量不变，即 $G' = G$ 或 $\bar{G} = 1$，只改变系统供、回水温度的调节称为质调节。

因为质调节 $\bar{G} = 1$，所以，对于无混凝水装置的直接连接散热器的供暖系统，其调节的基本公式为：

$$t_g = t_n + \frac{1}{2}(t'_g + t'_h - 2t_n)\left(\frac{t_n - t_w}{t_n - t'_w}\right)^{\frac{1}{1+b}} + \frac{1}{2}(t'_g - t'_h)\frac{t_n - t_w}{t_n - t'_w} \tag{7-27}$$

$$t_h = t_n + \frac{1}{2}(t'_g + t'_h - 2t_n)\left(\frac{t_n - t_w}{t_n - t'_w}\right)^{\frac{1}{1+b}} - \frac{1}{2}(t'_g - t'_h)\frac{t_n - t_w}{t_n - t'_w} \tag{7-28}$$

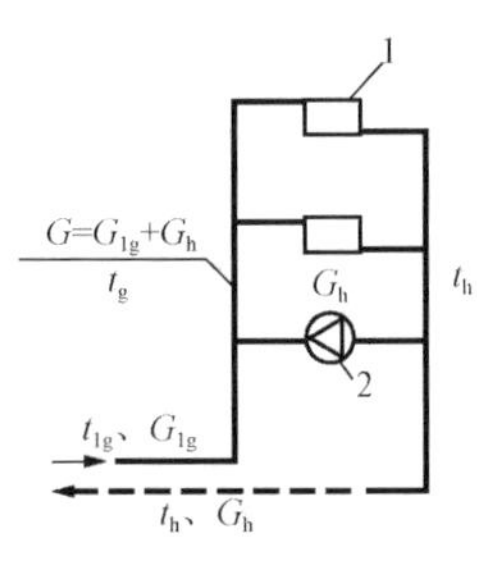

图 7-29 带混水装置的系统示意图
1—散热器；2—混水装置

对于有混水装置（如喷射器、混水泵）的直接连接散热器的供暖系统，如图 7-29 所示，运行调节的基本式（7-27）和式（7-28）只给出混水装置后的运行参数，混水装置之前热网的供水温度 t_{1g}，需要通过混水装置的混合比 μ 求出。

在图 7-29 中，当 G_{1g} 为混水装置之前热网供水流量，G_h 为进入混水装置的回水流量，根据定义有 $\mu = \dfrac{G_h}{G_{1g}}$。由热平衡可知，在混水装置中，热网供水流量 Q_{1g} 放出的热量应等于进入混水装置 G_h 吸收的热量，即

$$G_{1g}c(t_{1g} - t_g) = G_hc(t_g - t_h)$$

则有
$$\mu = \frac{G_h}{G_{1g}} = \frac{t_{1g} - t_g}{t_g - t_h}$$

或
$$t_{1g}=t_g+\mu(t_g-t_h) \tag{7-29}$$

式（7-29）中的 t_g、t_h 即为式（7-27）、式（7-28）中的供、回水温度，且在实际系统运行过程中，混合比 μ 值不变，可由混水装置前后设计供、回水温度求出：

$$\mu=\frac{t'_{1g}-t'_g}{t'_g-t'_h} \tag{7-30}$$

将式（7-27）和式（7-30）代入式（7-29），可得出有混水装置的直接连接供暖系统在热源处的质调节基本公式：

$$t_{1g}=t_n+\frac{1}{2}(t'_g+t'_h-2t_n)\left(\frac{t_n-t_w}{t_n-t'_w}\right)^{\frac{1}{1+b}}+\left(\frac{1}{2}+\mu\right)(t'_g-t'_h)\frac{t_n-t_w}{t_n-t'_w} \tag{7-31}$$

$$t_{1h}=t_h=t_n+\frac{1}{2}(t'_g+t'_h-2t_n)\left(\frac{t_n-t_w}{t_n-t'_w}\right)^{\frac{1}{1+b}}-\frac{1}{2}(t'_g-t'_h)\frac{t_n-t_w}{t_n-t'_w} \tag{7-32}$$

有了质调节的理论调节基本公式式（7-27）、式（7-28）、式（7-31）、式（7-32），热源处就可以根据天气变化，求得任意室外温度 t_w 下的供、回水温度 t_{1g}、t_{1h}或 t_g、t_h，从而调节锅炉的燃烧工况，以满足供热系统对供、回水温度的要求。

若热源采用质调节时，要根据自身供暖系统的情况，将整个采暖期不同室外温度 t_w 下系统需要的供回水温度列表计算。列表计算时，t_w 取值范围为+5℃至当地的 t'_w，其列表间隔可取 2～5℃；与散热器种类有关的指数 b，可按绝大多数用户所用的散热器形式选用，也可取综合值，如用户有的用 M132 型散热器，有的用柱型散热器，b 值可取 0.3 计算。

也可以用列表计算结果，在以 t_w 为横坐标，供回水温度为纵坐标的直角坐标图上画出热源处的质调节水温曲线。

【例 7-6】　设某市一住宅小区集中锅炉房热水供暖系统，当地供暖室外计算温度 $t'_w=-19$ ℃，大多数供暖房间要求室内温度 $t_n=18$℃，散热器采用普通四柱 760 型铸铁散热器，b 值取 0.3。试列表计算下列两种情况下，质调节的供、回水温度，并画出质调节水温曲线。

（1）无混水装置直接连接方式，热源处设计供、回水温度分别为 $t'_g=95$℃、$t'_h=70$℃；

（2）有混水装置直接连接方式，热源处设计供水温度 $t'_{1g}=130$℃，混水器混水后设计供水温度 $t'_g=95$℃，设计回水温度 $t'_h=70$℃。

解　（1）求上述两种情况的质调节供、回水温度。将题中已知条件分别代入式（7-27）、式（7-28）、式（7-30）、式（7-31）、式（7-32）后，可得两种情况下的质调节供、回水温度的简化后的计算公式如下：

无混水装置时　$t_g=18+64.5\left(\frac{18-t_w}{37}\right)^{0.77}+12.5\left(\frac{18-t_w}{37}\right)$

$t_h=18+64.5\left(\frac{18-t_w}{37}\right)^{0.77}-12.5\left(\frac{18-t_w}{37}\right)$

有混水装置时　$t_{1g}=18+64.5\left(\frac{18-t_w}{37}\right)^{0.77}+47.5\left(\frac{18-t_w}{37}\right)$

$t_h=18+64.5\left(\frac{18-t_w}{37}\right)^{0.77}-12.5\left(\frac{18-t_w}{37}\right)$

将按上面公式计算的结果列于表 7-7。

表 7-7 质调节时热源处的调节供回水温度表

室外温度 t_w(℃)			5	3	1	−1	−3	−5	−7	−9	−11	−13	−15	−17	−19
无混水时	95/70℃四柱型散热器	t_g	51	55	59	63	67	70	74	78	81	85	88	92	95
		t_h	43	45	48	50	53	55	57	59	62	64	66	68	70
有混水时	130/95/70℃四柱型散热器	t_{1g}	64	70	76	81	87	92	98	103	108	115	119	121	130
		t_g	51	55	59	63	67	71	74	78	81	85	88	92	95
		t_h	43	45	48	50	53	55	57	59	62	64	66	68	70

(2) 根据上表的计算结果，绘制质调节水温曲线，如图 7-30 所示。

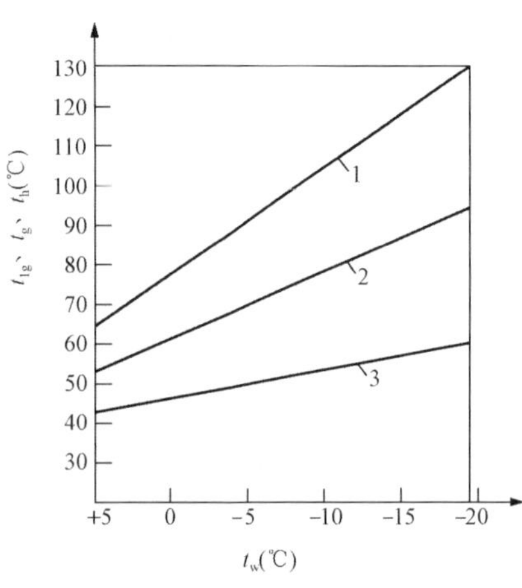

图 7-30 热水供热系统质调节水温曲线图

1—t_{1g}水温曲线；2—t_g 水温曲线；3—t_h 水温曲线

根据以上例题的计算和绘图结果分析，热水供热系统集中质调节时随着室外温度 t_w 的升高，系统所需的供回水温度随之降低，其温差也相应减小，而且对应的供、回水温差之比等于在该室外温度下相对应的供热量之比，即

$$\overline{Q}=\frac{Q}{Q'}=\frac{t_n-t_w}{t_n-t'_w}=\frac{t_{1g}-t_h}{t'_{1g}-t_h}=\frac{t_g-t_h}{t'_g-t'_h} \tag{7-33}$$

热水供暖系统热源的集中质调节的实现，要根据锅炉房的自动化控制装备程度不同，采用不同的方法。自动化程度低的锅炉房的质调节只能由司炉工根据室外温度的变化，手工调整锅炉的燃烧工况，从而调节供水温度实现质调节；安装有气候补偿器的锅炉房，气候补偿器及其控制系统可按照预先设定好的调节曲线，自动控制供水温度实现质调节。

集中质调节由于只需在热源处调节供热系统的供水温度，且运行期间循环水量保持不变，因而其运行管理简便，系统水力工况稳定。对于热电厂热水供热系统，由于供水温度随室外温度的升高而降低，可以充分利用汽轮机的低压抽汽，从而有利于提高热电厂的经济性，节约燃料。但这种调节方法也存在明显不足：因循环水量始终保持最大值（设计值），消耗电能较多。另外，当供热系统存在多种类型热负荷时，在室外温度较高时，供水温度难以满足其他种类热负荷的要求。

2）量调节

在热源处随室外温度的变化只改变系统循环水量，而供水温度保持不变（$t_g=t'_g$）的集中供热调节方法，称为量调节。

量调节时，随着室外温度 t_w 的变化，由调节的基本公式可知，热源处的热水供暖循环流量及回水温度理论上应按如下公式变化或进行调节：

$$G=\frac{0.5(t'_g-t'_h)\left(\dfrac{t_n-t_w}{t_n-t'_w}\right)}{t'_g-t_n-0.5(t'_g+t'_h-2t_n)\left(\dfrac{t_n-t_w}{t_n-t'_w}\right)^{\frac{1}{1+b}}} \tag{7-34}$$

$$t_h = 2t_n = t'_g + (t'_g + t'_h - 2t_n)\left(\frac{t_n - t_w}{t_n - t'_w}\right)^{\frac{1}{1+b}} \qquad (7-35)$$

根据量调节公式 $t_g = t'_g$ 及式（7-34）、式（7-35）三个调节公式，可以在以 t_w 为横坐标，t_g、t_h 及 $\overline{G}$ 为纵坐标的坐标图上画出调节的调节曲线图。

从图 7-31 可定性地看出，采用集中量调节，当室外温度升高时，供热系统循环流量应迅速减少，回水温度也将迅速下降，在按理论式（7-34）和式（7-35）计算，室外气温较高的供暖初期和即将停止供暖的供暖后期，系统循环水量和回水温度甚至小到无法实现的程度。如仍以［例 7-6］为例，设计供回水温度为 95/70℃，采用四柱 760 型散热器，进行集中量调节，当室外温度为 5℃时，其系统循环流量只有设计流量的 9.11%，即 $\overline{G} = 0.091$，相应回水温度 $t_h = -1.35$℃。

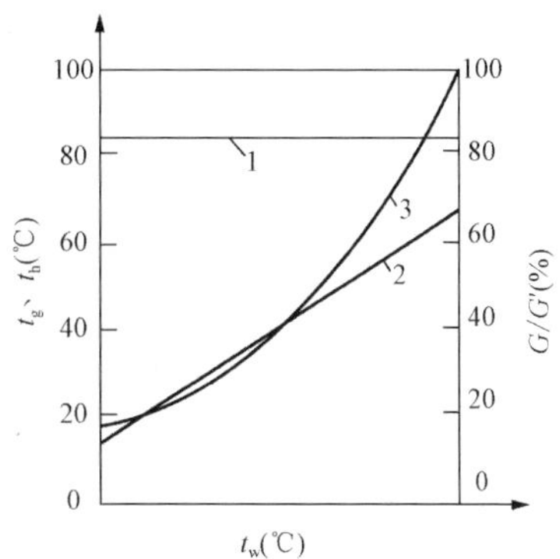

图 7-31 对流散热器量调节曲线
1—供水温度曲线；2—回水温度曲线；
3—相对流量变化曲线

进行集中量调节，要求供热系统循环流量实现无级调节，通常采用变速水泵。循环水泵的变速，可通过变频器、可控硅直流电机和液压耦合等方式实现，目前当水泵电机功率相对较小时，一般采用变频控制使水泵变速。

集中量调节最大的优点是节省电能。其存在的主要缺点，一是循环水泵流量过小时，系统将发生严重的水力失调以导致热力失调；二是热水供暖的系统在供暖期开始和结束阶段，调节要求的流量太小，回水温度太低，以至于到了不合理和难以实现的程度。

3）分阶段改变流量的质调节

分阶段改变流量的质调节，是在热水供暖系统的整个运行期间，按室外温度高低分成几个阶段，在室外温度较低的阶段中，保持设计最大流量；而在室外温度较高的阶段中，保持较小的流量。在同一阶段内系统循环量保持不变，供暖负荷变化时实行集中质调节。

该方法中调节阶段的划分要根据供暖系统规模大小确定，供暖规模较大的系统可分为三阶段：即循环流量大流量、中流量、小流量阶段。室外气温低的供暖时期，系统保持大循环流量运行，循环流量为设计循环流量（$\overline{G} = 1$）；室外温度较低的供暖时期，系统保持中循环流量运行，循环量一般为设计循环流量的 80%（$\overline{G} = 0.8$）；室外温度较高的供暖时期，系统保持小循环流量运行，循环流量一般为设计循环流量的 60%（$\overline{G} = 0.6$）。供暖规模较小的系统可分为二个阶段：室外温度较低的供暖时期为大流量阶段（$\overline{G} = 1$）；室外温度较高的时期，循环流量一般为设计循环流量的 75%（$\overline{G} = 0.75$）。

供暖系统分阶段变流量的实现，可以靠不同规格的循环水泵单台运行实现，即设计时就不同阶段选用不同规格的循环水泵，若系统分三阶段运行，就选大、中、小三台水泵。大流量水泵的流量、扬程均按设计工况下参数选定；中流量水泵的流量、扬程分别按设计工况下参数的 80%、64%选定；小流量水泵的流量、扬程分别按设计工况下参数的 60%、36%选定。若系统分二阶段运行，就选大小二台水泵。大流量水泵的参数按设计工况下的选定；小流量水泵的流量、扬程分别按设计工况下参数的 75%、56%选定。分阶段变流量也可靠多台水泵并联来实现。

【例 7-7】 [例 7-6] 的热水供暖系统，系统与用户为无混水装置的直接连接方式，$t'_g=95℃$、$t'_h=70℃$，现采用分二阶段的变流量质调节运行。试绘制其水温调节曲线图。

解 (1) 确定二阶段的分界线。按各阶段最低室外温度下的供回水温差均为设计供回水温差的原则，确定二阶段的分界线。

由公式 (7-26) 可知：$\dfrac{t_n-t_w}{t_n-t'_w}=\overline{G}\dfrac{t_g-t_h}{t'_g-t'_h}$

若 $\overline{G}=0.75$ 阶段室外温度 t_w 最低时的供回水温差 t_g-t_h 为设计供回水温差 $t'_g-t'_h$，则 $\dfrac{t_n-t_w}{t_n-t'_w}=\overline{G}=0.75$。由此可知，二阶段分界的室外温度值

$t_w=\overline{G}\cdot(t_n-t'_w)-t_n=0.75\times[18-(-19)]-18=-9.75$，取$-9℃$。

(2) 确定各阶段的质调节公式，列表计算各阶段各室外温度下的 t_g、t_h 值。经化简：

大流量阶段的质调节公式为 $t_g=18+64.5\left(\dfrac{18-t_w}{37}\right)^{0.77}+12.5\left(\dfrac{18-t_w}{37}\right)$

$$t_h=18+64.5\left(\frac{18-t_w}{37}\right)^{0.77}-12.5\left(\frac{18-t_w}{37}\right)$$

小流量阶段的质调节公式为 $t_g=18+64.5\left(\dfrac{18-t_w}{37}\right)^{0.77}+16.67\left(\dfrac{18-t_w}{37}\right)$

$$t_h=18+64.5\left(\frac{18-t_w}{37}\right)^{0.77}-16.67\left(\frac{18-t_w}{37}\right)$$

将按上面公式计算的结果列于表 7-8。

表 7-8 **各阶段供回水温度及流量**

室外温度 t_w(℃)		5	3	1	−1	−3	−5	−7	−9	−11	−13	−15	−17	−19
95/70℃四柱型散热器	t_g	53	57	61	65	69	73	77	80/78	81	85	88	92	95
	t_h	41	43	46	48	50	52	54	56/59	62	64	66	68	70
各阶段相对流量 $\overline{G}$(%)		0.75							1.0					

(3) 根据上表的计算结果，绘制质调节水温曲线，如图 7-32 所示。

分阶段改变流量质调节的调节方法是质调节和量调节方法的结合，其分别吸收了两种调节方法的优点，又克服了二者的不足。适用于还未推广变速水泵的中小型供暖系统。

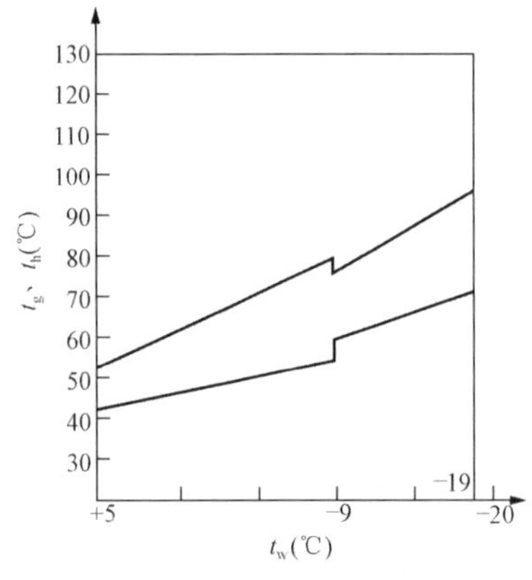

图 7-32 分阶段变流量质调节水温曲线

4) 分阶段改变供水温度的量调节

在热水供暖系统的整个运行期间，随着室外温度的提高，分几个阶段改变供水温度，在同一阶段内供水温度保持不变，实行集中量调节。即在室外温度较低的阶段中保持一定的较高的供水温度，在室外温度较高的阶段中保持一定的较低的供水温度，而在每一阶段内供暖调节采用改变系统流量的量调节，这就是分阶段改变供水温度的量调节。

该调节方法中阶段的划分，也同样要根据供暖系统的规模大小确定，供暖系统规模较大时，一般可划分为三个不同供水温度的阶段，室外温度低的供暖阶段，系统供水

温度为设计温度，即 $\varphi=1$；室外温度较低的供暖阶段，系统供水温度一般为设计供水温度的 95%，即 $\varphi=0.95$；室外温度较高的供暖阶段，系统的供水温度一般为设计供水温度的 85%，即 $\varphi=0.85$。供暖系统规模较小时，一般可划分为两个不同供水温度的阶段，室外温度较低的供暖阶段，系统供水温度为设计供水温度($\varphi=1.0$)；室外温度较高的供暖阶段，系统供水温度一般为设计供水温度的 85%（$\varphi=0.85$）。

由运行调节的基本公式和该调节方法特征，可知分阶段改变供水温度的量调节各阶段的调节基本公式

$$t_g=\varphi t'_h \tag{7-36}$$

$$\overline{G}=\frac{0.5(t'_g-t'_h)\left(\dfrac{t_n-t_w}{t_n-t'_w}\right)}{\varphi t'_w-t_n-0.5(t'_g+t'_h-2t_n)\left(\dfrac{t_n-t_w}{t_n-t'_w}\right)^{\frac{1}{1+b}}} \tag{7-37}$$

$$t_h=2t_n-\varphi t'_g+(t'_g+t'_h-2t_n)\left(\frac{t_n-t_w}{t_n-t'_w}\right)^{\frac{1}{1+b}} \tag{7-38}$$

将供暖系统的已知条件代入式（7-36）、式（7-37）、式（7-38）三个调节公式，进行计算，根据计算结果仍可在以 t_w 为横坐标，t_g、t_h、G 为纵坐标的直角坐标图上画出分阶段改变供水温度的量调节曲线。

【例 7-8】　［例 7-6］的热水供暖系统，系统与用户为无混水装置的直接连接方式，现该系统采用分三阶段改变供水温度的量调节运行，试绘制其调节曲线图。

解　(1) 确定分三个阶段的室外温度分界线。按各阶段室外温度最低开始运行时的供回水温差为设计温差，确定三个阶段的室外温度分界线。为设计供水温度的 95%阶段的系统供水温度取定为 90℃，为设计供水温度的 85%阶段的系统供水温度取定为 80℃。所以 t_g=90℃、t'_g=90℃阶段的分界室外温度可按式（7-38）计算。

将 $t_h=t_g-25=90-25$，t_n=18℃，t'_w=−19℃，$\varphi t'_g$=90℃，t'_g=95℃，t_h=70℃代入公式（3-21）可求得 t_g=90℃与 t'_g=95℃二阶段的分界室外温度为−15.3℃，取−15℃。同样，将 $t_h=t_g-25=80-25$，$\varphi t'_g$=80℃，以及其他已知条件代入公式（7-38）可求得 t_g=80℃与 t'_g=90℃二阶段的分界室外温度为−8.2℃，取−7℃。

(2) 将已知条件代入式（7-37）、式（7-38）列表计算各阶段各室外温度下的 $\overline{G}$ 和 t_h，计算结果见表 7-9。

表 7-9　　**各阶段供回水温度及流量**

室外温度（℃）	5	3	1	−1	−3	−5	−7	−9	−11	−13	−15	−17	−19
供水温度（℃）	80	80	80	80	80	80	90/80	90	90	90	95/90	95	95
回水温度（℃）	14	20	27	33	39	45	41/51	47	53	58	59/64	64	70
$\overline{G}$	0.13	0.17	0.21	0.27	0.35	0.45	0.35/0.59	0.43	0.53	0.67	0.62/0.86	0.78	1

(3) 用表 7-9 的计算结果，在以 t_g、t_h、$\overline{G}$ 为纵坐标，t_w 为横坐标的坐标图上做图，即为分阶段改变供水温度量调节的调节曲线图，如图 7-33。

分阶段改变供水温度的量调节也是质调节与量调节的结合，与单纯量调节方法相比，在室外温度较高的供暖阶段，通过降低供水温度，从而提高回水温度，增大了系统循环流量。

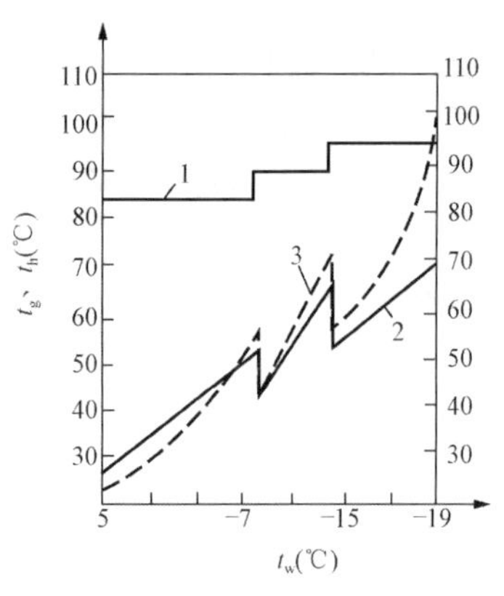

图 7-33 分阶段改变供水温度量调节曲线图

1—供水温度曲线；2—回水温度曲线；3—流量变化系数

该方法供水温度的分阶段变化靠热源处的气候补偿器控制，系统流量的变化靠热源循环水泵的变速运行实现。

5）间歇调节

在室外温度较高的供暖时期，热水供暖系统不改变循环水量和供水温度，而只减少每天的供暖小时数，这种供暖调节方式称为间歇调节。

间歇调节在室外温度较高的供暖初期和末期，可以作为一种辅助调节措施采用。当采用间歇调节时，供暖系统的流量与供水温度保持不变，每天供暖的小时数随室外温度的升高而减少。日供暖小时可用下式计算：

$$n = 24\frac{t_n - t_w}{t_n - t''_w} \tag{7-39}$$

式中 n——每天的供暖小时数，h/d；

t_n——室内设计温度,℃；

t_w——间歇运行时的某一室外温度,℃；

t''_w——开放间歇调节时采用的供水温度相对应的室外温度（在质调节水温曲线图上与采用的供水温度对应的室外温度),℃。

采用间歇调节时，热源循环水泵每次启动运行后，系统远端用户水升温的时间总比近端用户滞后，为了使远近端的热用户通过热水的小时数接近，区域锅炉房锅炉压火后，循环水泵应继续运转一段时间，这段时间的长短要相当于热水从离热源最远的热用户到最近的热用户所需的时间。因此，循环水泵的实际工作小时数应比公式（7-39）的计算值大一些，以保证远端用户的供暖时数。

必须指出，间歇调节与间歇供暖制度有根本的不同。间歇供暖指的是在设计室外温度下，每天供暖小时数也不足 24 小时，因而必须使锅炉热容量及其他设备相应增大。间歇调节指的是在设计室外温度下，实际每天 24 小时连续供暖，仅在室外温度升高时才减少供暖小时数，间歇调节不额外增加供热设备容量。

【例 7-9】 ［例 7-6］的热水供暖系统，系统与用户为无混水装置的直接连接方式，现该系统采用质调节加间歇调节的调节方式运行，当供水温度大于 70℃时，系统为质调节运行，当质调节供水温度为 70℃时，采用间歇调节。试确定室外温度为 5℃时，供暖系统的每天供暖小时数。

解 （1）计算质调节时，t_g＝70℃对应的室外温度 t''_w。将各已知条件代入式（7-27），简化后可得：

$$70 = 18 + 64.5\left(\frac{18 - t''_w}{37}\right)^{\frac{1}{1+0.3}} + 12.5\,\frac{18 - t''_w}{37}$$

从［例 7-6］供水温度随室外温度变化的计算结果表 7-7 可知，t_g＝70℃时，t''_w ＝ −5℃。

（2）根据式（7-39）计算 t_w＝5℃时的间歇调节供暖小时数 n。

$$n = 24\frac{t_n - t_w}{t_n - t''_w} = 24 \times \frac{18 - 5}{18 - (-5)} = 13.57(\text{h/d})$$

第八章

供热管网工程

知识点：室外供热管网的布置形式、敷设方式、热补偿方式。

教学目标：掌握室外管网的布置方式、敷设方式、补偿器的类型。

第一节 供热管网系统

一、供热管网的形式组成

供热管网平面布置图与热媒种类、热源与用户间的相互位置及热负荷的变化特征有关。主要有枝状和环状两大类。

1. 枝状管网

枝状管网，如图 8-1 所示。其形式简单，投资省，运行管理较方便，其管径随着其与热源距离的增加和热用户的减少而逐步减少。其缺点是没有供热的后备性能，即当管网上某处发生事故时，在损坏地点以后的所有用户，供热都被断绝。对于小型的热水管网，其热水主干管的管径不大，且热源位于供热区域的中心地带时，可以做成枝状。

2. 环状管网

当城市大，需建设中型或大型供热管网时，为了提高供热管网的后备性能，将其主干线连成环状管网，如图 8-2 所示。而用户的分布管网一般仍做成枝状。环状管网的旁通管，在正常工作情况下，可以设计成开启阀门和关闭阀门两类。环状管网的主要优点是具有供热的后备性能，特别是在城市中多热源联合供热时，各热源连在环状主管网上。这种方式投资高，但运行可靠、安全。

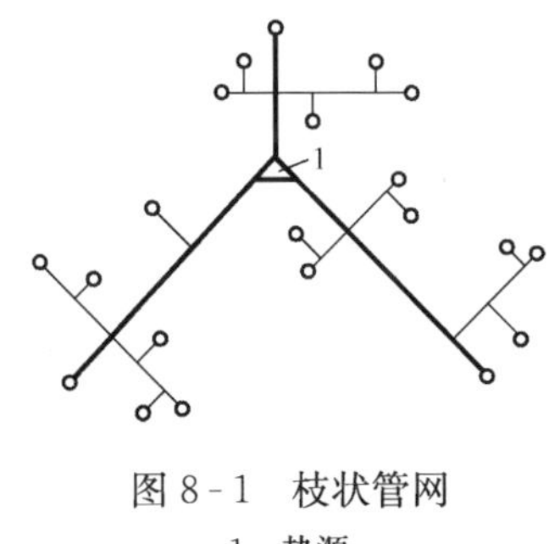

图 8-1　枝状管网

1—热源

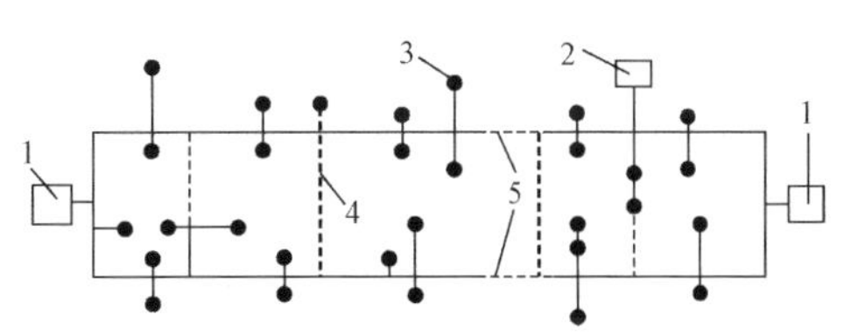

图 8-2　环状管网

1—热源；2—后备热源；3—集中热力点；4—热网后备旁通管；5—热源后备旁通管

二、供热管道的布置

1. 地上敷设

供热管网地上敷设指管道敷设在地面上或附墙支架上的敷设方式。按照支架的高度不同，可有以下三种地上敷设型式：

(1) 低支架（图 8-3）　在不妨碍交通，不影响厂区扩建的场合，可采用低支架敷设。

通常是沿着工厂的围墙或平行于公路或铁路敷设。为了避免雨雪的侵袭，低支架敷设，供热管道保温结构底距地面净高不得小于 0.3m。

低支架敷设可以节省大量土建材料、建设投资小、施工安装方便、维护管理容易，但其适用范围太窄。

(2) 中支架（图 8-4） 在人行频繁和非机动车通行地段，可采用中支架敷设。管道保温结构底距地面净高为 2.0～4.0m。

(3) 高支架（图 8-4） 管道保温结构底距地面净高为 4m 以上，一般为 4.0～6.0m。在跨越公路、铁路或其他障碍物时采用。

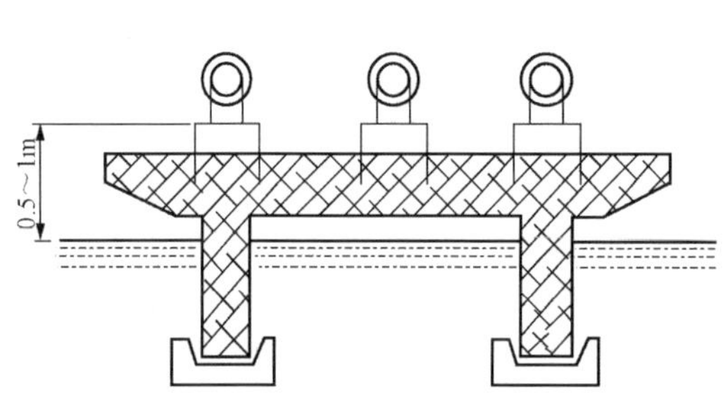

图 8-3 低支架示意图

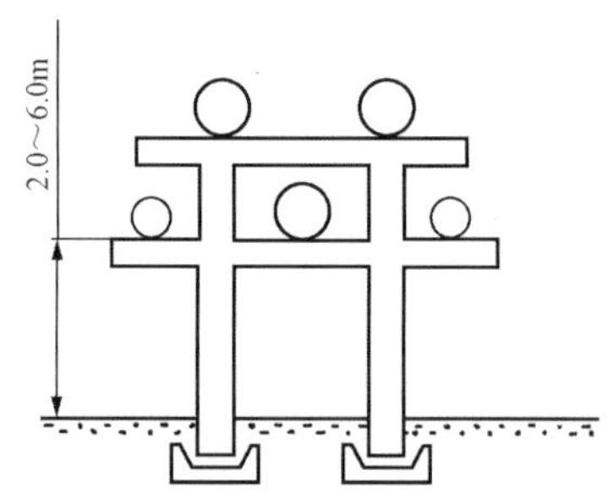

图 8-4 中、高支架示意图

地上敷设的供热管道可以和其他管道敷设在同一支架上，但应便于检修，且不得架设在腐蚀性介质管道的下方。

地上敷设所用的支架按其构成材料可分为：砖砌、毛石砌、钢筋混凝土结构（预制或现场浇注）、钢结构和木结构等。目前，国内常用的是钢筋混凝土支架。它较为坚固耐用，并能承受较大的轴向推力。

供热管道地上敷设是较为经济的一种敷设方式。它不受地下水位和土质的影响，便于运行管理，易于发现和消除故障；但占地面积较多，管道的热损失较大，易影响城市美观。

地上敷设通常适用于下列场合：地下水位较高、年降雨量大、土质为湿陷性黄土或腐蚀性土壤；选用地下敷设时，必须进行大量土石方工程或地形复杂的地段；地下设施密度大，难以采用地下敷设的地段；或在工业企业中有其他管道，可共架敷设的场合。

2. 地下敷设

供热管网地下敷设一般采用不通行管沟或直埋。穿越不允许开挖检修的地段时，应采用通行管沟，如采用通行管沟确实困难，可采用半通行管沟。通过铁路、公路为了不影响交通，施工时可不破坏地面，局部采用套管敷设。

(1) 管沟敷设

管沟一般有不通行管沟、半通行管沟和通行管沟。

不通行管沟是管沟敷设中较多采用的一种敷设方式。沟内管道横断面尺寸只须满足施工的要求。由于断面小，占地少，因而是管沟敷设中最经济的一种。缺点是检修、维护不方便。因此在直管段无需检修附件的场合采用较多。不通行管沟型式，如图 8-5所示。

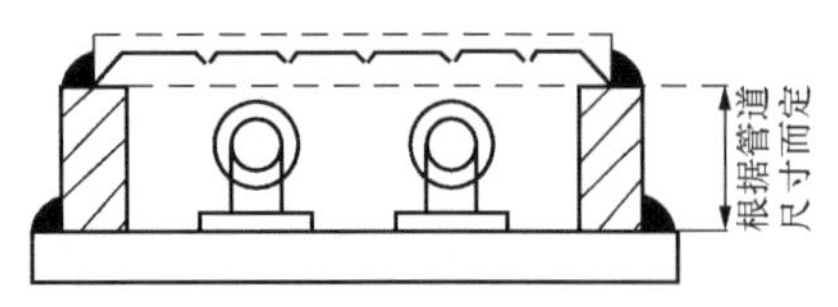

图 8-5 不通行地沟

半通行管沟是考虑沟道内管道及附件的维修要求而

设置的，因管沟本身有高度限制，所以工作条件较差，应尽量少采用。半通行管沟型式如图 8-6 所示。

在通过铁路、公路与管道主干线交叉，又不允许断绝交通开挖路面，且需要具备检修条件的地段，可局部采用通行管沟。通行地沟型式，如图 8-7 所示。

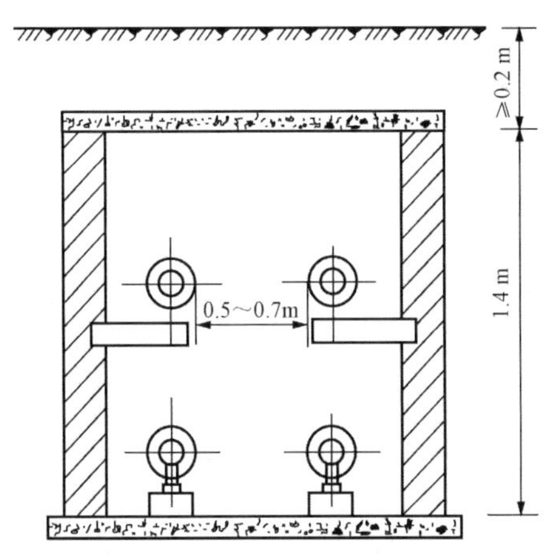

图 8-6 半通行地沟

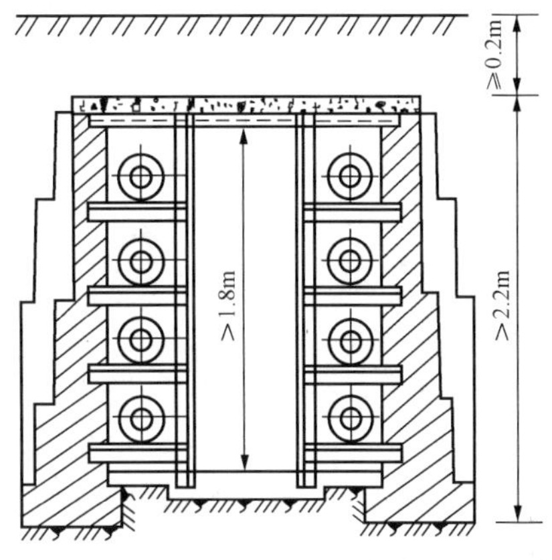

图 8-7 通行地沟

上面介绍的地沟型式，都是属于砌筑地沟。图 8-8 所示为整体现场灌筑的钢筋混凝土地沟。在综合管沟内，热力管道可以和上水管道、电压 10kV 以下的电力电缆、通信电缆、压缩空气管道、压力排水管道和重油管道一起敷设。

（2）直埋敷设

将管子直接埋于地下，可节约大量建筑材料和工时，不需管架、不需筑沟，安装费用低。直埋敷设是最经济的一种敷设方式。目前，最多采用的型式是供热管道、保温层和保护外壳三者紧密黏结在一起，形成整体式的预制保温管结构形式，如图 8-9 所示。

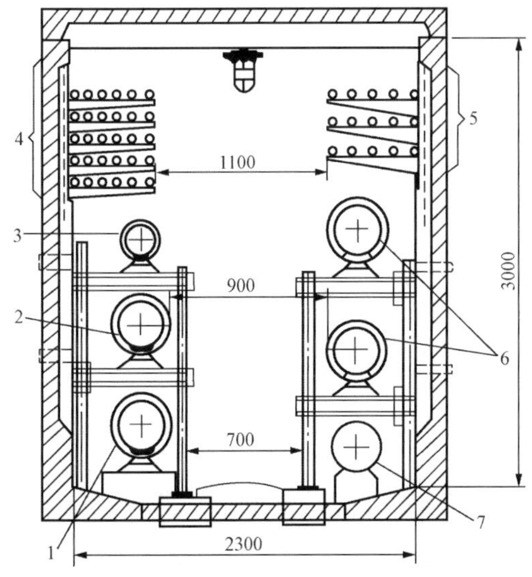

图 8-8 整体式钢筋混凝土综合管沟示意图

1、2—供水管与回水管；3—凝结水管；4—电话电缆；5—动力电缆；6—蒸汽管道；7—自来水管

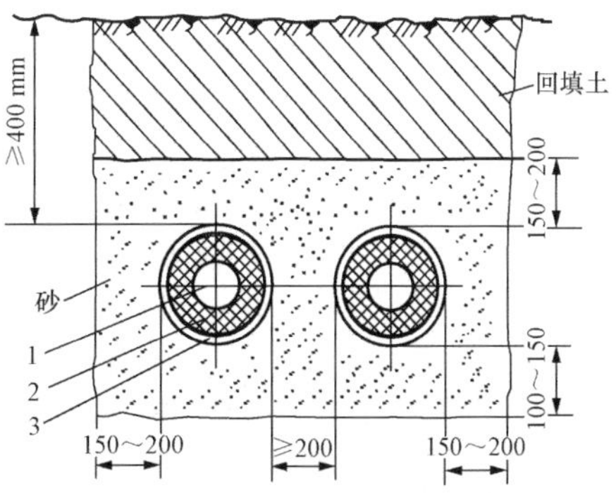

图 8-9 预制保温管直埋敷设

1—钢管；2—硬质泡沫塑料保温层；3—高密度聚乙烯保温外壳

预制保温层（也称为“管中管”）供热管道的保温层，多采用硬质聚氨脂泡沫塑料作为保温材料。它是由多元醇和异氢酸盐两种液体混合发泡固化形成的。硬质聚氨脂泡沫塑料的密度小、导热系数低、保温性能好、吸水性小，并具有足够的机械强度；但耐热温度不高。根据国内标准要求，其密度为 60～80kg/m^3，导热系数 $\lambda\leqslant0.027$W/（m·℃），抗压强度不小于 200kPa，吸水性 $g\leqslant0.3$kg/m^2，耐热温度不超过 120℃。

预制保温管保护外壳多采用高密度聚乙烯硬质塑料管。高密度聚乙烯具有较高的力学性能，耐磨损，抗冲击性能较好；化学稳定性好，具有良好的耐腐蚀性和抗老化性能；它可以焊接、便于施工。根据国家标准：高密度聚乙烯外壳的密度不小于 940kg/m^3，拉伸强度不小于 20MPa，断裂伸长率不小于 350%。

除了以聚氨脂作为保温材料以外，国内还有以沥青珍珠岩作为保温材料的。它是将沥青加热掺入珍珠岩，然后在钢管上挤压成型的。在保温层外面，再包裹沥青玻璃布防水层。整体式沥青珍珠岩预制保温管，在前苏联应用较多。与以聚氨脂作为保温材料的管道相比，它具有造价低，耐温高（可达 150℃）的优点，但其强度低些，在运输吊装或施工中，易产生环状及纵向裂缝，而且在接口处保温处理不如采用聚氨脂方便。

除整体式预制保温管直埋敷设方式外，还有采用填充式或浇灌式的直埋敷设方式。它是在供热管道的沟槽内填充散状保温材料或浇灌保温材料（如浇灌泡沫混凝土）的敷设方式。由于难以防止水渗入而腐蚀钢管，因而目前应用较少。

第二节　管道的热膨胀及补偿器

一、补偿器的分类和选用

1. 补偿器的分类

供热管道上采用的补偿器的种类很多，主要有管道的自然补偿器、方形补偿器、波纹管补偿器、套筒补偿器和球形补偿器等。前三种是利用补偿器材料的变形来吸收热伸长，后两种是利用管道的位移来吸收热伸长。

2. 补偿器的选用原则

补偿器的选用原则见表 8-1。

表 8-1　补偿器选用原则

种　类	选　用　原　则
自然补偿器	1. 管道布置时，应尽量利用所有管路原有弯曲的自然补偿，当自然补偿不能满足要求时，才考虑装设其他类型的补偿器。 2. 当弯管转角小于 150°时，可用作自然补偿；大于 150°时，不能用作自然补偿。 3. 自然补偿器的管道臂长不应超过 20～25m，弯曲应力不应超过 80MPa
方形补偿器	1. 供热管网一般采用方形补偿器，只有在方形补偿器不便使用时，才选用其他类型的补偿器。 2. 方形补偿器的自由臂（导向支架至补偿器外臂的距离），一般为 40 倍公称直径的长度。 3. 方形补偿器须用优质无缝钢管制作，DN＜150mm 时，用冷弯法制做；DN＞150mm 时，用热弯法制做；弯头弯曲半径通常为 3DN～4DN

续表

种　　类	选　用　原　则
波纹管补偿器	1. 波纹管补偿器因其强度较弱，补偿能力小，轴向推力大，适用于管径大于 150mm 及压力低于 0.6MPa 的管道。 2. 波纹管补偿器用钢板制作，钢板厚度一般采用 3～4mm。 3. 波纹管补偿器的波节以 3～4 个为宜
套筒补偿器	1. 套筒补偿器一般用于管径大于 100mm、工作压力小于 1.3MPa（铸铁制）及 1.6MPa（钢制）的管道上。 2. 由于填料密封件不可靠，一定时期必须更换填料，因此不易用于不通行地沟内敷设的管道上。 3. 钢制套筒补偿器有单向和双向两种，一个双向补偿器的补偿能力，相当于两个单向补偿器的补偿能力，可用于工作压力不大于 1.6MPa、安装方形补偿器有困难的供热管道上
球形补偿器	1. 球形补偿器是利用球形管的随机弯转来解决管道的热补偿问题，对于定向位移的蒸汽和热水管道最宜采用。 2. 球形补偿器可以安装于任何位置，工作介质可以由任意一端出入，其缺点是存在侧向位移，易漏，要求加强维修。 3. 安装前须将两端封堵，存放于干燥通风的室内。长期保存时，应经常检查，防止锈蚀

二、自然补偿器

自然补偿器是利用管道自然转弯构成的几何形状所具有的弹性来补偿管道的热膨胀，使管道应力得以减小。

常见的自然补偿器有 L 形、Z 形自然补偿器，如图 8-10 所示。

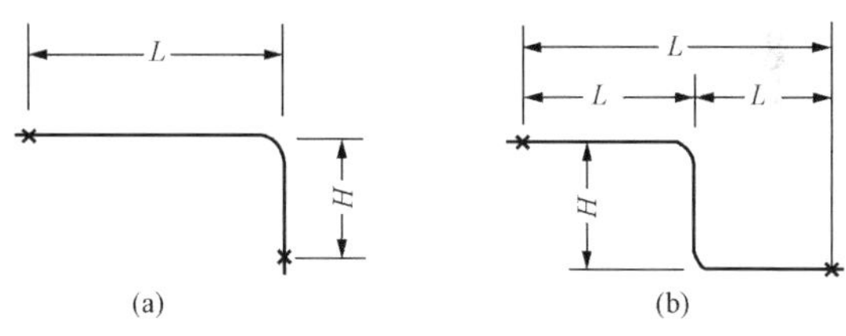

图 8-10　L 形、Z 形补偿器
(a) L 形补偿器；(b) Z 形补偿器

L 形自然补偿器实际上是一个 L 形弯管，弯管距两个固定端的长度多数情况下是不相等的，有长臂和短臂之分。由于长臂的热变形量大于短臂，所以最大弯曲应力发生在短臂一端的固定点处，短臂 H 愈短，弯曲应力越大。因此选用 L 形补偿器的关键是确定或核定短臂的长度 H 值。

Z 形自然补偿器是一个 Z 形弯管，可把它看作是两个 L 形弯管的组合体，其中间臂长度 H（即两弯管间的管道长度）越短，弯曲应力越大。因此选用 Z 形自然补偿器的关键是确定或核定中间臂长度 H 值。

为了简化计算，可用线算图来确定 L 形补偿器的短臂长度和 Z 型补偿器的中间臂长度。

图 8-11 是 L 形弯管段自然补偿线算图。

图 8-12 是 Z 形弯管段自然补偿线算图。

自然补偿是一种最简便、最经济的补偿方式，应充分加以利用。但是采用自然补偿器吸收热伸长时，其各臂的长度不宜采用过大的数值，其自由臂长不宜大于 30m。同时短臂过短（或长臂与短臂之比过大），会使短臂固定支座的应力超过许用应力值。通常在设计手册中，常常限定短臂的最短长度。

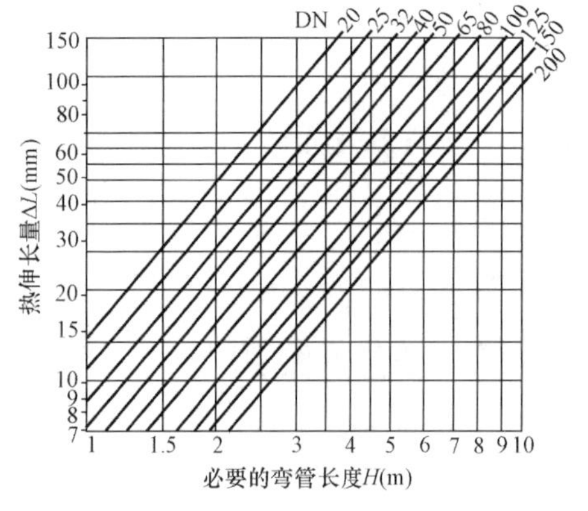

图 8-11 L形弯管段自然补偿线算图

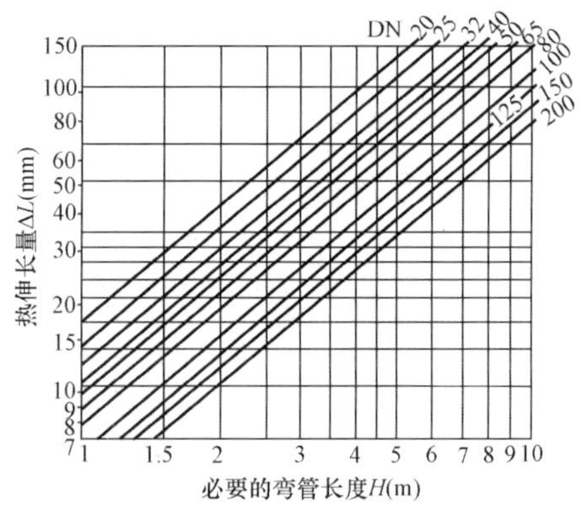

图 8-12 Z形弯管段自然补偿线算图

三、方形补偿器

1. 方形补偿器的制作

方形补偿器的类型及尺寸由设计决定。在工程预算定额中，制作安装是按管径不同，以“个”为单位计算的，补偿器本身的长度，计入管道安装工程量内，其制作安装的工作内容包括：做样板、筛砂、炒砂、灌砂、打砂、制堵、加热、煨制、消管腔、组成、焊接、张拉试验。制作时最好用一根管子煨制而成，如果制作大规格的补偿器，也可用两根或三根管子焊接而成，但焊口不能设在空出的平行臂上，必须设在垂直臂的中点处，如图 8-13 所示，因该处弯矩最小。当管径小于 200mm 时，焊缝可与垂直臂轴线垂直；管径大于或等于 200mm 时，焊缝与垂直臂轴线成 45°角，以适应受力状况，增大焊接强度。

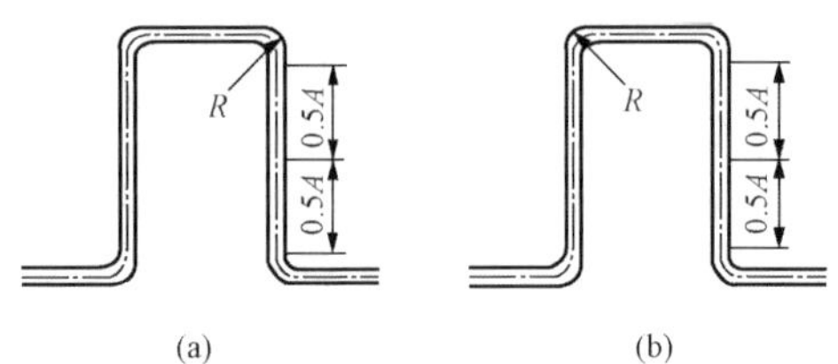

图 8-13 方形补偿器的焊缝

(a) DN＜200mm；(b) DN＞200mm

制作的方形补偿器四个弯头的角度都必须是 90°，并应处于同一平面内，其扭曲偏差不应大于 3mm/m，且总偏差不大于 10mm。两条垂直臂的长度应相等，允许偏差为±10mm，平行臂长度允许偏差±20mm。

2. 方形补偿器的安装

补偿器的安装，应在固定支架及固定支架间的管道安装完毕后进行，且阀件和法兰上螺栓要全部拧紧，滑动支架要全部装好。补偿器的两侧应安装导向支架，第一个导向支架应放在距弯曲起点 40 倍公称直径处。在靠近弯管设置的阀门、法兰等连接件处的两侧，也应设导向支架，以防管道过大的弯曲变形而导致法兰等连接件泄漏。补偿器两边的第一个支架，宜设在距弯曲起点 1m 处。

方形补偿器可水平安装，也可垂直安装。水平安装时，外伸的垂直臂应水平，突出的平行臂的坡度和坡向与管道相同；垂直安装时，最高点应设放气装置，最低点应设放水装置。

安装补偿器应做好预拉伸，按位置固定好，然后再与管道相连。补偿器的冷拉接口位置通常在施工图中给出，如果设计未作明确规定，为避免补偿器出现歪斜，冷拉接口应选在距补偿器弯曲起点 2～3m 处的直线管段上，或在与其邻近的管道接口处预留出冷拉接口间隙，不得过于靠近补偿器，如图 8-14 所示。在安装管道时就应考虑冷拉接口的位置，冷拉前检查两管口间的距离是否符合冷拉值，然后进行冷拉与焊接。

补偿器的冷拉方法有两种，一种是用带螺栓的冷拉器进行冷拉；另一种是用带螺丝杆的撑拉工具或千斤顶将补偿器的两垂直臂撑开以实现冷拉。

采用冷拉器进行冷拉时，将一块厚度等于预拉伸量的木块或木垫圈夹在冷拉接口间隙中，再在接口两侧的管壁上分别焊上挡环，然后把冷拉器的法兰管卡卡在挡环上，在法兰管卡孔内穿入加长双头螺栓，用螺母上紧，并将木垫块夹紧，如图 8-15 所示。待管道上其他部件全部安装好后，把冷拉口中的木垫拿掉，均匀地调紧螺母，使接口间隙达到焊接时的对口要求。焊口焊好后才可松开螺栓，取下冷拉器。

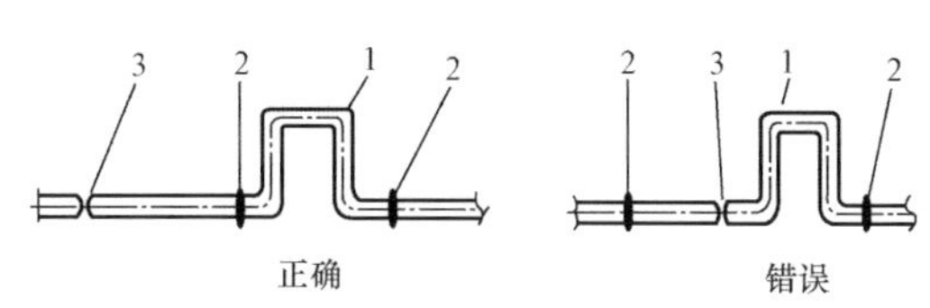

图 8-14　伸缩器冷拉口位置

1—补偿器；2—焊口；3—冷紧口

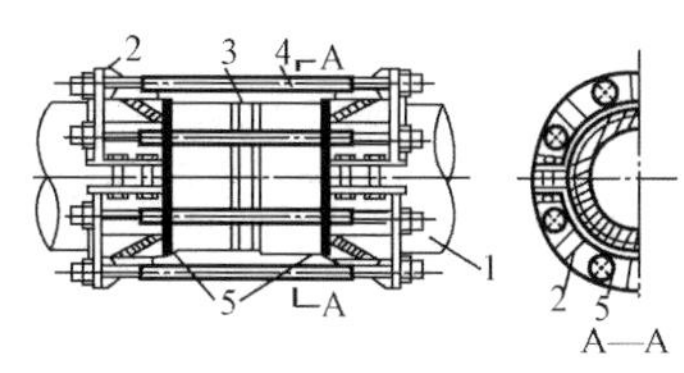

图 8-15　双头螺栓冷拉器

1—管子；2—对开卡箍；3—木垫环；4—双头螺栓；5—挡环（环形堆焊凸肩）

图 8-16 所示为常用的撑拉器，使用时只要旋动螺母使其沿螺杆前进或后退，就能使补偿器的两臂受到撑开或放松。也可以利用千斤顶来顶开补偿器。

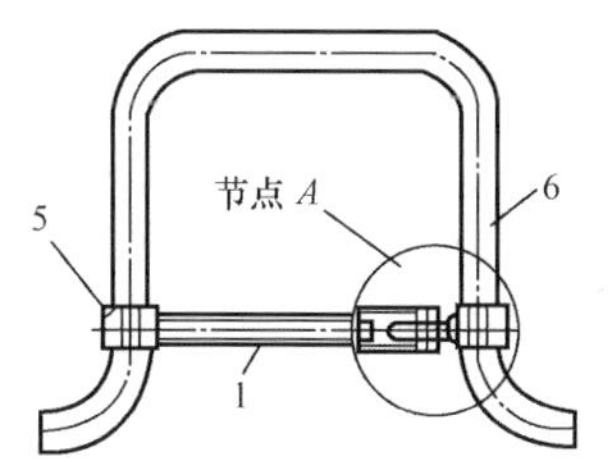

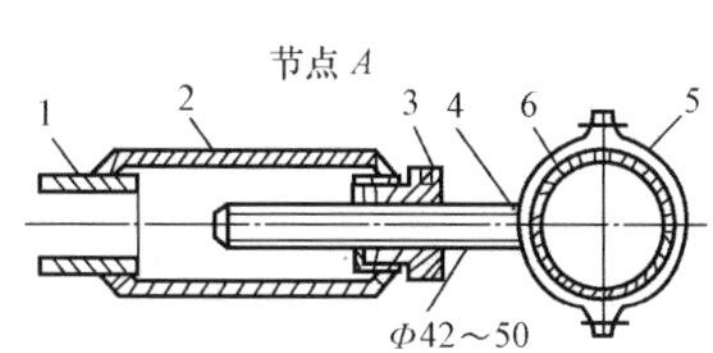

图 8-16　方形伸缩器的顶开装置

1—拉杆；2—短管；3—调节螺母；4—螺杆；5—卡箍；6—补偿器

方形补偿器制造安装方便，不需要经常维修，补偿能力大，作用在固定点上的推力（即补偿器的弹性力）较小，可用于各种压力和温度条件。缺点是补偿器外形尺寸大，占地面积多。为了提高补偿器的补偿能力（或减少其位移量）常采用预先冷拉的办法，一般预拉伸量为管道伸长量的 50%，在极限情况下，其补偿能力可比无预拉时提高一倍。

四、波纹管补偿器

波纹管补偿器是用多层或单层薄壁金属管制成的具有轴向波纹的管状补偿设备。工作时，它利用波纹变形进行管道热补偿，供热管道上使用的波纹管，多用不锈钢制造。

1. 波纹管补偿器的选用

(1) 波纹管补偿器的适用范围

1）用于工艺要求阻力降及湍流程度尽可能小的管道。

2）不允许有接管负荷加在设备上的设备进口管道。

3）要求吸收隔离高频机械振动的管道。

4）变形与位移量大而空间位置受到限制的管道。

5）变形与位移量大而工作压力低的管道。

6）考虑吸收地震或地基沉陷的管道。

（2）波纹管补偿器的设置原则

1）选用波纹管补偿器应考虑预拉伸量50%，安装和订货时应提出要求。

2）在任意直管段上两固定支架之间只能安装一组波纹管补偿器。

3）轴向型波纹管补偿器一端应布置在离固定支架4DN处，另一端长距离管线应安设导向支架。

2. 波纹管补偿器的性能

图8-17所示的是供热管道上常用的轴向型波纹管补偿器。这种补偿器体积小，质量轻，占地面积和占用空间小，易于布置，安装方便。由于在波纹管内侧装有导流管，减小了流体的流动阻力，同时也避免了介质流动时对波纹管壁面的冲刷，延长了波纹管的使用寿命。波纹管补偿器具有良好的密封性能，不需要进行维修，承压能力和工作温度较高，但其补偿能力小，价格也较高。轴向补偿器的最大补偿能力，可从产品样本上查出选用。

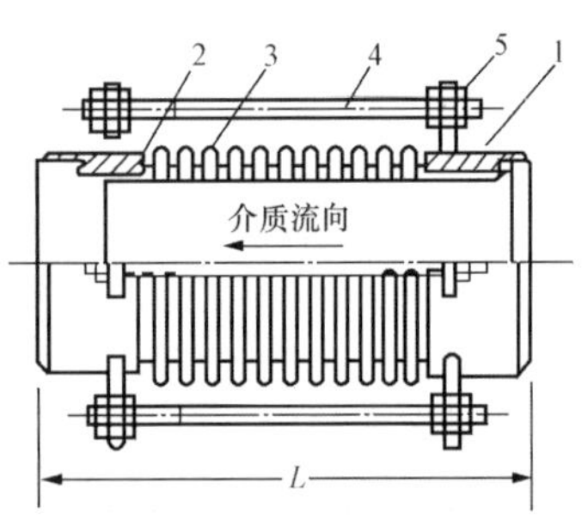

图8-17 轴向型波纹管补偿器
1—汽管；2—导流管；3—波纹管；4—限位拉杆；5—限位螺母

为使轴向波纹管补偿器严格地按管道轴向热胀或冷缩，补偿器应靠近一个固定支架设置，并设置导向支座，导向支座宜采用整体箍住管子的方式以控制横向位移和防止管子纵向变形。

常用的轴向波纹管补偿器通常都作为标准的管配件，用法兰或焊接的形式与管道连接。

3. 波纹管补偿器的安装

（1）波纹管补偿器安装首先应进行质量检查，并进行水压试验。

（2）安装波纹管补偿器时，应使套管的焊缝端与介质流动方向相迎。

（3）波纹管补偿器安装时应进行预拉伸，拉伸量应根据补偿零点温度来定位。所谓补偿零点温度就是管道设计最高温度和最低温度的中点温度。安装环境温度等于补偿零点温度时，不拉伸；大于零点温度时，压缩；小于零点温度时，拉伸。波纹管补偿器的预压或预拉，应当在平地上进行，逐渐增加作用力，尽量保证波纹管的圆周面受力均匀，拉伸或压缩量的偏差应小于5mm。当拉伸或压缩到要求数值时应当安装固定。

（4）波纹管补偿器必须与管道保持同心，不得偏斜。

（5）当管道内有凝结水产生时，需在波纹管补偿器的每个波节下方安装放水阀，北方寒冷地区非保温管道如不能保证波节内及时排水，应预先将波纹管内灌密度大于水的防冻油，防止波节冻裂。

（6）吊装波纹管补偿器时，不能把支撑件焊在波纹管上，也不能把吊索绑扎到波纹管上。

五、套筒（管）补偿器

套筒补偿器又叫填料函式补偿器，它以填料函来实现密封，以插管和套筒的相对运动来补偿管道的热伸缩量。

1. 套筒补偿器的结构形式和性能

按壳体材料不同套筒补偿器主要分为铸铁和钢制两种，按其结构形式套筒补偿器可分为单向和双向。图 8－18 为铸铁制和钢制补偿器的结构示意图。铸铁制补偿器的工作压力不超过 1.3MPa，钢制的工作压力不超过 1.6MPa，最高使用温度 300℃。

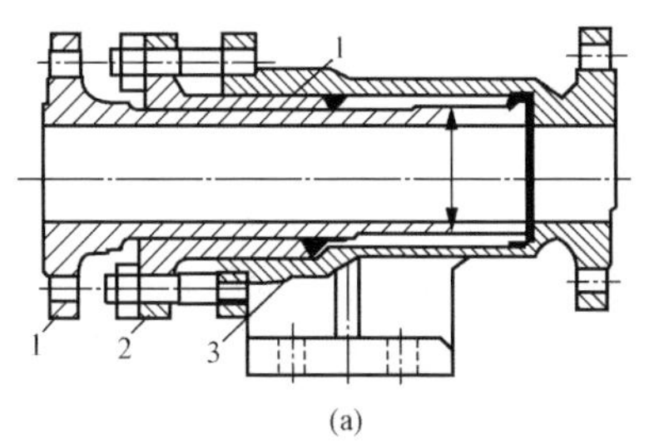

(a)

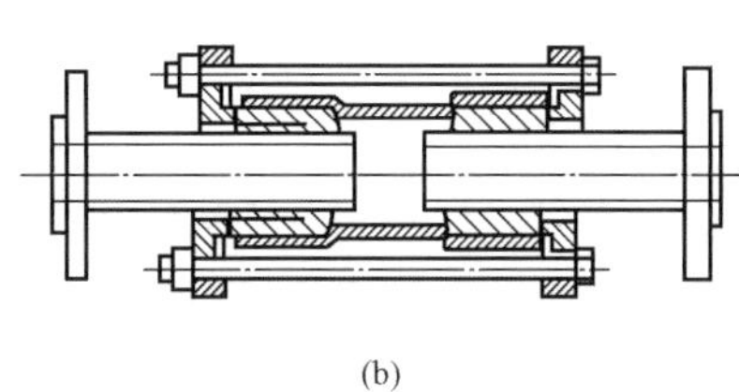
(b)

图 8－18　铸铁制套筒式补偿器

(a) 单向；(b) 双向

1—插管；2—填料压盖；3—套管

套筒补偿器是由填料密封的套管和外壳管组成的，两者同心套装并可轴向补偿。有单向和双向两种形式。图 8－19 是单向套筒补偿器。套管 1 与外壳体 3 之间用填料圈 4 密封，填料被紧压在前压兰 2 与后压兰 5 之间，以保证封口紧密。补偿器直接焊接在供热管道上。填料采用石棉夹铜丝盘根，更换填料时需要松开前压兰，维修不便。目前有采用柔性密封填料的套筒补偿器。柔性密封填料可直接通过外壳小孔注入补偿器的填料函中，因而可以在不停止运行情况下进行维护和检修，维修工艺简便。

套筒补偿器的补偿能力大，一般可达 250～400mm，占地小，介质流动阻力小，造价低，但其压紧、补充和更换填料的维修工作量大，同时管道地下敷设时，为此要增设检查室；如管道变形有横向位移时，易造成填料圈卡住，它只能用在直线管段上，当其使用在弯管或阀门处时，其轴向产生的盲板推力（由内压引起的不平衡水力推力）也较大，需要设置加强的固定支座。近年来，国内出现的内力平衡式套筒补偿器，可消除此盲板推力。

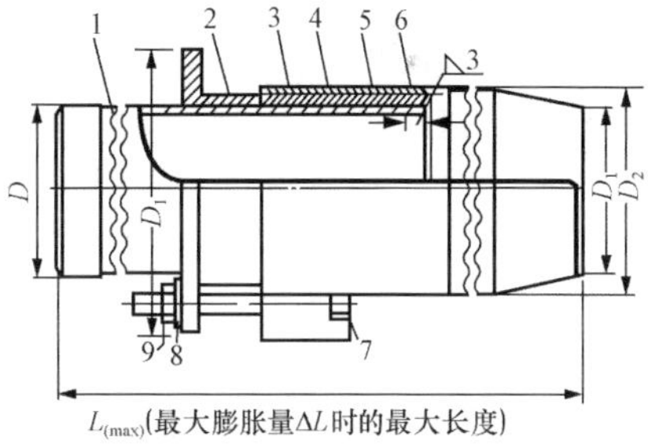

$L_{(max)}$(最大膨胀量ΔL时的最大长度)

图 8－19　套筒补偿器

1—套管；2—前压兰；3—壳体；4—填料圈；5—后压兰；6—防脱肩；7—T 形螺栓；8—垫圈；9—螺帽

2. 套筒补偿器的安装

（1）套筒补偿器安装前按设计的伸缩量进行预拉伸，并留有剩余伸缩量。

（2）套筒补偿器安装时可不经计算，按表 8－2 的条件留出伸缩间隙。

（3）校核尺寸后，填满填料盒中填料，并进行压紧。

（4）单向套筒补偿器应安装在固定支架附近，套管外壳一端朝向管道固定支架，伸缩端与产生热胀缩的管子相连。为保证管子与补偿器同心，补偿器的伸缩端方向必须设 1～2 个导向支架。

（5）双向套筒补偿器应装在两固定支架间中部，同时两侧均应设 1～2 个导向支架。

（6）在介质的流入端安装补偿器。

表 8-2　　套筒补偿器安装间隙（剩余伸缩量）(mm)

两固定支架间的管段长度（m）	安装时温度		
	低于－5℃	－5～20℃	20℃以上
100	30	50	60
75	30	40	50

六、球形补偿器

球形补偿器的构造如图 8-20 所示。它由外壳、球体、密封圈、压紧法兰和连接法兰等主要部件组成。外壳一般为铸铁件，球体可由钢板冲压成半球体，再经拼焊、研磨、电镀而成。球体与外壳可相对折曲或旋转一定的角度（一般可达 30°），以此进行热补偿。在压紧法兰的压力下，球体通过两个密封圈嵌固在外壳里。

密封圈是用加填充剂的聚四氟乙烯制成的。其特点是不但密封性好，而且有自润滑作用，密封圈在正常的情况下不易损坏，当一旦损坏时可拆下压紧法兰予以更换。

球形补偿器不应单个使用，可根据具体情况以 2～4 个连成一组使用，其动作原理可见图 8-21。

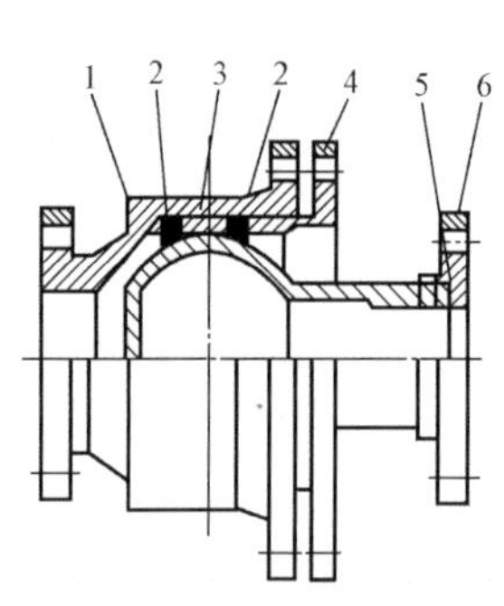

图 8-20　球形补偿器结构图

1—外壳；2—密封圈；3—球体；4—压紧法兰；5—垫片；6—螺纹连接法兰

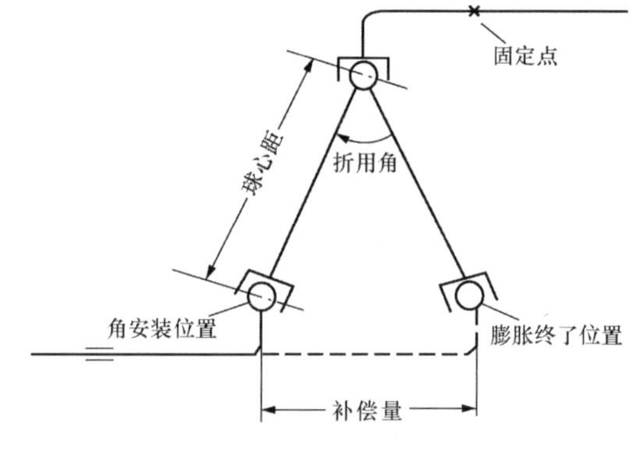

图 8-21　球形补偿器

球形补偿器的球体与外壳间的密封性能良好，寿命较长。它的特点是能作空间变形，补偿能力大，适用于架空敷设。

当固定支架的间距较大时，为减少活动支架的摩擦力，防止管道产生较大的挠度，可用滚动支架代替滑动支架，以利管道稳定运行。

第三节　供热管网系统安装、调试及验收

一、供热管网系统的安装

供热管道输送的热媒具有温度高、压力大、流速快等特点，因而给管道带来了较大的膨胀力和冲击力，因此，在管道安装中必须解决管道材质、管道连接、管道支吊架，管道热补偿、管道的排气、泄水等技术问题。

1. 供热管网系统安装的要求

(1) 管材

室外供热管道的管材应按设计要求。当设计未注明时应符合下列规定：

1) 管径 DN≤40mm 时，应使用焊接钢管；

2) 管径 DN 为 50～200mm 时，应使用焊接钢管或无缝钢管；

3) 管径 DN>200mm 时，应使用螺旋缝焊接钢管或无缝钢管。

(2) 管道连接

室外供热管道的连接均采用焊接。管道与阀门、装置连接时采用法兰连接。

(3) 管道坡度

管道水平敷设时应有坡度，以利于空气、凝结水的排除和系统的正常运转。

1) 汽水同向流动的蒸汽管道，坡度一般为 0.003，不得小于 0.002，坡向泄水点；

2) 汽水逆向流动的蒸汽管道，坡度不得小于 0.005，坡向泄水点；

3) 热水管道应有 0.003 的坡度，不得小于 0.002，坡向应利于空气排除。

(4) 排水和放气

1) 对于用汽品质较高的热用户，从干管上接出支、立管时，应从干管的上部或侧部接出，以免凝结水流入。

2) 蒸汽管道在运行时不断产生凝结水，它要通过永久性输水装置将冷凝水排除，永久性输水装置的关键部件是疏水器。

3) 蒸汽管道刚开始运行时，由于管子温度较低，管道内很多蒸汽凝结为凝结水，这些凝结水靠永久性输水装置排除比较困难，因而必须在管道上设置启动疏水装置，通过它排除系统的凝结水和污水。启动疏水装置如图 8-22 所示。启动疏水装置由集水管和启动输水管排水阀组成。启动疏水装置每隔 100～150m 设一个，在可能集水而平时又不需要疏水的管道的最低点，也要设启动疏水装置，以保证管路内凝结水及时排除。

4) 热水管道及凝结水管道在最低点设排水阀，在最高点设放气阀。如图 8-23 所示，放水阀和放气阀一般采用 DN15～20mm 的截止阀。

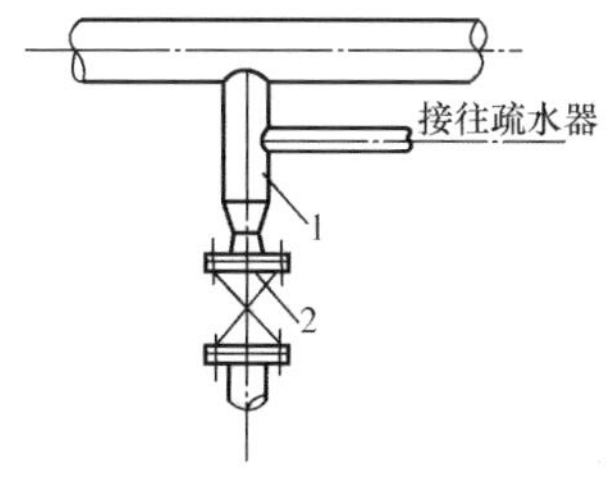

图 8-22 起动疏水装置组成

1—集水管；2—起动疏水管排水阀

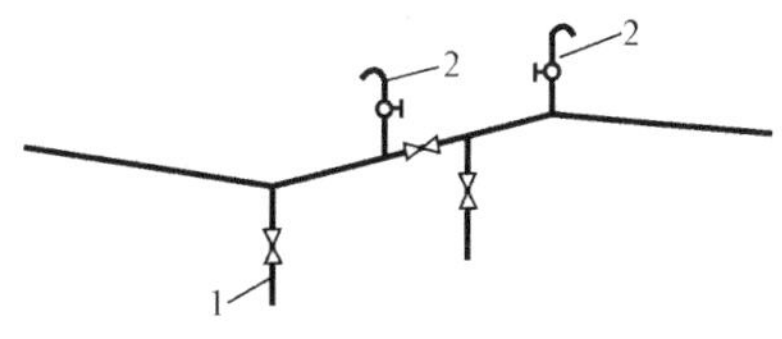

图 8-23 热水及凝结水管排水及放气阀设置

1—排水管；2—放气管

5) 方形补偿器垂直安装时，如管道输送的是热水，应在最高点加放气阀，在最低点加泄水阀；若输送的是蒸汽，在最高点加放气阀，在最低点加泄水阀或疏水阀。

6) 水平敷设的管路上，阀门的前侧、流量孔板、减压阀的前侧均需装设泄水阀。

(5) 管道变径

水平安装的供热管道变径时应采用偏心变径管。当管道输送蒸汽时，应采用底平偏心变径管，如图 8-24（a）所示，这样做是为了排除凝结水。若管道输送热水，应采用顶平偏心变径管，如图 8-24（b）所示，这样做是为了空气排除。

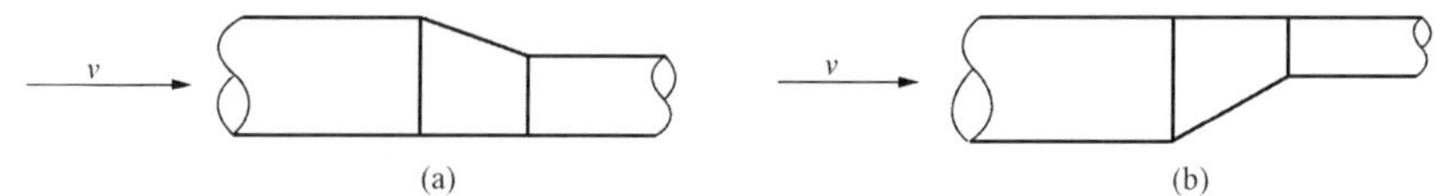

图 8-24 偏心变径管
（a）底平偏心变径管；（b）顶平偏心变径管

2. 供热管网系统安装

（1）地沟管道安装

地沟内管道安装的关键工序是支架的安装。在不通行地沟内，管道的高支座（管道滑托如图 8-25 所示）通常安装在混凝土支墩上面的预埋钢板上，其安装应在混凝土沟底施工后（同时浇筑出支墩），沟墙砌筑前进行。通行和半通行地沟内，管道的高支座安装在型钢支架的横梁上，型钢支架的安装是利用在混凝土沟基土建施工和砌筑沟墙时，预留的预留空洞或预埋钢板来固定的。地沟内支架间距要求见表 8-3。多根管道共同的支架，应按最小半径确定其最大间距，坡度和坡向相同的管道可以共架，对个别坡向和坡度值不同的管子，可考虑用悬吊的方法安装。当给水管道与供热管道同沟时，给水管可用支墩敷设于地沟底部。

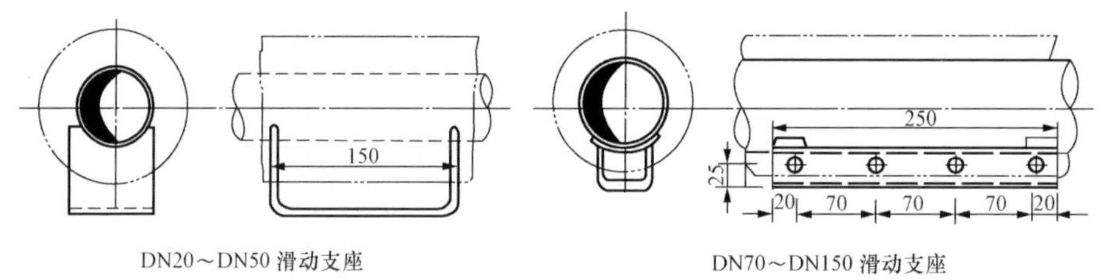

图 8-25 保温管道的高支座

表 8-3 支架最大间距

管径（mm）		15	20	25	32	40	50	70	80	100	125	150	200
间距	不保温（m）	2.5	2.5	3.0	3.0	3.5	3.5	4.5	4.5	5.0	5.5	5.5	6.0
	保温（m）	2.0	2.0	2.5	2.5	3.0	3.5	4.0	4.0	4.5	5.0	5.5	5.5

地沟内支架安装要平直牢固，同一地沟内若有多层管道时，安装顺序应从最下面一层开始，最好能将下面的管子安装、试压、保温完成后，再安装上面的管子。为了便于焊接，焊口应选在便于操作的位置。所有管子端部的切口、平正检查及坡口切割均应在管子下沟前集中在地面上完成。

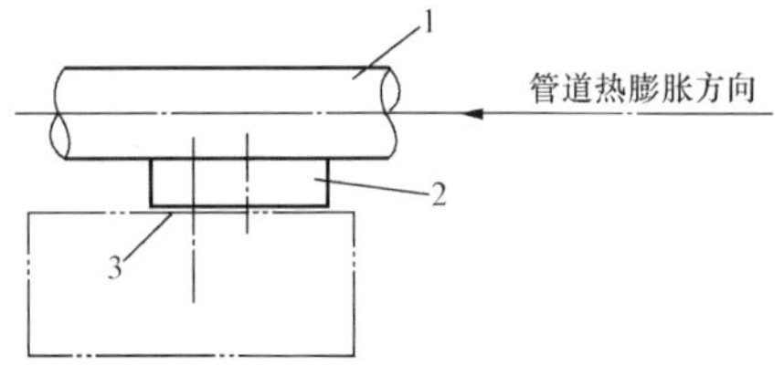

图 8-26 支座偏心安装示意
1—管道；2—支座；3—预埋钢板

在支架横梁（或支墩上钢板）安装后，管道安装前，应按管道的设计位置及安装坡度，在横梁（或钢板）上挂线弹出管道的安装中心线，以作为管子上架就位的安装基准线。然后将已预制好的高支座按其膨胀伸长量，反方向偏移摆在横梁上，参见图 8-26 所示，同时，将其与横梁点焊，随后即可进行管子的上架及连接。

管子上架后，经吹扫清除管内污物，即可进行焊接连接。每根管道的对口、点焊、校正、焊接等工作应尽量采用转动的活口焊接，以提高焊接速度及保证焊接质量。管道焊接后，调整高支座位置，将高支座与管子焊牢（滑动支座要在补偿器预拉伸并找正位置后才能焊接），打掉高支座的点焊缝，再按水压试验，防腐保温等工序即可完成管道安装。

（2）直埋管道安装

直埋管道的敷设，最重要的是保温结构的制作质量。一般情况下，保温结构可在加工厂预先做好，而后再运到现场安装，只留管子接口，待焊接并试压合格后再进行接头保温；接口保温结构补做的方法与管子保温结构相同。

由于预制保温管的保温结构不允许受任何外界机械作用，向管沟内下管必须采用吊装。下管前应根据吊装设备的能力，预先把2～4根管子在地面上连接在一起，开好坡口，在保温管外面包一层塑料薄膜，同时在沟内管道的接口处，挖出操作坑，坑深为管底以下200mm，坑内沟壁距保温管外壁不小于500mm。吊管时，不得以绳索直接接触保温管外壳，应用宽度大约150mm的编织带兜托管子，吊起时要慢，放管时要轻。管子就位后，即可进行焊接，然后按设计要求进行焊口检验及水压试验，合格后可做接口保温。

接口保温前，首先将接口需要保温的地方用钢刷和砂布打净，把接口硬塑套管套在接口上。然后用塑料焊把套管与管道的硬塑保护管焊在一起。再在套管端各钻一个圆锥形孔，以备试压和发泡时使用。接口套管焊接完后，须做严密性试验，将压力表和充气管接头分别装在两个圆孔上，通入压缩空气，充气压力为0.02MPa。同时用肥皂水检查套管接口是否严密。检查合格后，可进行发泡。

为了使埋地管道很好地落实在沟槽内的地基上，减小管道的弯曲应力，管子下面应有100mm厚的砂垫层。在管子铺设完毕后，再铺75mm厚的粗砂枕层，然后用粉状回填土（即细土）填至管顶以上100mm处，以改善管子周边的受力情况，再往上可用沟土回填。如有条件，最好用砂子回填至管顶以上100mm处，对改善管受力效果极佳，如图8-27所示。

（3）架空管道安装

架空管道安装的准备工作与支架施工应同时进行，以加快施工进度。在土建进行支架浇注、养护这段时间内，应进行材料准备、管子检验、清污、防腐、下料、坡口，以及备件加工制作和管段组装等项工作。地面上的预组装是架空管道施工的关键技术环节，必须经施工设计做出全面细致的规划，以尽量减少管子上架后的空中作业量。预组装包括管道端部接口平整度的检查，管子坡口的加工，三通、弯管、变径管的预制，法兰的焊接，法兰阀门的组装等。同时，各预制管件应与适当长度的直管段组合成若干管段，以备吊装。预组装管段的长度应按管道的上架方式、吊装条件等综合考虑确定。

管道安装前，首先检查支架的标高和平面坐标位置是否符合设计要求，支架顶面预埋钢板的牢固性，钢板的尺寸和位置是否满足安装要求。支架结构的强度及表面质量，支架钢板的位置、标高应作为检查验收的重点。在验收后的管道支架预埋钢板的顶面上挂通线，按管道设计中心线及坡度要求，弹画出管道安装中心线，同时以坡度线为基准，测量并记录各支架处与坡度线的差值，以明确调整管道安装标高的高支座的高度。

在挂线两端的支架顶面钢板上，按已弹出的管道安装中心线，临时焊接挂线圆钢，使其垂直于中心线，在圆钢上挂坡度线逐一安装高支座，并使支座顶部与挂线相吻合，对符合坡度要求的高支座，先点焊就位使高支座对准下部中心线，并向热伸长的反方向偏斜 1/2 热伸长量。对不符合要求的高支座应重新制作或支座下加斜垫铁等方法调整。

支座全部安装合格后，即可进行管道预制管段的吊装工作。吊装时，应先吊装有阀门、三通和弯管的预组装管段，使三通、阀门、弯管中心线处于设计位置上，从而使整体管道定位，以下的管道安装工作变为各管件间直线管道的安装，这是确保架空管道安装位置准确性的关键施工环节。为便于管道在空中对口，防止接口处塌腰，可在接口处临时设置搭接板，用以辅助对口。管子 DN≥300mm 时，宜在一根管端点焊角钢搭接板；DN<300mm 时，可用弧形托板，如图 8-28 所示。

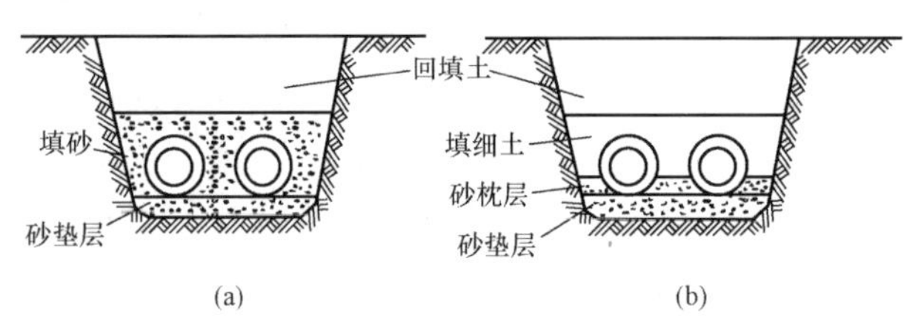

图 8-27 管道直埋断面形式

(a) 砂子埋管；(b) 细土埋管

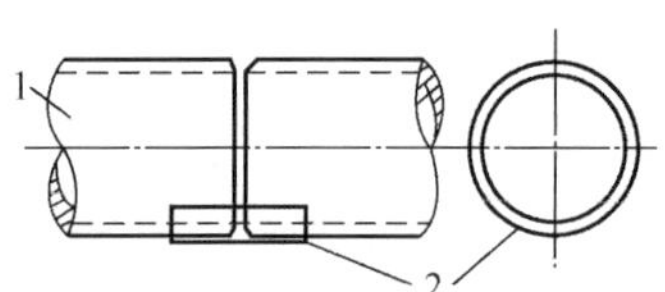

图 8-28 管子对口搭接板

1—搭接板；2—弧形托板

管子对好口后，先将接口点焊三处，焊点按圆周等分布置，使接口具有一定的抗弯能力。然后拆除搭接板，再进行焊接。

接口焊好后，随即检查滑动支座的位置与所确定的安装位置是否吻合，如偏差较大，应进行修正，然后把支座焊在管道上，并铲去临时点焊缝。

管道安装经检查合格后，按规定进行水压试验，试压合格后进行防腐绝热处理。

二、供热管网的调试

室外供热管网安装之后，就可以进行管网的调试，目的是保证管网上所有用户都能获得设计流量。

1. 根据压力降进行调节

先从离热源最近且有剩余压力的用户开始调节，先关小用户热力入口处供水管上的闸阀，使压力表上的压力与用户设计的压力相一致。然后依次由近到远逐个调节用户的压力，当所有用户的压力都调节完后，需再对已调过的系统重新调节一遍，一般应反复调节几次。

2. 根据温度降进行安装调节

先从离热源最近的用户开始，由近到远逐个调节所有用户热力入口处的供、回水温度降，使其接近设计值，如此反复调节几遍，直到供、回水温度降符合规定为止。也可同时根据温度降和压力降进行调节，其调节效果会更好。安装调节完成后，供、回水干管上阀门的开启度应铅封固定或加锁。

3. 室外蒸汽管网的安装调节

室外蒸汽管网一般调节用户热力入口处蒸汽干管上的阀门，使压力达到用户要求的设计压力。加压回水的蒸汽管网，对凝结水管路应细致调节，以免凝结水回流不畅。

三、供热管网的验收

供热管网的验收包括外观检查、压力实验和冲洗。

1. 室外供热管网的外观检查

外观检查是检查系统中安装设备的规格、性能是否与设计书相一致，并检查整个系统的安装质量。

在整个施工期内，室外供热管网的检查包括：

(1) 管网的放线定位；

(2) 管网构筑物的施工及安装的支吊架；

(3) 管道就位，定标高以及管道的连接；

(4) 管网强度和气密性试验；

(5) 管道刷油、保温、着色；

(6) 地下管网的地沟封顶及填土。

供热管网安装完成后的检查重点是：

(1) 管网的焊接质量；

(2) 用法兰连接的管件，如阀门、套筒补偿器等的连接质量；

(3) 管线的直线度和坡度，管网的最高点应有排气装置，最低点应有放水或疏水装置；

(4) 管线上阀门的规格、型号、安装位置应与施工图相符。蒸汽管网中不能误用水阀门，截止阀的安装不能颠倒，所有阀门的手轮应完好无损；

(5) 检查管线上的各种补偿器；

(6) 检查管线的支架和保温情况。

2. 室外供热管网的水压试验

室外供热管网的水压试验大多在保温之前进行，如在保温后进行，焊缝和法兰处应暂不保温，以便观察。地沟或埋设管道的水压试验，也应在封顶或埋土前进行。供热管网的水压试验不宜安排在冬季，以免造成管道冻结。

室外供热管网的试验压力，一般为工作压力的1.25倍，并且不小于工作压力加500kPa，即总试验压力不小于1000kPa。管路上阀门的试验压力，应是其公称压力的1.5倍。试验压力应保持5min，然后再降至工作压力进行检查。

3. 管路冲洗

当管道总试压合格后，热水管网应用水进行冲洗，蒸汽管网应用蒸汽进行吹洗（吹扫）。冲洗前应由设计、施工和管理单位一起编制冲洗方案。冲洗方案主要包括技术、组织和安全等措施。冲洗工作应按冲洗方案规定进行。

由于蒸汽吹洗比水冲洗复杂且危险，所以下面以蒸汽管网的冲洗为例，来说明供热管网的冲洗工作。

(1) 吹洗前的准备工作

1) 进行全面检查。

2) 拆除试压用的临时管道，排尽系统水压试验的存水。

3) 关闭各用户的分支阀门，开启冲洗管段内的全部阀门及疏水阀的旁通阀。

4) 对管道支、吊架的牢固程度进行检查，必要时应加固。

5) 排汽管的直径不宜小于被吹扫管管径的50%，排气管不宜过长，管口应向上倾斜，应有明显标志，保证安全排汽。在冲洗阀处安装单向固定支架，以防蒸汽喷射后的反作用力将管道弹动。

6）必要时应将管道中的流量孔板、止回阀芯等拆除。

（2）暖管工作程序

将管道逐渐加热的过程，习惯上称为暖管。暖管时，应慢慢开启总阀门，使蒸汽逐渐进入管内，以防因流量、压力增加过快，产生温度应力，使管道等受损。暖管时一定要打开所有泄水阀，以防由于凝结水不及时排出而产生水击，造成阀门、支架断裂，管道跳动位移，损坏保温结构等事故。

通入蒸汽暖管时，应不断地检查补偿器、支架、疏水阀等的工作情况，若有问题应及时处理或关闭阀门。

暖管时间与蒸汽温度、管道直径、管道长度、现场气温和管道保温等情况有关。当冲洗管段末端的蒸汽温度接近始端的蒸汽温度时，即可认为暖管达到要求。

当暖管达到要求后，应再恒温 1h。

（3）管道冲洗要求

当以上工作均正常后，即可进行冲洗。

1）首先将冲洗口的阀门全部开启。

2）逐渐开大总阀门。冲洗时的冲洗压力应为管道工程压力的 75%。当冲洗口喷出的蒸汽完全清洁时，即可认为冲洗合格。

不同压力的管道检验方法与要求如下：

一般蒸汽管道，在排汽口放置刨光木板，板上应无铁锈、脏物，即为合格。

中、高压蒸汽管道，将宽为管内径 5%～8%、长等于管子内径的铝板连续两次置于排汽口，要求板上肉眼可见的冲击斑痕不多于 10 点（每点不大于 1mm），即为合格。

3）一般冲洗次数为 1～2 次，每次时间约 20min。每次时间间隔 6～8h，即第一次升温暖管——恒温——冲洗——自然降温至环境温度。若需要再冲洗一次时，应停 6～8h 后，再重复第一次冲洗的全部过程，如此反复进行，直至合格为止。

4）冲洗合格后，对可能留存脏污、杂物的部位，应用人工清扫干净。

（4）螺栓热紧

系统投入试运行前，升压至 0.2～0.3MPa，将所有螺栓热紧一次。

（5）工作压力下检查

将压力升至工作压力，在工作压力下，至少维持 10min，检查接口，应无泄漏。

第九章

集中供热系统的热力站及系统的主要设备

知识点：热力入口，换热站，各种类型换热器。

教学目标：了解热力入口、换热站的组成，各类换热器的特点。

第一节　热　　力　　站

集中供热系统的热力站是供热网路与热用户的连接场所。它的作用是根据热网工况和不同的条件，采用不同的连接方式，将热网输送的热媒加以调节、转换，向热用户系统分配热量以满足用户需求；并根据需要，进行集中计量、检测供热热媒的参数和数量。

一、用户热力站

用户热力站又叫用户引入口，设置在单幢民用建筑及公共建筑的地沟入口或该用户的地下室或底层处，通过它向该用户或相邻几个用户分配热能。图 9-1 是用户引入口示意图，在用户供、回水总管上均应设置阀门、压力表和温度计。热计量供热系统的用户引入口处应设置热量表，为了能对用户进行供热调节，应在用户供水管上设置手动调节阀或流量调节器，在用户进水管上还应安装除污器，可避免室外管网中的杂质进入室内系统。

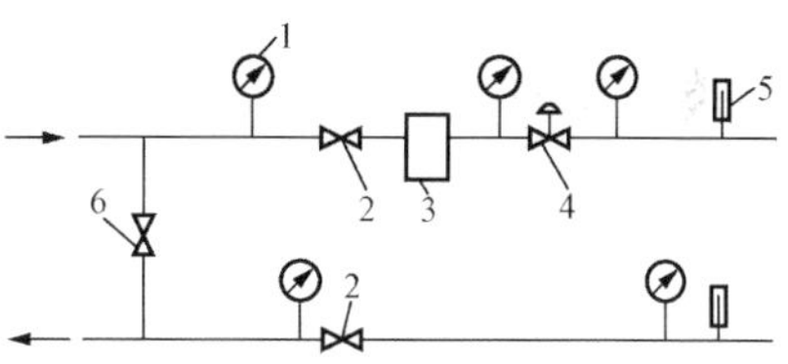

图 9-1　用户引入口示意图
1—压力表；2—用户供回水总管阀门；
3—除污器；4—手动调解阀；
5—温度计；6—旁通管阀门

如果用户引入口前的分支管线较长，应在用户供、回水总管的阀门前设置旁通管，当用户停止供热或检修时，可将用户引入口总阀门关闭，将旁通管阀门打开，使水在分支管线内循环，避免分支管线内的水冻结。

用户引入口要求有足够的操作和检修空间，净高一般不小于 2m，各设备之间检修、操作通道不应小于 0.7m。对于位置较高而需要经常操作的入口装置应设操作平台、扶梯和防护栏等设施，应有良好的照明，通风设施，还应考虑设置集水坑或其他排水设施。

二、小区热力站

小区热力站通常又叫集中热力站，多设在单独的建筑物内，向多栋房屋或建筑小区分配热能。集中热力站比用户引入口装置更完善，设备更复杂，功能更齐全。

图 9-2 为小区热力站，热水供应用户 a 与热水网路采用间接连接，用户的回水和城市生活给水一起进入水一水加热器被外网水加热，用户供水靠循环水泵提供动力在用户循环管路中流动，热网与热水供应用户的水力工况完全隔开。温度调节器依据用户的供水温度调节进入水一水加热器的网路循环水量，设置上水流量计，计量热水供应用户的的用水量。

用户 b 是供暖热用户与热水网路采用直接连接。该系统热网供水温度高于供暖用户的设计水温，在热力站内设混合水泵，抽引供暖系统的回水，与热网供水混合后直接送入用户。

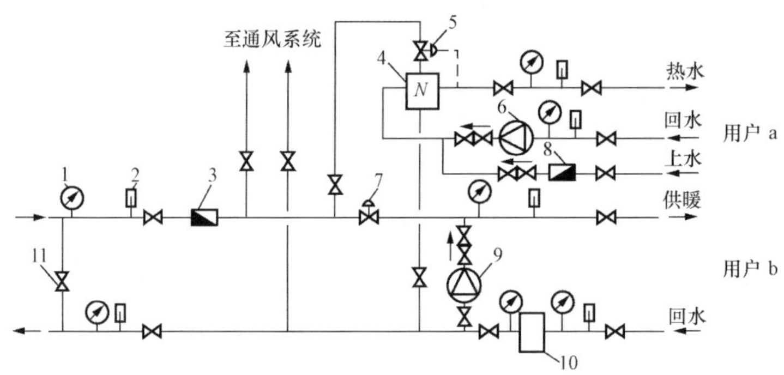

图 9-2 小区热力站

1—压力表；2—温度计；3—热网流量计；4—水一水换热器；5—温度调节器；
6—热水供应循环水泵；7—手动调解阀；8—上水流量计；
9—供暖系统混合水泵；10—除污器；11—旁通管

热力站内水加热器外表面之间或距墙面应有不小于 0.7m 的净通道，前端应留有抽出加热排管的空间和放置检修加热排管操作面的空间，热力站内所有阀门应设置在便于控制操作和便于检修时拆卸的位置。

设小区热力站，比在每幢建筑物设热力引入口能减少运行管理工作量，便于检测、计量和遥控，可以提高管理水平和供热质量。但热力站后的二级管网的投资费用会增加，因此，热力站的数量与规模一般应通过技术经济比较确定，供热半径不宜超过 800m，热力站供热区域内建筑高度相差不宜过大，以便选择相同的连接方式。

第二节 换热器和混水器的构造与工作原理

一、换热器的构造与工作原理

换热器，又叫水加热器，是用来把温度较高流体的热能传递给温度较低流体的一种热交换设备，被加热介质是水的换热器，在供热系统中得到了广泛的应用。换热器可集中设在热电站内或锅炉房内，也可以根据需要设在热力站或热用户引入口处。

根据热媒种类的不同，换热器可分为汽一水换热器（以蒸汽为热媒），水一水换热器（以高温热水为热媒）。

根据换热方式的不同，换热器可分为表面式换热器（被加热热水与热媒不接触，通过金属表面进行换热），混合式换热器（被加热热水与热媒直接接触，如淋水式换热器、喷管式换热器等）。

1. 壳管式换热器

（1）壳管式汽一水换热器

1）固定管板式汽一水换热器，如图 9-3（a）所示。包括以下几个部分：带有蒸汽出口连接短管的圆形外壳，由小直径管子组成的管束，固定管束的管栅板，带有被加热水进出口连接短管的前水室及后水室。蒸汽在管束外表面流过，被加热水在管束的小管内流过，通过管束的壁面进行热交换。管束通常采用铜管、黄铜管或锅炉碳素钢钢管，少数采用不锈钢管。钢管承压能力高，但易腐蚀，铜管、黄铜管导热性能好，耐腐蚀，但造价高。一般超过

140℃的高温热水加热器最好采用钢管。

为了强化传热，通常在前室、后室中间加隔板，使水由单流程变成多流程，流程通常取偶数，这样进出水口在同一侧，便于管道布置。

固定管板式汽—水换热器结构简单，造价低。但蒸汽和被加热水之间温差较大时，由于壳、管膨胀性不同，热应力大，会引起管子弯曲或造成管束与管板、管板与管壳之间开裂，此外管间污垢较难清理。

这种型式的汽—水换热器只适用于小温差，压力低，结垢不严重的场合。为解决外壳和管束热膨胀不同的缺点，常需在壳体中部加波形膨胀节，以达到热补偿的目的，图 9-3（b）是带膨胀节的壳管式汽—水换热器。

2）U 形管式汽—水换热器，如图 9-3（c）所示。它是将管子弯成 U 形，再将两端固定在同一管板上。由于每根管均可自由伸缩，解决了热膨胀问题，且管束可以从壳体中整体抽出进行管间清洗。缺点是管内污垢无法机械清洗，管板上布置的管子数目少，使单位容量和单位重量的传热量少。多用于温差大，管内流体不易结垢的场合。

3）浮头式汽—水换热器，如图 9-3（d）所示。为解决热应力问题，可将固定板的一端不与外壳相连，不相连的一头称为浮头，浮头通常封闭在壳体内，可以自由膨胀。浮头式壳管汽—水换热器除补偿好外，还可以将管束从壳体中整个拔出，便于清洗。

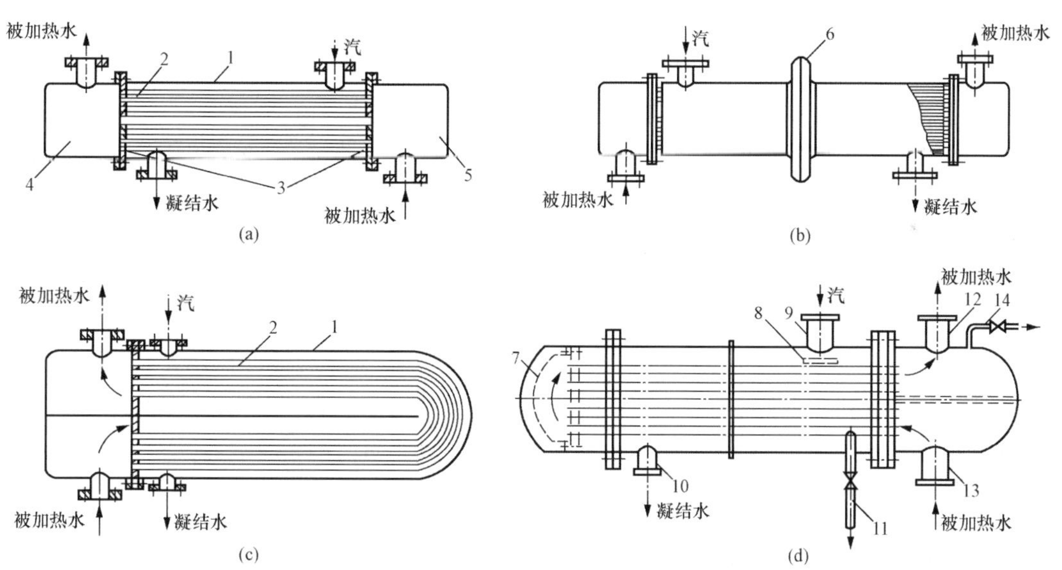

图 9-3 壳管式汽—水换热器

（a）固定管板式汽—水换热器；（b）带膨胀节的壳管式汽—水换热器；
（c）U 形壳管式汽—水换热器；（d）浮头式壳管汽—水换热器
1—外壳；2—管束；3—固定管栅板；4—前水室；5—后水室；6—膨胀节；
7—浮头；8—挡板；9—蒸汽入口；10—凝水出口；11—汽侧排气管；
12—被加热水出口；13—被加热水入口；14—水侧排气管

（2）分段式水—水换热器（图 9-4）

采用高温水作热媒时，为提高热交换强度，常常需要使冷热水尽可能采用逆流方式，并提高水的流速，为此常采用分段式或套管式的水—水换热器。

分段式水一水换热器是将管壳式的整个管束分成若干段，将各段用法兰连接起来，每段采用固定管板，外壳上有波形膨胀节，以补偿管子的热膨胀。分段后既能使流速提高，又能使冷、热水的流动方向接近于纯逆流的方式，此外换热面积的大小还可以根据需要的分段数来调节。为了便于清除水垢，高温水多在管外流动，被加热水则在管内流动。

(3) 套管式水一水换热器（图 9-5）

它是用标准钢管组成套管组焊接而成的，结构简单，传热效率高，但占地面积大。

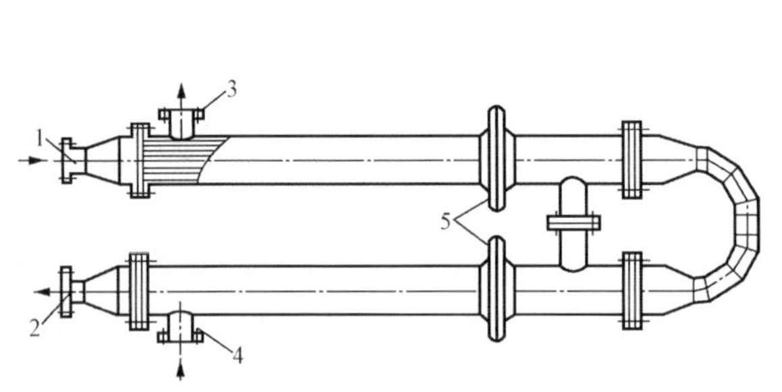

图 9-4 分段式水一水换热器

1—被加热水入口；2—被加热水出口；3—加热水出口；4—加热水入口；5—膨胀节

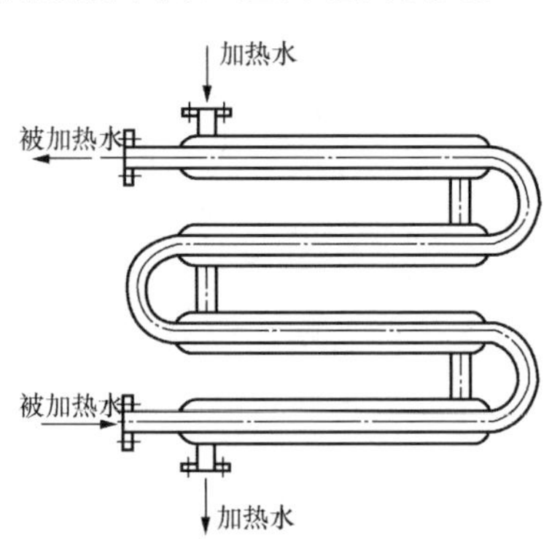

图 9-5 套管式水一水换热器

2. 板式换热器

板式换热器是一种新型的热交换器，它重量轻，体积小，传热效率高，拆卸容易，如图 9-6 所示。它是由许多传热板片叠加而成的，板片之间用密封垫密封，冷、热水在板片之间流动，两端用盖板加螺栓压紧。

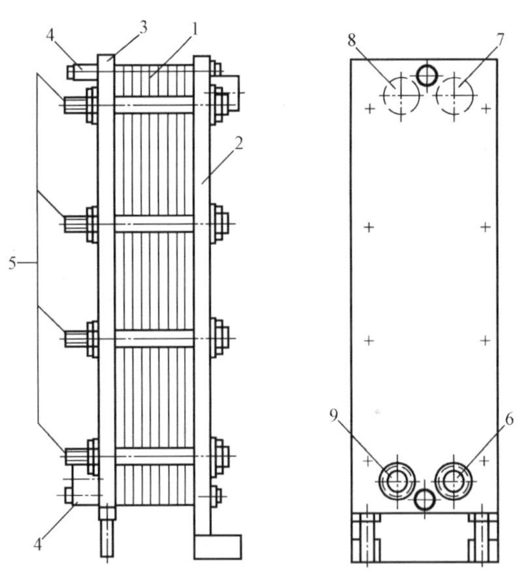

图 9-6 板式换热器

1—加热板片；2—固定盖板；3—活动盖板；4—定位螺栓；5—压紧螺栓；6—被加热水进口；7—被加热水出口；8—加热水进口；9—加热水出口

换热板片的结构形式有很多种，板片的形状既要有利于增强传热，又要使板片的刚性好。图 9-7 为人字形换热板片，在安装时应注意水流方向要和人字纹路的方向一致，板片两侧的冷、热水应逆向流动。

板片之间密封用的垫片形式如图 9-8 所示，密封垫的作用不仅在于把流体密封在换热器内，而且使加热和被加热流体分隔开，不互相混合。通过改变垫片的左右位置，使加热与被加热流体在换热器中交替通过人字形板面。信号孔可检查内部是否密封，如果密封不好而有渗漏时，信号孔就会有流体流出。

板式换热器传热系数高，结构紧凑，适应性好，拆洗方便，节省材料，但板片间流通截面窄，水质不好形成水垢或沉积物时容易堵塞，密封垫片耐温性能差时，容易渗漏和影响使用寿命。

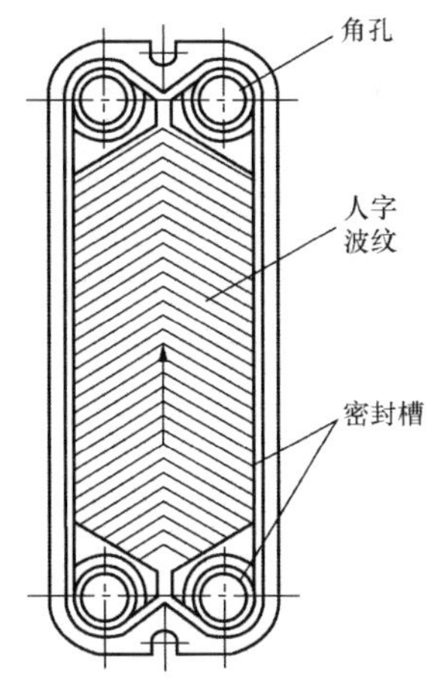

图 9-7 人字形换热板片

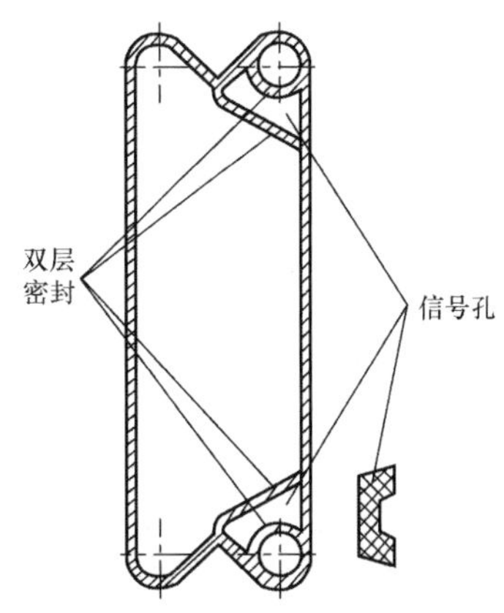

图 9-8 密封垫片

3. 容积式换热器

容积式换热器分为容积式汽一水换热器（图 9-9）和容积式水一水换热器。这种换热器兼起储水箱的作用，外壳大小应根据储水的容积确定。换热器中 U 形弯管管束并联在一起，蒸汽或加热水自管内流过。容积式换热器易于清除水垢，主要用于热水供应系统，但其传热系数比壳管式换热器低。

4. 混合式换热器

混合式换热器是一种直接式热交换器，热媒和水在交换器中直接接触，将水加热。

（1）淋水式汽一水换热器（图 9-10）

蒸汽从换热器上部进入，被加热水也从上部进入，为了增加水和蒸汽的接触面积，加热器内装了若干级淋水盘，水通过淋水盘上的细孔分散地落下，和蒸汽进行热交换。加热器的下部用于蓄水并起膨胀容积的作用。淋水式水加热器可以代替热水供暖系统中的膨胀水箱，同时还可以利用壳体内的蒸汽压力对系统进行定压。

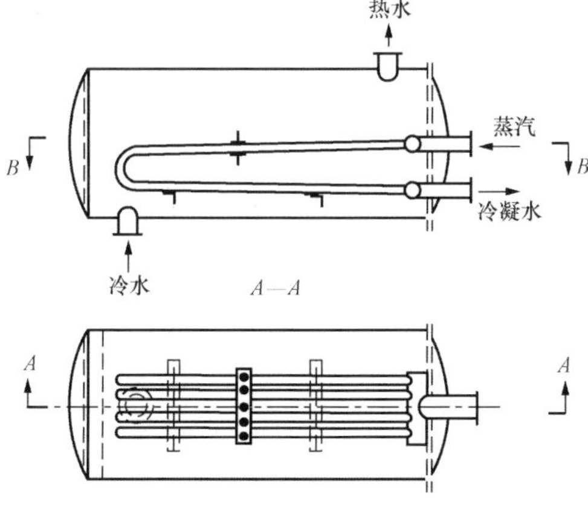

图 9-9 容积式汽一水换热器

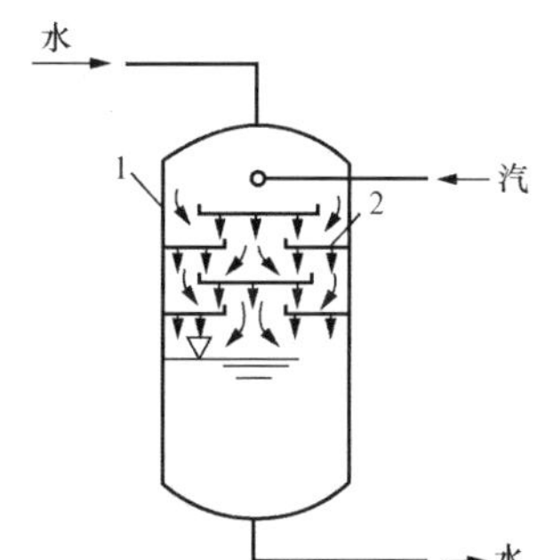

图 9-10 淋水式汽一水换热器

1—壳体；2—淋水板

淋水式换热器换热效率高，在同样热负荷时换热面积小，设备紧凑。由于直接接触换热，不能回收纯凝结水，这会增加集中供热系统热源处水处理设备的容积。

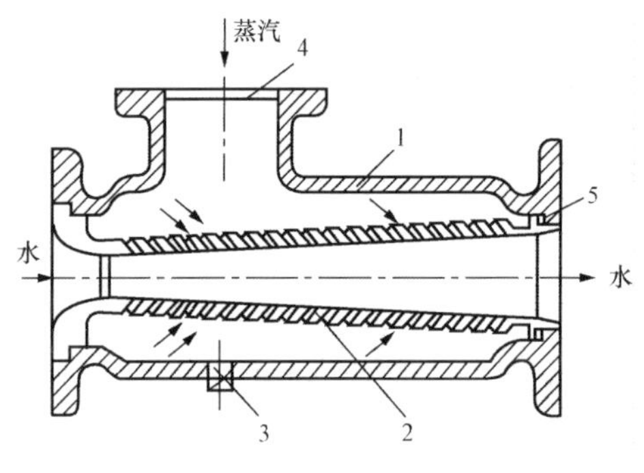

图 9-11 喷射式汽—水换热器
1—外壳；2—喷嘴；3—泄水栓；4—网盖；5—填料

(2) 喷射式汽—水换热器（图 9-11）

喷射式汽—水换热器可以减少蒸汽直接通入水中产生的振动和噪声。蒸汽通过喷管壁上的倾斜小孔射出，形成许多蒸汽细流，并和水迅速均匀地混合。在混合过程中，蒸汽多余的势能和动能用来引射水做功，从而消耗了产生振动和噪声的那部分能量。蒸汽与水正常混合时，要求蒸汽压力至少应比换热器入口水压高 0.1MPa 以上。

喷射式汽—水换热器体积小，制造简单，安装方便，调节灵敏，加热温差大，运行平稳，但换热量不大，一般只用于热水供应和小型热水供暖系统上。用于供暖系统时，多设于循环水泵的出水口侧。

二、混水器的构造与工作原理

喷射器可以使不同压力下的两种流体相互混合，在混合过程中进行能量交换，形成一种中间压力的混合流体。喷射器结构简单，工作可靠，在供暖系统中得到广泛的应用。

两种流体均为水的水—水喷射器，俗称水喷射泵或混水器。它常设在用户入口处，将热网的高温水和室内供暖系统的部分回水混合，以满足供水温度的要求。

水喷射器由喷嘴、引水室、混合室和扩压管组成，如图 9-12 所示。

水喷射器的工作流体和被抽引的流体均为水，从管网供水管进入水喷射器的高温水在其压力作用下，由喷嘴高速喷出，使喷嘴出口处的压力低于用户系统的回水压力，将用户系统的一部分回水吸入，一起进入混合室。在混合室内进行热能与动能交换，使混合后的水温达到用户要求，再进入扩压管。在渐扩型的扩压管内，热水流速逐渐降低而压力逐渐升高，当压力升至足以克服用户系统阻力时，被送入用户。

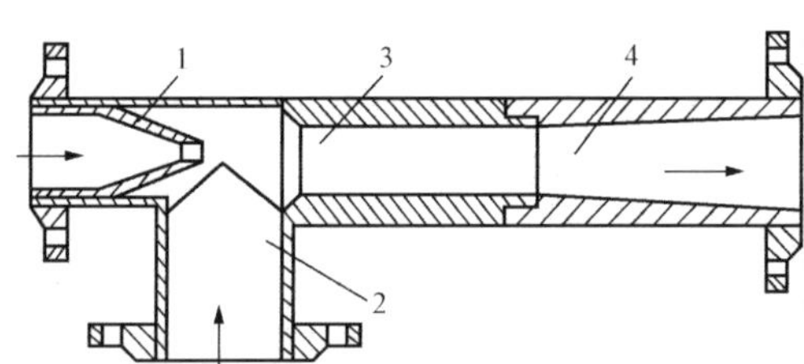

图 9-12 水喷射器
1—喷嘴；2—引水室；3—混合室；4—扩压管

第十章

供热系统验收与运行管理

知识点：供热系统水压、试验与运动管理的方法。

教学目标：掌握供热系统水压试验的方法及运行管理的内容。

第一节　采暖系统的试验与验收

室内采暖系统安装完毕后，应根据设计和规范要求，对系统进行试压、清洗、试运行、调试，然后经由施工、设计、建设、监理单位组成的验收小组对质量进行全面检查鉴定，交付建设单位并办理交工手续。

一、系统的试压

室内采暖系统安装完毕后，管道保温之前进行试压。试压的目的是检查管路系统的机械强度和严密性。

管道系统的强度和严密性试验，一般采用水压试验，在室外温度较低时，进行水压试验有困难，可采用气压试验，但必须采取有效的安全措施，并报请监理单位、建设单位批准后方可进行。

室内采暖系统试压可以分段进行。也可整个系统进行。

1. 系统的试验压力及检验方法

室内采暖系统的水压试验压力应符合设计要求。当设计未注明时，应符合下列规定：

(1) 蒸汽、热水采暖系统，应以系统顶点工作压力加 0.1MPa 作水压试验，同时在系统顶点试验压力不小于 0.3MPa。

(2) 高温热水采暖系统，试验压力应为系统顶点工作压力加 0.4MPa。

(3) 使用塑料管及复合管的热水采暖系统，应以系统顶点工作压力加 0.2MPa 作水压试验，同时在系统顶点的试验压力不小于 0.4MPa。

检验方法：使用钢管及复合管的采暖系统应在试验压力下 10min 内压力降不大于 0.02MPa，降至工作压力后检查，不渗、不漏。

使用塑料管的采暖系统应在试验压力 1h 内压力降不大于 0.05MPa，然后降至工作压力的 1.25 倍，稳压 2h 压力降不大于 0.03MPa，同时各连接处不渗、不漏。

2. 水压试验的步骤及注意事项

水压试验应在管道刷油、保温之前进行，以便进行外观检查和修补。试压用手压泵或电泵进行。具体步骤如下：

(1) 水压试验应用清洁的水作介质。向管内灌水时，应打开管道各高处的排气阀，待水灌满后，关闭排气阀和进水阀。

(2) 用试压泵加压时，压力应逐渐升高，加压到一定数值时，应停下来对管道进行检查，无问题时再继续加压，一般应分 2～3 次使压力升至试验压力。

(3) 当压力升至试验压力时，停止加压，进行检验，不渗不漏为合格。

（4）在试压过程中，应注意检查法兰、丝扣接头，焊缝和阀件等处有无渗漏和损坏现象；试压结束后，对不合格处进行修补，然后重新试压，直到合格为止。

二、系统的清洗

水压试验合格后，即可对系统进行清洗。清洗的目的是清除系统中的污泥、铁锈、砂石等杂物，以确保系统运行后介质流动通畅。

对热水采暖系统，可用水清洗，即将系统充满水，然后打开系统最低处的泄水阀门，让系统中的水连同杂物由此排出，这样往复数次，直到排出的水流清澈透明为止。对蒸汽采暖系统，可以用蒸汽清洗。清洗时，应打开疏水装置的旁通阀。送汽时，送汽阀门应缓慢开启，避免造成水击，当排汽口排出干净蒸汽为止。

清洗前应将管路上的压力表、滤网、温度计、止回阀、热量表等部件拆下，清洗后再装上。

三、试运行和调试

室内采暖系统的清洗工作结束后，即可进行系统的试运行工作。室内采暖系统试运行的目的是在系统热状态下，检验系统的安装质量和工作情况。此项工作可分为系统充水、系统通热和初调节三个步骤进行。

系统的充水工作由锅炉房开始，一般用补水泵充水。向室内采暖系统充水时，应先将系统的各集气罐排气阀打开，水以缓慢速度充入系统，以利于水中空气逸出，当集气罐排气阀流出水时，关闭排气阀门，补水泵停止工作。待一段时间（2h 左右）后，再将集气罐排气阀打开，启动补水泵，当系统中残存的空气排除后，将排气阀关闭，补水泵停止工作，此时系统已充满水。

接着，锅炉点火加热水温升至 50℃时，循环泵启运，向室内送热水。这时，工作人员应注意系统压力的变化，室内采暖系统入口处供水管上的压力不能超过散热器的工作压力。还要注意检查管道、散热器和阀门有无渗漏和破坏的情况，如有故障，应及时排除。

上述情况正常，可进行系统的初调节工作。热水系统的初调节方法是：通过调整用户入口的调压板或阀门，使供水管压力表上的读数与入口要求的压力保持一致，再通过改变各立管上阀门的开度来调节通过各立管散热器的流量，一般距入口最远的立管阀门开度最大，越靠近入口的立管阀门开度越小。蒸汽采暖系统初调节的方法是：首先通过调整热用户入口的减压阀，使进入室内的蒸汽压力符合要求。再改变各立管上阀门的开度来调节通过各立管散热器的蒸汽流量，以达到均衡采暖的目的。

四、采暖系统的验收

室内供暖系统应按分项、分部或单位工程验收。单位工程验收时应有施工、设计、建设、监理单位参加并做好验收记录。单位工程的竣工验收应在分项、分部工程验收的基础上进行。各分项、分部工程的施工安装均应符合设计要求及采暖施工及验收规范中的规定。设计变更要有凭据，各项试验应有记录，质量是否合格要有检查。交工验收时，由施工单位提供下列技术文件：

（1）全套施工图、竣工图及设计变更文件；

（2）设备、配制和主要材料的合格证或试验记录；

（3）隐藏工程验收记录和中间试验记录；

（4）设备试运转记录；

（5）水压试验记录；

（6）通水冲洗记录；

（7）质量检查评定记录；

（8）工程检查事故处理记录。

质量合格，文件齐备，试运转正常的系统，才能办理竣工验收手续。上述资料应一并存档，为今后的设计提供参考，为运行管理和维修提供依据。

第二节　供热系统运行维护管理概述

供热系统的运行维护管理包括热源的运行维护管理，管网的运行维护管理，热力站的运行维护管理及热用户的运行维护管理。

即使设计、施工、调试非常完善的供热系统，若不做好维护管理工作，也不能较长久地、完全地发挥系统和其中设备的性能，保证供热效果。所以，供热系统的运行维护和管理与系统的设计、施工、调试是同样重要的。

一、运行维护管理的概念和目的

1. 运行维护管理的概念

供热系统和设备的维护实质是供热系统和设备经常保持最佳状态，不降低其使用价值的工作。

供热系统和设备管理是指充分地发挥其系统和设备的能力，并使整个供热系统的性能达到最佳状态的工作。

2. 运行维护管理的目的

供热系统和设备运行维护管理的目的是供热系统和设备给热用户创造舒适、方便的环境，满足其用热的需求，并使系统和设备保持安全和卫生的状态。通过合理的运行方式，充分发挥系统和设备的能力，同时，还要通过维护管理工作，使系统和设备的性能、状态保持到目标管理值的耐用年限，并从技术上提高设备和系统的效率，降低运行费用。

二、维护管理的内容和管理组织

1. 维护管理的内容

从工作面上看，供热系统和设备的维护管理分为：性能管理、安全管理、清扫管理和保全管理等。

性能管理指的是各系统和各设备的维护、检查工作，运行、记录工作和修理工作等。

安全管理指的是防止地震、火灾、水灾等灾害给人和设备带来的危害。

清扫管理指的是清除附着在系统和设备上的污染物（灰尘、污水、细菌等），保持环境清洁、卫生。

保全管理指的是有组织，有计划、合理地进行以上管理的管理工作。

从管理对象上看，供热系统和设备的维护管理分为：一般管理和运行管理。

一般管理指的是环境管理、人员管理和能量管理。

环境管理是使室内温度等建筑环境舒适的管理。

人员管理是制定能有效地管理运行、操作、监测和维修人员的系统和有效地进行维护管理的指挥命令系统。特别要重视对人员的教育和培训。

能量的管理在供热系统的维护管理费中所占比重很大，能量管理的好坏对于整个维护管理的影响非常明显。

运行管理指的是运行监测、操作和保全等。

运行监测是指对供热系统和设备的运行状态的监测，运行记录和发现故障。

操作是指根据预先设定的运行顺序进行启动、停止。对于供热设备来说，运行监测中一般包含了操作。

保全是指发现故障，避免降低设备性能的检查，修理工作也包括在保全中。检查的目的是发现平时运行中很难出现的性能降低的现象，观察故障的先兆及精度降低的问题等。修理包括事后保全和预防保全。事后保全指的是故障发生时迅速地进行修理工作。预防保全指的是为了预防发生故障和降低性能，事故发生前更换零部件的工作。

下面是有关维护管理方面的具体工作内容：

(1) 运行监测、操作的主要工作内容

1）根据规定的正确顺序进行启动、停止的运行操作，同时，对规定项目进行监测。

2）为了确认系统和设备是否运行正常，必须对监测项目设定目标管理范围，作为判断设备和系统是否异常运行的依据。

3）当发生异常征兆和紧急事故时，实施预先采取的相应措施，就能防止出现事故发生时的混乱现象和预防事故的扩大。为此，必须对运行人员进行事故发生时的应急培训等工作。

4）及时掌握建筑物的使用状态和设备的负荷变化情况，以便实施与变化相应的运行操作。

5）交班时，必须向接班人介绍负荷的变化状况，异常的先兆和其他的临时工作等。

6）顺利地完成上述工作的必备资料是：设计图纸，设计计算书，竣工图，使用说明书及相应的法规。

(2) 日常管理的主要工作内容

1）修正运行管理监测时的错误动作。

2）进行电、燃料等能量的管理。

3）进行水质管理，不冻液的管理。

4）进行预备零部件、消耗品的储藏管理。

5）进行运行时间带及其他不同类型设备的时间管理。

6）与保全相关的各种资料的收集和分析。

7）给规划、设计、生产厂家提供反馈的数据。

8）产品的缺陷、不合格及废弃产品的管理。

9）故障的早期发现，故障的种类及确认故障的程度。

10）设备性能变化的修正和确认。

11）室内环境条件变化的确认和修正。

(3) 安全管理的主要工作内容

1）发现供热系统和设备中的各种异常现象。

2）预先确定故障发生等紧急事故发生时的相应措施。

3）对人员培训以提高其处理异常和故障发生时的能力。

4）对管理和运行人员都要实施安全教育和专门技术教育。

（4）维护管理日志

维护管理时的各种记录，一般以运行日志的形式记录和保存。维护管理日志的一般格式见表10-1，日志由运行人员记录。

表10-1　维护管理日志

年 月 日 星期 天气				科长		班长	
维护管理人员姓名	工作时间				配置部门	工作状况	特殊事项
	早	上班	下班	值班			
检查地方				检查状况			
故障地方				故障对策			
修理（外修）				修理（内修）			
电力用量				燃料用量			
水用量				备注			

2. 管理组织和人员配置

供热系统和设备的维护管理组织和人数与系统的规模、设备和容量及运行方式、运行时间有关，同时，与运行操作，监测、巡检和修理等的业务范围也有关。

（1）管理组织

一般的供热系统的管理组织与管理体制包括：技术管理、行动管理。其主要内容有：工程（新、增或改造）的计划、监理；环境创造、维护管理计划；运行实际情况和供热量的预测；运行计划和指导；维护管理（巡检、检查等）；实际运行的分析；运行、检测；检查；巡检。

（2）人员配置

管理人员的业务是设备的启动、停止，室内环境的调节、监测，运行记录，故障先兆的监视、发现和采取的相应措施等。维护管理人员的数量和质量对供热系统的可靠性有很大的影响。因此，维护管理人员必须了解管理对象——供热系统和设备，必须具备关断故障和分析故障原因的能力，同时还要具有维修的能力，要不断加强教育与培训。

另外，依据供热系统和设备维护管理相关的法规规定，管理人员必须符合以下资格要求：

1）建筑设备检查资格。根据建设部相关法规，具备建筑设备检查资格的人员，定期地对建筑设备进行调查、检查，并将调查报告呈交相关管理部门。

2）建筑物环境卫生管理技术人员。根据建设部的相关法规，建筑物环境卫生管理技术人员根据供热设备和管理标准，监督并检查建筑物是否进行了合适的维护管理。

3）锅炉。根据劳动安全卫生法的规定，锅炉属于压力容器，必须由具备相应证书的人员进行维护管理。

4）危险物处理。消防法或有关政府法令规定的危险物，如油类的管理就必须接受有关部门的安全监督。

对于供热系统运行维护管理人员的定员有相关标准。燃煤锅炉房供热运行人员及热网运行维护管理的定员标准见表10-2和表10-3。

表10-2 燃煤锅炉供热运行人员定员

供热面积（万 m^2）	合计	各工程人员						
		管理员	司炉工	维修工	水处理	机修工	电工	上煤出灰工
5	19	1	6	3	2		1	6
10	27	1	9	4	2	1	1	9
15	42	1	15	5	3	2	1	15
20	49	1	18	6	3	2	1	18

表10-3 热网运行维护人员定员标准

人员分类	所占百分比（%）
全部职工定员人数	100
一、生产工人占全部职工定员人数	68以上
其中：1. 直接生产工人占全部职工定员人数	45～50
2. 附属、辅助生产工人占全部职工定员人数	23～28
二、管理与工程技术人员占全部职工定员人数	18～21
其中：1. 管理与工程技术人员占全部职工定员人数	11～13
2. 服务人员占全部职工定员人数	7～8
三、其他人员占全部职工定员人数	11

三、集中燃煤热水锅炉房供暖运行管理能耗

《城镇供热系统安全运行技术规程》（CJJ/T88—2000），对热源为燃煤锅炉热水供暖系统的能耗指标做了如下规定：

煤耗应小于或等于50.2kg标煤/GJ；电耗应小于或等于7.2kWh/GJ；直接连接的供热系统失水率应控制在总循环水量的2%以内；间接连接的供热系统失水率应控制在总循环水量的1%之内。

全国房地产科技情报网供暖专业网统计公布了10个城市燃煤热水锅炉房供暖运行管理的能耗现状，见表10-4。

表10-4 十城市锅炉供热能耗现状

城市＼项目	采暖区单方能耗（m^2）			日单方能耗（m^2）		
	标煤（kg）	水（t）	电（kWh）	标煤（kg）	水（t）	电（kWh）
哈尔滨	36.3	0.27	4.1	0.20	1.50	0.023
吉林	32.1	0.26	4.2	0.22	1.58	0.025
沈阳	27.8	0.15	3.4	0.17	1.01	0.023
大连	22.7			0.17		0.028

续表

项目 城市	采暖区单方能耗（m^2）			日单方能耗（m^2）		
	标煤（kg）	水（t）	电（kWh）	标煤（kg）	水（t）	电（kWh）
包头	40.9	0.25	5.6	0.23	1.39	0.031
北京	17.7	0.07	3.3	0.13	0.52	0.024
天津	32.4	0.08	2.4	0.27	0.67	0.020
太原	46.4	0.22	5.1	0.31	1.47	0.034
乌鲁木齐	35.8	0.13	5.7	0.20	0.72	0.032
平均	28.9	0.17	3.8	0.20	1.21	0.026

四、供热设备与管理的寿命和保全

（一）设备与管理的使用年数

1. 使用年数的定义和分类

（1）定义

设备和材料的使用年数是指该设备和材料从开始使用到达不能使用状况的时间。设备或材料的使用年数除特殊情况之外，一般不标示，因为环境条件、使用条件和维护管理方法对使用年限有很大影响。

（2）分类

使用年数分为物理使用年数、经济使用年数、社会使用年数和法定使用年数等四类。

1）物理使用年数：指的是因磨耗、腐蚀、损伤等原因使设备和材料不能保持原有机械性能和物理性能，而且达到不能修理的状况。周围温度、湿度、灰尘、盐类等环境条件，水质、水温、负荷状况、运行时间等使用条件和维护管理方法等对它有很大的影响。

很难定义到达使用年数的设备、材料的临终状态，但如果一定要判断，则可以下列状况为依据：

a. 故障频率增多的时候；

b. 零部件的更换变得非常困难的时候；

c. 从技术上看，到了不可能修理的时候；

d. 性能明显降低，不能维持使用性能和安全性能的时候。

2）经济使用年数：指的是根据寿命周期分析方法决定的使用年数。图 10-1 给出了维护管理费、建设费和寿命周期的关系。从图可知，即使还能通过维护管理满足使用性能的要求，但维护管理费太高，当寿命周期费用增高时，则不宜继续采取这种方式。

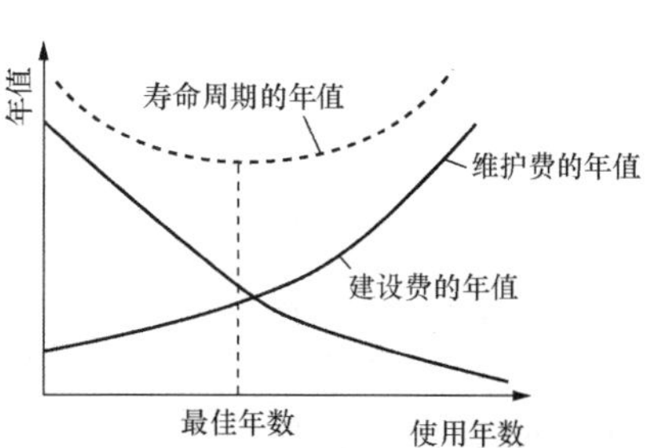

图 10-1　设备的经济实用年数

3）社会使用年数：从物理性能、经济观点上看，设备、材料仍能使用，但从社会的要求上看，外观不美或性能比不上新产品，当必须提高性能，并在对其他部分进行改造的时候，同时更新设备是有利的。将这种类型的年数称为社会使用年数。

4）法定使用年数：将有关政府部门的行业组织规

定的使用年数称为法定使用年数。

2. 部分供热设备和材料的法定使用年数

表 10 - 5 列出了建筑行业协会计算出的部分供热设备的材料和法定使用年数。

表 10 - 5　　供热设备、材料法定使用年限

设备材料名称		法定使用年限
锅炉	烟管	18.7
	铸铁	21.2
水泵		17.0
管道	热水	18
	蒸汽	17.8

3. 设备、材料使用年数的影响因素

供热系统维护管理的好坏对设备、材料的物理使用年数和经济使用年数有很大影响。

以下介绍一些主要设备、管理寿命终止时的状况和延长使用寿命的方法。

(1) 水泵

水泵由许多零部件构成，对这些零部件的维护管理方法不同，水泵的使用年数差别将很大。水泵的泵体、轴承座等因长久使用的减耗、损伤等使水泵达不到能正常使用的状况。水泵的泵体是有一定壁厚的铸造品，内部受到水的磨损和腐蚀，轴承座也不断减耗。为了延长水泵的寿命，就要定期地进行拆检，同时，对内外面进行防锈处理。

(2) 水箱

制造水箱、高位水箱等的材质有钢板、FRP、不锈钢等。水箱本体因腐蚀成孔出现漏水现象，或因全面腐蚀降低了结构的承压能力。

一般在钢板制定的水箱内面涂上环氧树脂或尼龙树脂的防腐层，防腐层的耐久性直接影响水箱的寿命，因此，定期的检查被覆层的状态和有无锈蚀等异常情况的产生，并进行补修是十分重要的。FRP 材料制定的水箱随着运行时间的增长，材质亦会劣化，承压能力也会降低。装配式水箱因密封材质的劣化而漏水，因紧固螺栓的腐蚀而降低它的寿命，故必须对螺栓进行防腐处理。

(3) 热水锅炉

钢板因炉侧或水侧的孔蚀而漏水，当锅炉全面被腐蚀后，补修就非常困难。

燃料中的硫在燃烧时生成硫酸气体，并在锅炉的低温部分冷凝、结露，加快了腐蚀炉体的速度。轻油、天然气等燃料不会产生明显的低温腐蚀，但燃重油时，则必须进行定期的清扫。

锅炉水侧的腐蚀是一种水的自然腐蚀现象。随着水源水质的劣化，硫酸、盐的增多等原因都会加快对钢板的腐蚀。

直接加热式锅炉给水一般为含有盐、硫酸、氧等较多的生水，因此，它的腐蚀速度比间接加热式快，寿命也短。

当采用铜管作为热水管时，在集中供热水系统强制循环过程中，溶解出的铜离子进入锅炉内加快了内部的腐蚀。防止锅炉水侧腐蚀的措施是添加防腐剂，或采取阳极法和外部电源法等电气防腐方法。

（4）管道

管道的材质、用途、使用时间、使用地方不同时，管道的腐蚀速度也不同。使用钢管输水时，因内腐蚀而产生红水现象，因管道不同部位的腐蚀而产生漏水现象。管道和腐蚀有从内部开始的内腐蚀，当管道埋在地下或设置在湿度大的沟内时，则产生从外面开始的外腐蚀。内腐蚀与流体的水质、温度、流速、使用时间有关。其中与水质有关的因素是水的pH值、盐离子、硫酸离子、残存盐浓度、含氧量和导电度等。

埋设在土壤的钢管的腐蚀是一种自然现象，主要是铁和土中的氧和水作用后生成了稳定的氧化铁。埋地管道的使用年数与埋设土壤、施工方法、周围的状况等有关，一般可达到20年，但也有在1～2年内就出现孔蚀的腐蚀问题。短时期发生腐蚀的原因有巨大电流形成的腐蚀，杂散电流形成的腐蚀和细菌腐蚀等。

（二）设备的故障和保全

1. 设备的故障

（1）供热系统故障的定义

设备、零部件失去规定的性能即为故障。故障可按照速度和程度分类，也可按照性能劣化的程度分类，还可以按照故障发生的状况分类。例如，故障突然发生，且完全丧失原有的性能，则称为破坏性故障，当然，也可能出现短时间的、间歇的不稳定动作或误动作等。性能劣化故障是与机器和设备的使用目的相关的故障，即是与判断标准存在程度不同的差异。不仅要计算故障的次数，而且还必须从质量、从设备和机器的性能上考虑它的诚信度。

分析故障时应考虑如下项目：什么时候发生、什么部位、什么类型、程度并分析故障的原因。同时还要考虑如下内容：故障时间、寿命分析、修理时间等，故障类型、故障现象和症状，故障发生比例、次数、故障的轻重等。

（2）故障类型

由于用丧失性能的特征表示故障类型，所以对于零部件而言，故障可分为附着、泄漏、磨耗、折损、堵塞、变形、腐蚀和断裂等17类。

（3）故障率

是定量的分析故障指数，常用平均故障率表示：

平均故障率＝某个运行时间中的总故障数/运行时间

2. 设备的保全

保全分为预防保全和事故后保全两类。预防保全指的是在机器发生故障前，通过检查更换可能发生故障的部分，预防故障的方法，在相关标准中的定义是“按照规定的顺序，进行有计划的检查、试验、再调节，将运行中的故障防止于未然而进行的工作称为保全”。即将日常、定期检查和经常的保全都纳入该项工作中。但若没有计划也实行了预防保全，它同样能减少故障带来的损失，当然，也增加了维护管理的费用。两方面合计费用最低时即为最佳的维护管理状态。预防保全包括计划保全和状态监视保全。

事故后的保全指的是机器故障发生后所进行的修理工作，相关标准的定义是“故障发生后进行的保全。”上述定义说明，不需要定期的维护、检查费用，但若不做定期的维护、检查，则机器设备的各部分将提前减耗，可能突发故障，也可能明显地降低机器、设备的使用年数，从设备来看是不经济的。事故后保全包括紧急保全和事故后保全。

一般根据系统、设备的初投资，保全需要的费用，系统和设备的重要性等判断保全的方式。预防保全或事故保全都能降低故障率，延长设备的使用年数。但保全并不能完全解决设备的缺陷，因此，它们的使用招数仍是有限制的。

（三）设备的更新

供热设备的使用年数与使用条件有关，大体上约为 10～20 年。当接近使用末期时，设备的故障率增大，更换零部件和改造都不能维持其性能，从经济上看，更换新设备比较有利。从社会发展看，已用的设备老化，也要求更换新的性能好的设备。

本节所述的，不仅是部分地更新已达到使用年数的设备机器，而且还通过调查已使用的整个设备的老化状态，从长期的维护管理费用出发，考虑保全性、节能性、安全性、舒适性和法规的适应性之后，确定更新设备的效果。

设备是否需要更新，首先要确定或诊断设备的老化程度，一般按预备调查、编制调查计划、现场调查、汇总调查资料、综合判断、改造计划、施工计划、实施的程序诊断设备的老化。

在预备调查过程中，要根据竣工图，改造情况掌握供热的设备概况，通过阅读保全资料（维护日报、测定记录、检查记录、电费和水费等的记录）了解各种机器的状况，通过与维护管理人员的交谈，了解各种机器的使用方法、管理上存在的问题和维护管理的现况等，并进行简单的现场调查，之后，编制下阶段的调查计划。

在现场调查中，对运行或停止运行机器，通过视觉、听觉和触觉等了解腐蚀的状况，有无损伤、振动、噪声和发热的状态和有无漏水等异常问题。有时，则使用温度计、振动计、噪声计、转速计和流量计等计量仪器详细地诊断机器设备的性能。对于管道，采用千分尺测定管道测试段的剩余厚度，判断管道今后的使用年数。此外，也可采用超声波测厚计，在不切断使用管道的条件下测定管道的壁厚，但对于孔蚀的部分或管径小的管道，这种方法误差偏大，故只能在某个范围内使用。

表 10 - 6 是各种设备机器综合判断标准，与以上调查结果对照，就能综合判断整个设备的老化状态，并为编制改造计划提供重要的依据。编制改造计划时要注意以下几个问题：空间的有效利用，确保更新设备机器的入口，适合法规的新要求，较高的安全性，地震时的相应措施，节能后的系统和设备的研究，管理合理化的研究等。

表 10 - 6　综合判断标准

等级	判断标准
A	构成系统的设备与部件和构成设备的各部分状态好，且均能无故障地运行，只需做些小的调整，因此，估计今后七年内，运行中不会发生故障
B	构成系统的设备与部件和构成设备的各部分稍好，且均能无故障地运行，若不做中等规模的准备和调节，则在今后五年内可能会发生故障
C	构成系统的设备与部件和构成设备的各部分性能恶化，若不做大规模的准备和调节则在今后三年内可能会发生故障
D	构成系统的设备与部件和构成设备的各部分性能非常不好，若不更换设备机器，则在近期可能出现设备不能运行的问题

第三节 热力站的运行维护管理

一、运行维护管理的目的

热力站运行维护管理包括按调度指令对各热力站进行灌水、启动、调节、停运等操作，以及监测热力站及热力站设备的运行状态，目的是保持供热系统的水力、热力平衡，及时发现和排除热力站的故障、隐患，保证供热。

二、热力站的运行管理

热力站的运行管理由热力站启动前检查、热力站灌水、热力站启动、热力站运行调节、热力站停运五部分组成。

（一）热力站启动前检查

热力站启动前应对热力系统，自控、电气、仪表系统，进行启动前检查，热力系统阀门应开关灵活，严密无泄漏；换热器、除污器无堵塞；循环水泵、补水泵、地脚螺栓无松动；管路设备旁通阀已关闭；热力系统应仪表齐全，显示准确；自控系统能正常运行，电气系统各项指标符合要求；水处理设备及补水设备正常；检查上述各设备是否有漏水情况。

检查一次网连通阀是否关闭，进出站阀门、换热器进出口阀门及电动调节阀是否开启，除污器前后阀门是否开启。

检查分集水器上所有运行阀门，除污器前后阀门、循环泵出口阀是否关闭。

（二）热力站注水

热力站注水前，值班人员应做好注水准备工作，启动补水泵向系统注水，对直接连接系统应先对二次系统注水。热力站内有多个环路的二次网应分环注水。注水过程要密切观察二次网压力变化，根据注水时间和压力表变化，判断二次网有无漏水，系统排气后，回水管压力达到规定数值停止注水。

（三）热力站供热启动和调节操作

1. 直接系统的启动和调节操作

直接系统启动操作次序为（见图 10-2）：打开阀门 2，打开阀门 6，打开阀门 5，关闭阀门 3，缓慢打开阀门 1 和阀门 3，观察混合水温度，反复对阀门 1，阀门 3，阀门 5 进行调节，直到符合调节规定的标准为止。

2. 间接系统的启动和调节操作

（1）检查用户系统定压设备或高位水箱信号，确认用户系统是否亏水，必要时先进行补水操作。

（2）先操作二次系统，设备操作顺序为，循环泵、补水泵启动前应开启入口阀门，关闭出口阀门，打开排气阀，排出空气后，按动启动电钮，同时迅速观察配电柜指示仪表是否转换到运行状况，如果没有切换到运行状态，应迅速关闭，再重新启动。如果切换到运行状态应立即赶到泵前，慢慢开启出口阀门，同时应随时观察电流变化，使其在额定范围之内；启动运行正常后，观察二次网压力是否正常，水泵声音及电机温度是否正常、流量调节阀是否正常工作。

（3）二次系统操作完毕后，操作一次系统，操作顺序为：打开一次系统总回水阀门，缓慢打开一次系统总供水阀门，检查热交换器是否正常。

3. 混水加压直接连接系统的启动和调节操作

（1）检查用户系统压力确认是否亏水，必要时先进行补水操作。

（2）水系统要根据外网压差，供水温度情况，进行操作。当总进出口为正压差时，用户供水温度符合要求时，操作顺序为（见图 10-3）：打开总回水阀门 2 和阀门 3，打开用户系统供回水阀门 7、6，缓慢打开供水管道上的阀门 1。

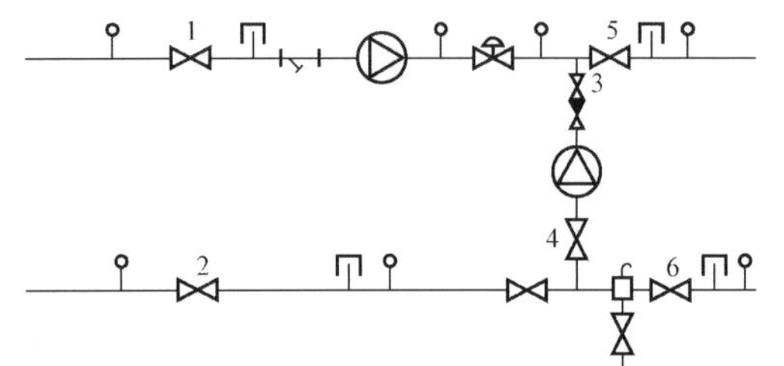

图 10-2　直接连接系统

1—外网供水阀门；2—外网回水阀门；3—混水泵出口阀门；4—混水泵进口阀门；5—用户系统供水阀门；6—用户系统回水阀门

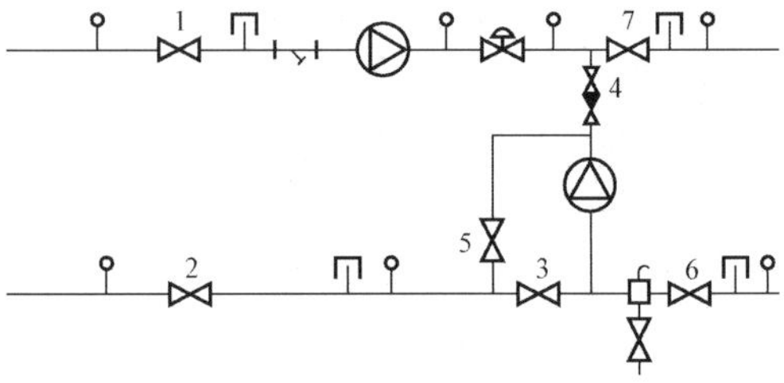

图 10-3　混水加压直接连接系统

1—外网供水阀门；2—外网回水阀门；3—混水泵进口阀门；4—混水泵出口阀门；5—混水泵旁通阀门；6—用户系统回水阀门；7—用户系统供水阀门

（3）当总进出口为负压差或用户供水温度超过指标时，应启动混合加压循环水泵，操作顺序为：关闭阀门 3，启动混合泵，根据回水压力缓慢打开阀门 5，在纯混合状态，打开阀门 3，关闭阀门 5，根据用户供水温度缓慢打开阀门 4，并进行反复调节，直到用户供水温度符合调度室的规定水温，系统循环正常为止。

4. 日常运行调节工作

（1）值班人员应严格按照调度指令建立和控制热力站的运行工况。

（2）值班人员应按时按量向调度室报告各项运行参数和有关供热情况。

（3）值班人员按时、按量认真记录各项参数，不得弄虚作假，不得涂改，保证参数的准确性和真实性。

（4）遇下列情况时值班人员应及时报公司调度室：

1）出现设备故障需要停止热力站设备运行；

2）停电；

3）供电参数不符标准需停泵；

4）需补外网水；

5）用户向值班人员反映不热时；

6）其他原因导致停热时。

（5）热力站一次供回水温度和二次供回水温度及混合温度应严格按照调度室下达的水温曲线图进行调节。

（6）值班人员应密切注意水泵、电机及站内设备的运行情况，发现问题应及时处理，及时向上级和调度室汇报。

（7）水泵的运行电压应在 360～420V 之间，超过此范围应停泵，并通知上级和调度室。

(8) 采暖期内，因故停热后，应针对情况及时处理，及时向上级部门汇报，正常后，请示恢复供热时间，待接到调度室指令后，方能恢复供热。

(9) 供热运行中，如发现用户系统压力下降发生亏水，必须补外网水时，应向调度室请求，经同意后，方可补水，有软化设备的热力站应及时补水。

(10) 向二次系统补充一次系统循环水时，应严格控制补水截门开度，外网压降不应超过原值。补水完毕应及时向调度室汇报，并记录补水时间和补水量，补自制软水时，也应记录补水时间和补水量。

(11) 值班人员应根据二次系统参数和用户的反应在站内进行调节，尽量减少用户分系统之间的水平失调。

(12) 值班人员应认真做好交班工作，交班时间向接班人员汇报本班工作，并在值班记录表中做书面记录，待接班人员清楚后方能离岗。

(13) 接班人员接班时应认真听取交班人员的汇报，并对站内设备运行参数进行一次巡检。

(14) 交接班时出现问题，由交班人员处理。

(15) 当站内发生火灾、大量跑水等事故，已危及到配电柜、电机等设备的安全时，应立即断电，采取相应措施并向调度室报告。

(四) 热力站停运

当采暖期结束之后，值班人员应严格按公司调度室下达的停热计划和停热通知进行停热操作。热力站停运时，应先停一次系统，后停二次系统；生活热水的热力站同时将一次供、回水阀门关闭。

如临时停运进行检查时，则需要将相应环路上的阀门关闭，如长期停运，则分集水器上下所有阀门、自来水阀门、循环泵入口阀门、一次网阀门全部关闭，切断相应设备电源；停运时，先慢慢关闭循环泵出口阀门，待出口阀快要完全关闭时，按动停止按钮，关闭出口阀；长期停运时，应将运行中有缺陷的设备进行登记，停后向检修部门汇报检修。

三、热力站常见故障

热力站在运行或试运行时，供热设备、水泵及管道附件（包括各种阀门，仪表、支吊架）发生异常，造成人身、设备受到损失，影响供热的事件，叫做热力站故障。下面为热力站常用设备、阀门、仪表的常见故障及处理方法。

1. 板式换热器常见故障及处理方法

板式换热器常见故障及处理方法见表 10-7。

表 10-7　板式换热器常见故障及处理方法

故　障	故障原因	处理方式
串　水	板片穿孔	变更板片
泄　漏	板片裂纹或密封垫老化、变形、断裂	更换垫片或密封垫
堵　塞	系统清洗不彻底，水质不合理	解体做清除杂物和除垢处理

2. 离心水泵运行中常见故障及处理方法

离心水泵运行中常见故障及处理方法见表 10-8。

表 10-8 离心水泵运行中常见故障及处理方法

故障类型	主要原因	处理方法
水泵不出水	(1) 叶轮反转 (2) 水泵吸入口被泥沙或脏物堵塞 (3) 吸水口漏气，叶轮密封损坏漏气	电动机重新接线 清理污物 消除漏气处，更换盘根
轴承过热	(1) 润滑油质量不好或油量不足 (2) 水泵与电机轴心不同位 (3) 轴弯曲或轴承滚珠损坏	更换润滑油或增加润滑油 校正同心度 将轴调直或换轴，换轴承
出水量或扬程不足	(1) 水泵质量不好，或选用的水泵过小 (2) 水泵叶轮磨损或叶轮转速低 (3) 吸水管密封性差，漏气磨损 (4) 水泵被泥沙或脏物堵塞	改用质量较好或流量、扬程较高的水泵 修理或更换叶轮，检修键槽 消除漏气 清理干净
振动或噪声大	(1) 叶轮磨损或有泥沙脏物，不平衡，与壳体摩擦 (2) 电机与水泵轴不同心 (3) 地角螺栓松动	调整或更换叶轮 校正同心度 紧固螺栓

3. 除污器常见故障处理方法

除污器常见故障及处理方法见表 10-9。

表 10-9 除污器常见故障及处理方法见表

故障	故障原因	处理方法
流量大、压降小	滤网堵塞	清除除污器内寄存杂质

4. 法兰泄漏及处理方法

法兰泄漏及处理方法见表 10-10。

表 10-10 法兰泄漏及处理方法

主要原因	处理方法
垫片材料选择不当或垫片失效	更换新垫片，垫片材料应按介质种类和工作参数选用
垫片过厚，被高压介质刺穿	改换厚度符合规定的垫片
法兰拆开后，未换垫片重又复位	法兰拆卸复原时应更新垫片
法兰密封面上有缺陷	深度不超过 1mm 的凹坑、径向刮伤等，在车床上旋平； 深度不超过 1mm 的缺陷，在清理缺陷表面后用电焊补焊，经手锉清理再磨平或旋平
相连接的两个法兰密封面不平行	将法兰侧的管子割断重新安装使之与另一法兰平行
管道投入运行后，未进行热拧紧	进行适当热拧紧

5. 自立式温度调节阀常见故障及处理方法

自立式温度调节阀常见故障及处理方法见表 10-11。

表 10-11　**自立式温度调节阀常见故障及处理方法**

故　障	故 障 原 因	处 理 方 法
被控温度不稳定	(1) 阀心、阀座磨损 (2) 阀心、阀座间有异物卡死 (3) 法口径选择过大或小	更换阀心、阀座 清洗阀芯、阀座或在法前设过滤器 重新计算合适的阀门
温度控制不住	(1) 控制阀内波纹管或膜片磨损 (2) 执行器毛细管破损 (3) 执行器某连接处出现漏油	更换新波纹管或膜片 更换执行器 更换执行器

6. 自立式流量调节阀常见故障及处理方法

自立式流量调节阀常见故障及处理方法见表 10-12。

表 10-12　**自立式流量调节阀常见故障及处理方法**

故　障	故 障 原 因	处 理 方 法
不能自动控制	(1) 控制管线堵塞 (2) 膜片破裂 (3) 弹簧折断 (4) 阀前、阀后实际压差小于弹簧整定范围	清洗控制管线 更换垫片 更换弹簧 更换合适的弹簧
被控流量不稳定	(1) 阀口径选择过大或过小 (2) 波纹管损坏 (3) 阀芯、阀座磨损	更换合适的阀门 更换波纹管部件 更换阀芯、阀座

7. 普通阀门常见故障及处理方法

普通阀门常见故障及处理方法见表 10-13。

表 10-13　**普通阀门常见故障及处理方法**

故　障	故 障 原 因	处 理 方 法
关闭件损坏	(1) 关闭件材料选择不当 (2) 将闭路阀门经常当作调解阀用，高速流动的介质使密封面迅速磨损	更换阀门 研磨密封面或更换阀门
密封面不严密	(1) 阀门与阀件配合不严密 (2) 阀座与阀体的螺纹加工不良，因而阀座倾斜 (3) 关闭阀门时操作不当 (4) 阀门安装时，焊渣、铁锈、尘土或其他杂质未清除干净	修理或更换密封圈 如无法补救应更换 用正确方法关闭阀门 研磨密封面或关闭阀门
阀杆升降不灵活	(1) 阀杆弯曲 (2) 推力轴承损坏 (3) 润滑不当导致阀杆产生锈蚀 (4) 衬套螺纹磨损	更换阀门 更换推力轴承 除锈加润滑剂 更换阀杆衬套
填料涵泄漏	(1) 整根填料螺旋装入填料涵 (2) 填料选用不当 (3) 填料不足	重新用正确的方法填装填料 改用符合要求的填料 添加填料

8. 安全阀的常见故障及排除方法

安全阀的常见故障及排除方法见表10-14。

表10-14 安全阀的常见故障及排除方法

故障	原因	排除方法
漏气、漏水	(1) 阀芯与阀座接触面不严密、损坏或有污物 (2) 阀杆与外壳之间的衬套磨损，弹簧与阀杆间隙过大或阀杆弯曲 (3) 安装时，阀杆倾斜，中心线不正 (4) 弹簧永久变形，失去弹性，弹簧与托盘接触不平 (5) 阀杆与支点发生偏斜 (6) 阀芯与阀座接触面压力不均匀 (7) 弹簧压力不均，使阀盘与阀座接触不正	研磨接触面 更换衬套，调整弹簧阀杆的间隙，调整阀杆 校正中心线使其垂直于阀座平面 更换变形失效的弹簧 检修调整杠杆 检修或进行调整 调整弹簧压力
到规定压力不排气	(1) 阀芯和阀座粘住 (2) 杠杆式安全阀杆杠被卡住，或销子生锈 (3) 杠杆式安全阀的重锤向外移动或附加了重物 (4) 弹簧式安全阀弹簧压得过紧 (5) 阀杆与外壳衬套之间的间隙过小，受热膨胀后阀杆卡住	手动提升排气设备 检修杠杆与销子 调整重锤位置去掉附加物 放松弹簧 检修，使间隙适量
不到规定的排气压力	(1) 调整开启压力不准确 (2) 弹簧式安全的弹簧歪曲，失去应有弹力或出现永久弯曲 (3) 杠杆式安全阀重锤未固定好向前移动	校对安全阀 检查或调整弹簧 调整重锤
排气后阀芯不回位	(1) 弹簧式安全阀弹簧弯曲 (2) 杠杆式安全阀杠杆偏斜卡住 (3) 阀芯不正或阀杆不正	检修调整弹簧 检修调整杠杆 调整阀芯和阀杆

9. 压力表的常见故障及排除方法

压力表的常见故障及排除方法见表10-15。

表10-15 压力表的常见故障及排除方法

故障	故障原因	排除方法
指针不动	(1) 旋塞没打开或位置不正确 (2) 汽连管或存水弯管或弹簧弯管内可能被污物堵塞 (3) 指针与中心轴的结合部位可能松动，指针和指针州松动 (4) 扇形齿轮与小齿轮脱节 (5) 指针变形与刻度盘表面接触妨碍指针移动	开启旋塞 拆卸、清除污物 检修校验压力表面更换 修表、重新装好 修表紧固连杆销子

续表

故　障	故　障　原　因	排　除　方　法
压力表指针不回零位	(1) 弹簧弯管失去弹性，形成永久变形 (2) 弯管积垢，游丝弹簧损坏 (3) 汽连管控制阀有泄漏 (4) 弹簧弯管的扩展移位，与齿轮牵动距离的长度没有调整好 (5) 指针本身不平衡或变形弯曲	修表、更换弹簧弯管 清洗弯管换游丝 修理三通旋塞 修表后进行校正 修指针
指针抖动	(1) 游丝损坏，游丝弹簧损坏 (2) 弹簧弯管自由端与连杆结合的螺钉不活动，以致弯曲管扩展移动时，使扇形齿轮有抖动的现象 (3) 连杆与扇形齿轮结合螺钉不活动 (4) 中心轴两端弯曲，转动时轴两端作不同心转动 (5) 连接管的控制阀开得太快 (6) 可能受周围高频振动的影响	更换游丝及弹簧 更换清洗螺钉 清洗更换螺钉 调整轴 修理三通旋塞 排除外界干扰
表面模糊，内有水珠	(1) 壳体与玻璃板结合面，没有橡皮垫圈，橡皮垫圈老溶化，使密封不好 (2) 弹簧弯曲与表座连接的焊接质量不良，有渗漏现象 (3) 弹簧管有裂纹	更换橡皮垫圈 重新焊接 更换弹簧管

第四节　供热管网的运行维护管理

一、供热管网运行维护管理的目的

供热管网运行维护管理包括按调度指令对各条管线进行启动、停运、停放水、灌水、调节等操作及监测管网及管网设备的运行状态，目的是保持供热系统的水力、热力平衡，及时发现并处理管网故障、隐患、保证供热。

二、供热管网的运行维护管理

热水管网的运行管理由管网启动前检查、管网充水、管网启动、管网运行调节、管网停运五部分组成。

蒸汽管网的运行管理由管网启动前检查、管网暖管、管网启动、管网运行调节、管网停运五部分组成。

1. 供热管网启动前的检查

供热管网启动前的检查应编制运行方案，并对系统进行全面检查，检查包括以下内容：

(1) 有关阀门开关是否灵活，操作是否安全，有无跑汽、跑水可能，泄水及排空气阀门应严密，系统阀门状态应符合运行方案要求；

(2) 供热管网的仪表应齐全、准确，安全装置必须可靠有效；

(3) 新建、改建固定支架、卡板、进室爬梯应牢固可靠。

(4) 新建、改建固定支架、卡板、进室爬梯应牢固可靠;

(5) 蒸汽管段内积水是否排净，有无其他影响启动的缺陷，对存在的问题作处理后方能执行下步操作。

2. 供热管网灌水、暖管

供热管网灌水、暖管应注意以下几点:

(1) 管线灌水应根据热源厂的补水能力充水，严格控制阀门开度，按调度指定水量充水，充水应由热源厂等向回水管内充水，回水管充满后，通过连通管向供水管充水;

(2) 在灌水过程中应随时排气，待空气排净后，将排气阀门关闭;

(3) 在整个灌水过程中，应随时检查有无漏水现象;

(4) 蒸汽管道根据季节、管道敷设方式及保温状况，用阀门开度大小严格控制暖管流速，暖管时要及时排出管内冷凝水，管内冷凝水放净后，及时关闭泄水阀门，暖管的恒温时间不应小于1h，当管内充满蒸汽且未发生异常现象才能逐渐开大阀门。

3. 供热管网的启动

供热管网的启动应注意以下几点:

(1) 管线充满水后，由热源厂启动循环水泵或开启供水阀门，开始升压。每次升压不得超过0.3MPa，每升压一次应对供热管网检查一次，重点检查设备及新检修、维护的管段。经检查无异常情况后方可继续升压。

(2) 热水供热管网升温，每小时不应超过20℃。在升温过程中，应检查供热管网及补偿器、固定支架等附件的情况。

(3) 蒸汽管道或热水管道投入运行后，应对系统进行全面检查，检查包括以下内容:

1) 供热管网热介质有无泄漏;

2) 补偿器运行状态是否正常;

3) 活动支架有无失稳、失跨，固定支架有无变形;

4) 阀门有无串水、串汽:

5) 疏水阀、喷射泵排水是否正常;

6) 阀门、套筒压兰、法兰等连接螺栓是否进行了热拧紧。

4. 供热管网的运行调节

供热管网的运行调节包括以下内容:

(1) 蒸汽管线及热水管线在使用期应每周运行检查两次，在非使用期应每周一次。在雨季、管网升温升压时，对新投入运行的管线，应增加运行检查，并填报运行日志，检查主要有下列要求:

1) 供热管道、设备及其附件不得有泄漏;

2) 供热管网设施不得有异常现象;

3) 小室不得有积水、杂物;

4) 外界施工不应妨碍供热管网正常运行及检修。

(2) 供热管网上阀门的操作及其开度应按调度指令执行。

5. 供热管网的停运

供热管网的停运要注意以下要求:

1) 供热管网停运前，应编制停运方案;

2）供热管网停运的各项操作，应严格按停运方案或调度指令进行；

3）供热管网停运应沿介质流动方向依次关闭阀门，先关闭供水，供汽阀门，后关闭回水阀门。

4）停运后的蒸汽管道应将疏水阀门保持开启状态，再次送汽前，严禁关闭。

5）冬季停运的架空管道、设备及附件应做防冻保护；

6）热水管道的停运期间，应进行防腐保护，且应每周检查一次。

三、热网的常见故障

热网在运行或试运行时，供热管道及管道附件（包括各种阀门、补偿器、支架）发生异常，造成人身、设备受到损失，影响供热的事件，叫做热网故障。

1. 管道常见故障及处理方法

管道常见故障及处理方法见表10-16。

表10-16　管道常见故障及处理方法

故障	故障原因	处理方法
泄漏	焊接缺陷，如未焊透、咬肉、气孔、夹渣、裂纹等造成泄漏，管道腐蚀造成局部泄漏	可采取挖补或补焊法等临时措施处理，停热后更换腐蚀管段
泄漏	补偿器故障导致热应力过大造成固定支架处管壁撕裂或管道刚度不足处裂缝	可找临时卡箍，停热后更换补偿器及受损管道
弯曲脱落	套筒卡死，热伸长无法吸收，造成管道弯曲，从支架上脱落	更换套筒
	滑动支墩酥裂	更换滑墩

2. 补偿器常见故障及处理方法

补偿器常见故障及处理方法见表10-17。

表10-17　补偿器常见故障及处理方法

补偿器种类	故障	故障原因	处理方法
套筒补偿器	泄漏	盘根密封不严	小泄漏可带压热拧紧；大泄漏压力至零后，进行热拧紧或重装填料
	不能工作	套筒因管道移位或下沉造成直管倾斜	更换套筒
		支架或滑墩损坏严重，管道下沉或移位，导致套筒卡死	修复支架或滑墩将管道复位，更换套筒
波纹管补偿器	泄漏	在热应力条件下发生的腐蚀造成穿孔	更换，并检查不锈钢材质及工作环境氯离子浓度，如浓度过高，必须治理直至符合波纹管材质的要求
	不能工作	两端管道安装未能对正，导致卡死	修正复位、更换
		拉筋螺母未松开	松开拉筋
球型补偿器	泄漏	密封不严	更换密封填料
	不能工作	锈蚀严重，不能工作	除锈润滑后仍不能工作是应及时更换

第五节 室内供暖系统的运行维护管理

一、运行维护管理的目的

室内供暖系统的运行是否正常，关系到供暖热用户千家万户的利益，因此，室内供暖系统供暖期内的运行维护管理和停暖期内的维护是十分重要的工作，只有做好这些工作，才能保证系统运行时水力平衡，各供暖房间室温满足设计和用户要求，隐患和故障少，达到用户满意的供暖效果。

二、室内热水供暖系统的运行管理

室内热水供暖系统的运行管理由系统启动前的检查、系统充水、系统启动和运行调节、系统停运维护四部分工作内容组成。

1. 系统启动前的检查

室内供暖系统启动前的检查要根据建筑物的性质决定检查内容，对于公共建筑的供暖系统，维护管理人员要尽可能全面的检查；住宅建筑的供暖系统，维护管理人员主要检查地沟内干管、管道井或楼梯间的立管等公用的部分，每个住户内的部分主要告知用户自己检查。检查一般应包括以下内容：

(1) 入口总阀门及各立管起调节控制及关断作用的各种阀门开关是否灵活，是否在停运期间做过维护保养。

(2) 入口或其他部位的过滤器是否已清洗，滤网破损的是否已更换。

(3) 室内管道有无重新安装或改装过的，尤其是用户有无私自改动管道的现象。

(4) 系统在上个供暖停运前检查并做过记号的存在问题的管道，阀门漏水等问题是否已修理过。

(5) 室内地沟是否有积水，地沟和管道井内的管道保温层是否处于完好状态。

2. 室内系统的充水

室内供暖系统一般和庭院室外供热管道同时充水，充水时应注意以下几点：

(1) 充水前几天要事先通知供暖住户，以便系统充水时家中留人，防止漏水给用户造成损失。

(2) 在充水过程中要有专门人员负责立管、干管最高点及散热器的放气。

(3) 在充水过程中要有专门人员负责检查各部分管道有无漏水及泄水阀未关的情况。

3. 室内系统运行调节和维护管理

在室外供热管网、热源运行调节正常的条件下，室内供暖系统的运行调节和日常维护管理主要有以下几个方面工作：

(1) 在初始供暖运行的一、二周内，要经常检查室内系统是否还积存有空气，是否有管道接头、阀门、散热器渗漏，室内的供暖温度及各组散热器的工作是否正常，发现有问题及时解决。

(2) 若整个系统内有冷热不均的环路，要进行调节。对经调节还不热的环路或散热器要进一步检查，看其是否有堵塞，是否阀门未开。

(3) 在系统运行正常后，对室内系统也应每周做一次检查。

(4) 在室外气温较低的供暖期，应检查室内系统楼梯间、门厅等容易使散热器、管道冻坏地方的密封与保温状况，以免这些地方的管道，散热器冻裂。

(5) 系统运行一段时间后，应定期检查和清洗管道上的过滤器，以防堵塞、增大阻力影响供暖效果。

4. 室内系统的停运维护

室内供暖系统停运时及停运期内应注意以下要求：

(1) 室内系统停运前，要有专人对系统做全面检查和记录。第一要检查地沟内或管道井内有无管道、阀门的渗漏，有渗漏时要记录渗漏位置并在管道或阀门上做记号。第二要检查或调查记录哪几环或哪几个散热器有不热现象，以便停运后做彻底的修理。

(2) 停运期内要对停运前检查发现的问题进行检修，并对干管上、立管上的关键阀门做加压填料，螺杆涂机油、黄油，对管道油漆或保温层脱落的部位进行补修。

(3) 停运后应检查清洗系统所有过滤器。

(4) 系统停运后，若能不泄系统的水，尽量不泄，使系统在满水状态下湿保养，减少散热器和管道的氧腐蚀。

三、室内供暖系统的常见故障及其处理

室内供暖系统的常见故障主要是管道系统漏水和散热器不热两方面的故障。

1. 管道系统常出现的漏水故障及处理方法

管道系统常出现的漏水故障及处理方法见表 10 - 18。

表 10 - 18　　管道系统常出现的漏水故障及处理方法

故　障	故障原因	处理方法
管道破裂漏水	焊口有沙眼	补焊或用卡子压堵
	管子冻裂	用卡子压堵或停水补焊
	管子腐蚀穿孔	用卡子压堵或补焊，必要时更换
螺纹连接接口漏水	接口松动	拧紧或更换填料
	外力碰撞	更换填料重新安装
阀门等附件漏水	填料及密封圈损坏	压紧压盖或更换填料、垫圈
	冻裂	更换
散热器漏水	组对接口对丝未拧紧	停水拧紧
	胶垫质量差	更换胶垫

室内供暖系统由于压力波动或散热器质量等原因，有时也会出现散热器突然破裂的大量漏水现象。当该现象出现时，首先要迅速关闭散热器支管阀门或环路阀门、控制漏水然后再更换散热器。

2. 散热器不热常见原因分析及排除方法

散热器不热是指散热器不热或热得不好，室温达不到要求。造成室内供暖系统散热器不热的原因很多，可能有设计、施工方面的原因，也有运行管理方面的原因。

(1) 一个供暖建筑内的大多数散热器不热

一个楼号内的大多数散热器不热现象的出现，要从室内供暖系统本身和热源、外网系统两方面分析原因：

首先检查外网的供水温度和系统入口供回水的压差，大多数该情况出现的原因主要是外

网提供的供回水压差太小，使得室内供暖系统的水流量小。造成供回水压差小的原因又可能是热源或热力站循环水泵的问题或外网水力不平衡问题。

另外，楼号内大多数散热器不热时也要查找室内供暖系统的原因。例如，检查入口过滤器是否堵塞；入口阀门是否真正打开；上供下回系统，顶部干管是否满水，存气。

(2) 一个建筑内的局部散热器不热

建筑内供暖系统局部散热器不热有以下一些情况：

1）有几层楼房的散热器不热，如上热下冷，下热上冷；

2）有几个环路或几根立管的散热器不热；

3）个别组散热器不热。

检查分析上述情况的原因时，应重点查找分析以下几方面：

1）不热的散热器、立管、环路是否有空气积存处，如管道坡度不对，有上下返弯等。

2）不热散热器所连管道上的阀门是否真正开启，是否有阀芯脱落现象。

3）局部管道内是否有堵塞物，必要时拆开检查可疑处，并冲洗。

4）测量入口供、回水压差是否满足要求，若入口供回水压差不足，由系统循环水量不足，必然会导致有局部散热器不热。

5）若有局部散热器不热，又有部分散热器太热时，要对整个室内供暖系统再进行一次调节，关小过热散热器管道上的阀门，开大不热散热器的阀门。

6）有些管道安装缺陷使局部散热器不热最难察觉，如立管与干管或立管与支管碰头时粗管上的开孔太小，或者粗管上的开孔太大，以至于使细管插入部分太多。再如，管道用砂轮切割机切断时，管口毛刺，铁膜未清理。水力计算非最不利环路上的散热器不热，就可能是上述管道安装缺陷造成的。

(3) 散热器不热故障的排除

准确查找分析散热器不热的原因是排除散热器不热故障的关键，有些散热器不热，原因找到后故障很容易解决，如管道积气、阀门未开，过滤器堵塞等。有些散热器不热原因找到后，故障也不能在短时间内排除，尤其是热源循环水泵、外网水力不平衡等问题，要在多方协调下，在适当的时候才能解决。

四、室内供暖系统的室温标准和合格率

一个供暖系统运行管理的好坏，要用标准去衡量。《城镇供热系统安全运行技术规程》(CJJ/T88—2000) 对供暖期热用户室温标准做了规定：当热用户无特殊要求时，民用住宅室温不应低于16℃；用户的室温合格率应在97%以上。下面介绍室温合格率的概念和计算。

室温合格率是指在供暖期内供暖用户室温达到上述标准的程度，其计算公式为：

用户室温合格率＝检测合格户数/检测总户数

用室温合格率可以评价一个单体建筑的供暖合格程度，也可以评价一个供暖系统的供暖效果。计算用户室温合格率进行室温检测时，应选择有代表性的用户进行检测，对单个建筑应选择不同楼层、不同朝向的房间进行检测；对于一个供暖系统，还要考虑建筑距热源的远近。一个供暖系统需检查的用户供暖面积，当总供暖面积在 50 万 m^2 以内时，不低于总面积的 4%，当总供暖面积在 50 万 m^2 以上时，不低于总面积的 3%。

第十一章

供热系统施工图

知识点：供热系统室内、外施工图的组成。

教学目标：学会识读供热系统室内、外施工图。

第一节 概 述

北方地区的建筑，如工厂、商场、办公楼、教学楼、公寓、民用住宅，在冬季为了使室内保持一定的温度，需要在建筑物内设置供热系统。而从经济、卫生和供热效果考虑目前多采用集中供暖方式。

集中供热是由锅炉将水加热到90℃左右，热水通过室外管网（供热管网）输送到建筑物内，再经由供热干管、立管、支管送至各散热器内，散热后集中到回水干管返回至锅炉重新加热，如此循环供热。以热水为热媒的供热系统称为热水供热系统。它是目前比较广泛采用的一种供热方式。

供热系统施工图分室内和室外两部分。室外部分，表示一个区域的供热管网，包括供热平面图、管沟剖面图及详图。室内部分，表示一栋建筑的供热系统，包括供暖系统平面图、轴测图和详图。此外均有设计施工说明。图中常采用单线表示管路，用符号（称为图例）表示散热器及其他设备。

一、线型

供热管网施工图上的管线常采用统一的线型表示，不同的线型所表示的含义各不相同，因此，绘图时，必须按规定选用线型和线宽。

管道施工图中常用的线型有：粗实线、中实线、细实线、粗虚线、中虚线、细虚线、中波浪线、细波浪线、单点划线、双点划线及折断线，各种线型及其含义，见表11-1。

表11-1　线型及其含义

名称		线型	线宽	一般用途
实线	粗	————————	b	单线表示的管道
	中粗	————————	$0.5b$	本专业设备轮廓，双线表示的管道轮廓
	细	————————	$0.25b$	建筑物轮廓；尺寸等标注线；非本专业设备轮廓
虚线	粗	- - - - - - - -	b	回水管线
	中粗	- - - - - - - -	$0.5b$	本专业设备及管道
	细	- - - - - - - -	$0.25b$	地下管沟、改造前风管的轮廓线；示意性连线
波浪线	中粗	～～～～	$0.5b$	单线表示的软管
	细	～～～～	$0.25b$	断开界限
单点划线		—·—·—·—	$0.25b$	轴线、中心线
双点划线		—··—··—	$0.25b$	假想或工艺设备轮廓线
折断线		——\/——	$0.25b$	断开界限

二、管道图例

供热管网施工图中的管子、管件及阀门常采用规定的符号来表示。这些图例并不完全反映实物的真实形象，仅示意性地反映设备或管（阀）件。在此介绍常用图例，见表 11 - 2。

表 11 - 2 常用图例

闸阀		
手动调节阀		
阀门（通用）、截止阀		
球阀转心阀		
角阀	或	
平衡阀		
三通阀	或	
四通阀		
节流阀		
膨胀阀	或	
快放阀		
减压阀	或	左图小三角为高压，右图右侧为高压端
安全阀		左图为通用，中为弹簧安全阀，右图为重锤安全阀
蝶阀		
止回阀		左为通用，右为升降式，流向同左
浮球阀	或	
补偿器		
套管补偿器		
方形补偿器		
弧形补偿器		
波纹管补偿器		
除污器（过滤器）		左为立式除污器，右为卧式除污器

续表

节流孔板、减压孔板		
散热器及手动放气阀	15　15　15	左为平面图画法，中为剖面图画法，右为系统图画法
散热器及控制阀	15　15 15　15	左为平面图画法，右为剖面图画法
集气罐排气装置		
自动放气阀		
水泵		
疏水器		
变径管（异径管）		左为同心异径管，右为偏心异径管
活接头		
法兰		
法兰盖		
丝堵		
可曲挠橡胶软接头		
金属软管		
绝热管		
保护套管		
固定支架		
流向	或	
坡度及坡向	i=0.003 或 i=0.003	

第二节　室内供暖系统的识读

一、供暖施工图的组成

供暖系统施工图包括系统平面图、轴测图、详图、设计施工说明等。

1. 平面图

它是利用正投影原理，采用水平全剖的方法，表示出建筑物各层供暖管道与设备的平面布置，应连同房屋平面图一起画出。内容包括：

(1) 标准层平面　应表明立管位置及立管编号，散热器的安装位置、类型、片数及安装方式。

(2) 顶层平面图　除了有与标准层平面图相同的内容外，还应表明总立管、水平干管的位置、走向、立管编号、干管坡度及干管上阀门、固定支架的安装位置与型号；膨胀水箱、集气罐等设备的位置、型号及其与管道的连接情况。

(3) 底层平面图　除了有与标准层平面图相同的内容外，还应表明引入口的位置，供、回水总管的走向、位置及采用的标准图号（或详图号），回水干管的位置，室内管沟（包括过门地沟）的位置和主要尺寸，活动盖板和管道支架的设置位置。

平面图常用的比例有 1∶50，1∶100，1∶200 等。

2. 系统轴测图

又称系统图，是表示供暖系统的空间布置情况，散热器与管道的空间连接形式，设备、管道附件等空间关系的立体图。标有立管编号，管道标高，各管段管径，水平干管的坡度，散热器的片数及集气罐、膨胀水箱、阀件的位置、型号规格等。可了解供暖系统的全貌。比例与平面图相同。

3. 详图

表示供暖系统节点与设备的详细构造及安装尺寸要求。平面图和系统图中表示不清，又无法用文字说明的地方，如引入口装置、膨胀水箱的构造与配管、管沟断面、保温结构等可用详图表示。

如果选用的是国家标准图集，可给出标准图号，不出详图。

常用的比例是 1∶10～1∶50。

4. 设计、施工说明

说明设计图纸无法表达的问题，如热源情况、供暖设计热负荷、设计意图及系统型式，进出口压力差，散热器的种类、型式及安装要求，管道的敷设方式、防腐保温、水压试验要求，施工中需参照的有关专业施工图号或采用的标准图号等。

二、供暖施工图的识读及示例

1. 室内供暖图样的画法

(1) 平面图图样画法

1) 供暖平面图上的建筑物轮廓应与建筑专业图一致。

2) 管道系统用单线绘制。

3) 散热器用图例表示，画法如图 11-1。

柱式散热器只标注片数，如图 11-1 中所示。

圆翼型散热器应注明根数、排数，串片式散热器应注长度、排数，如图 11-2 所示。

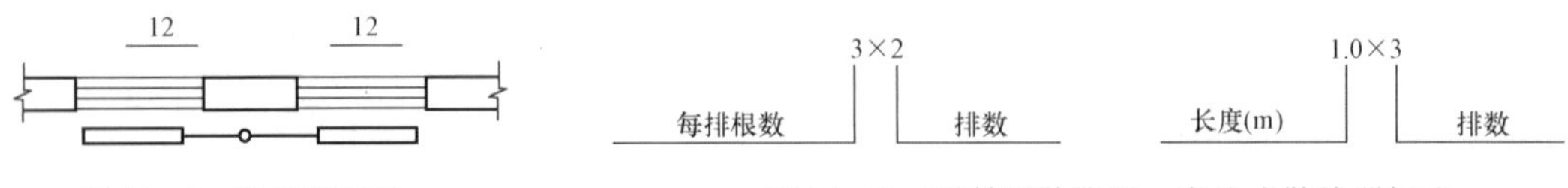

图 11-1　散热器画法

图 11-2　圆翼型散热器、串片式散热器标注

4）散热器的供回水管道画法如图 11-3。

（2）系统图的图样画法

供暖管道系统图通常采用 45°正面斜轴测投影法绘制，布图方法应与平面图一致，并采用与之对应的平面图相同的比例绘制。

1）散热器的画法及数量、规格的标注见图 11-1、图 11-2、图 11-3。

2）系统图中的重叠、密集处可断开引入绘制。相应的断开处宜用相同的小写拉丁字母注明，见图 11-4 所示。

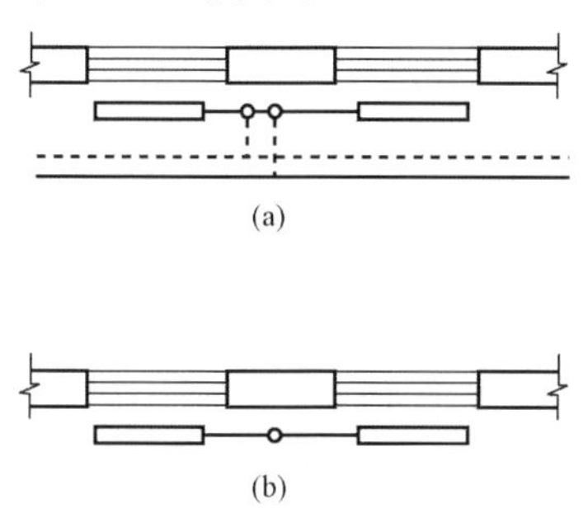

图 11-3　散热器的供回水管道画法

（a）双管系统画法；（b）单管系统画法

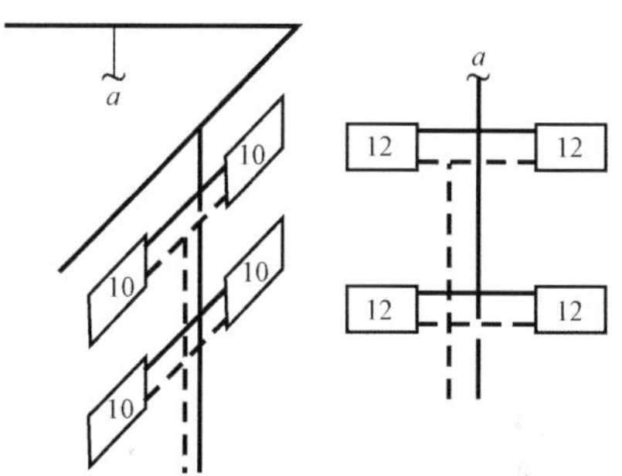

图 11-4　散热器画法及标注

3）柱型、圆翼型等散热器的数量应标注在散热器内，串片、光管等散热器的数量、规格应注在散热器上方。

（3）标高与坡度

供暖管道在需要限定高度时，应标注相对标高。管道的相对标高以建筑物底层室内地坪为±0.00 为界，低于地坪的为负值（例如地沟管道）、比地坪高的用“+”号。

1）管道标高一般为管中心标高，标注在管段的始端或末端。

2）散热器宜标注底标高，同一层，同标高的散热器只标注右端的一组。

3）管道的坡度用单面箭头表示，如图 11-5。坡度符号用“i”表示。箭头所指为坡向，而不是热媒流向，数字表示坡度。

（4）管径与尺寸的标注

1）焊接钢管用公称直径 DN 表示管径规格。如：DN32、DN25。

2）无缝钢管用外径和壁厚表示。

3）管径标注位置如图 11-6 所示。注意：①变径管应注在变径处；②水平管道应注在管道上方；③斜管道应标注在管道斜上方；④竖管道应标注在管道左侧；⑤当管径规格无法按上述位置标注时，可另找适当位置标注，但应用引出线示意；⑥同一种管径的管道较多时，可不在图上标注，但需用文字说明。

4）管道施工图中注有详细的尺寸，以此作为安装制作的主要依据。尺寸符号由尺寸界线、尺寸线、箭头和尺寸数字组成。一般以 mm 为单位，当取其他单位时必须加以注明。如果有些尺寸线在施工图中标注的不完整，施工、预算时可根据比例，用比例尺量出。

（5）比例

图纸中管道的长短与实际大小相比的关系叫作比例。一般供暖管道平面图的比例随建筑图确定，系统图随平面图而定，其他详图可适当放大比例。但无论何种比例画出的图纸，图中尺寸均按实际尺寸标注。

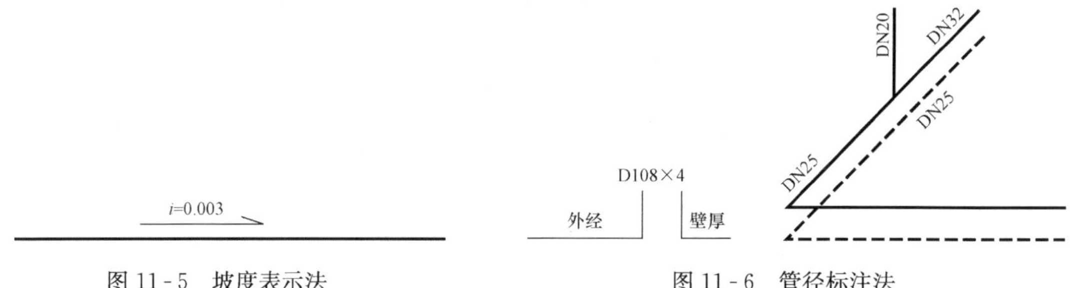

图 11-5 坡度表示法　　图 11-6 管径标注法

2. 供暖施工图的识读

(1) 供暖施工图的识读

识读施工图时，应将平面图、系统图对照起来。首先看标题栏，了解该工程的名称、图号、比例等，并通过指北针确定建筑物的朝向、建筑层数、楼梯、分间及出入口等情况。然后进一步了解管道、设备的设置情况：

1）查明入口的位置、管道的走向及连接，各管段管径的大小要顺热媒流向看，例如供水，由大到小；回水，由小到大。

2）了解管道的坡向、坡度、水平管道与设备的标高，以及立管的位置、编号等。

3）掌握散热设备的类型、规格、数量及安装方式及要求等。

4）要看清图纸上的图样和数据。节点符号、详图等要由大到小、由粗到细认真识读，具体识读通过下述的施工图识读示例进行。

(2) 施工图识读示例

该设计为某学校的一栋三层宿舍楼。施工图纸包括一层平面图（图 11-7)、标准层平面图（图 11-8)、顶层平面图（图 11-9）和系统图（图 11-10)。比例均为 1：100。

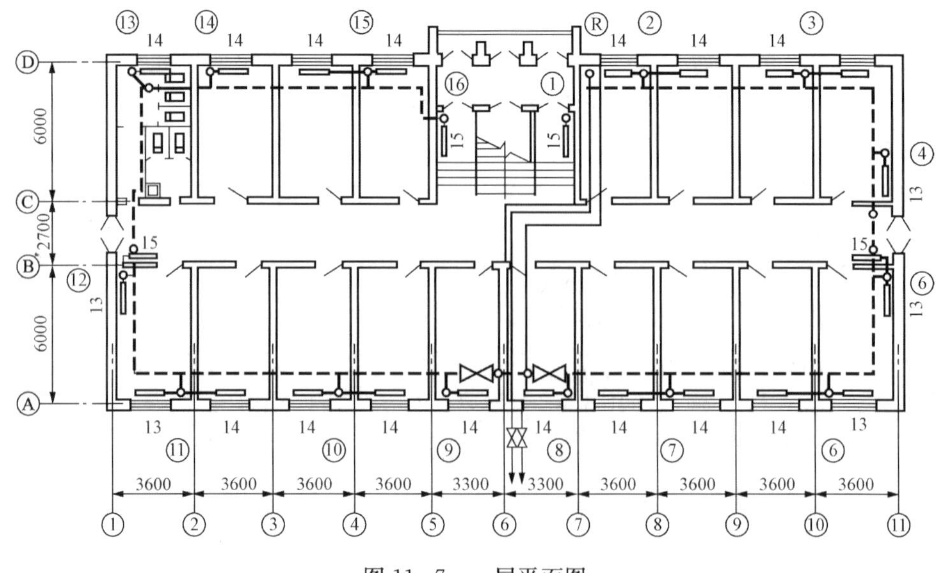

图 11-7 一层平面图

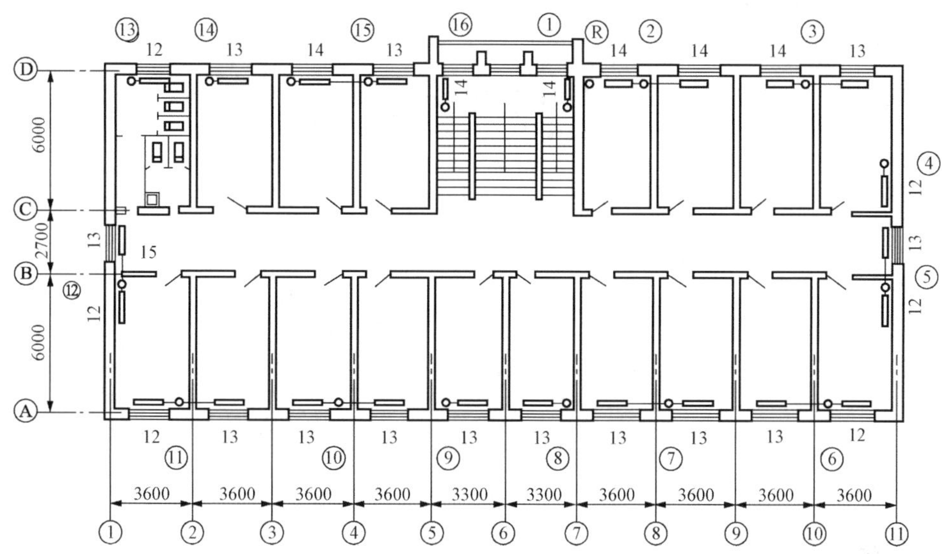

图 11-8　标准层平面图

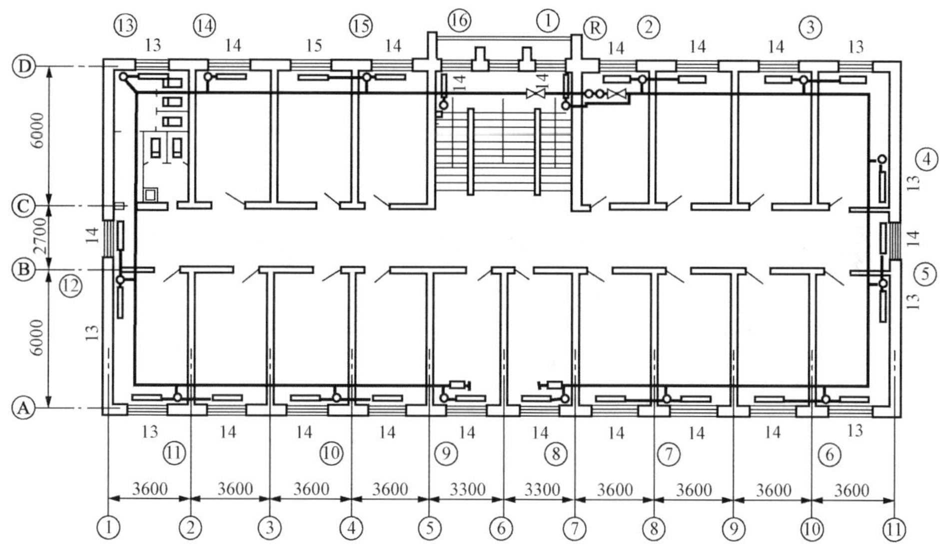

图 11-9　顶层平面图

系统采用机械循环上供下回单管顺流式热水供暖系统，供水温度 95℃，回水温度 70℃。

锅炉房设在该宿舍楼的南向，供水引入管设在南向中部 6 号轴线右侧的管沟内。进入室内的供水总管沿室内地沟引向北向，转折后在北向 7 号轴线右侧沿外墙上升至顶层梁下，沿外墙分成两个并联支环路向各立管供水，供水干管末端最高点处设有集气罐，集气罐的放气管引至房间内的洗手盆上。

系统采用同程式系统，两并联环路分别以北侧门厅两侧散热器回水管为起端，沿外墙在地面上敷设。

西侧环路回水干管在北向轴线 1 处，因为要进入卫生间，为避免穿过卫生设施，回水管进入室内地沟，跨越西侧侧门后，抬升到地面上继续前行。

东侧环路回水干管在东侧侧门处也需要经过过门地沟。

两侧回水在轴线 6 处汇合下降与热水引入管经同一地沟出户。

系统供水引入管、回水出户管，每个环路起、末端和立管上、下端各安装一个闸阀。

系统采用柱形散热器，片数已标在平面图和系统图中。

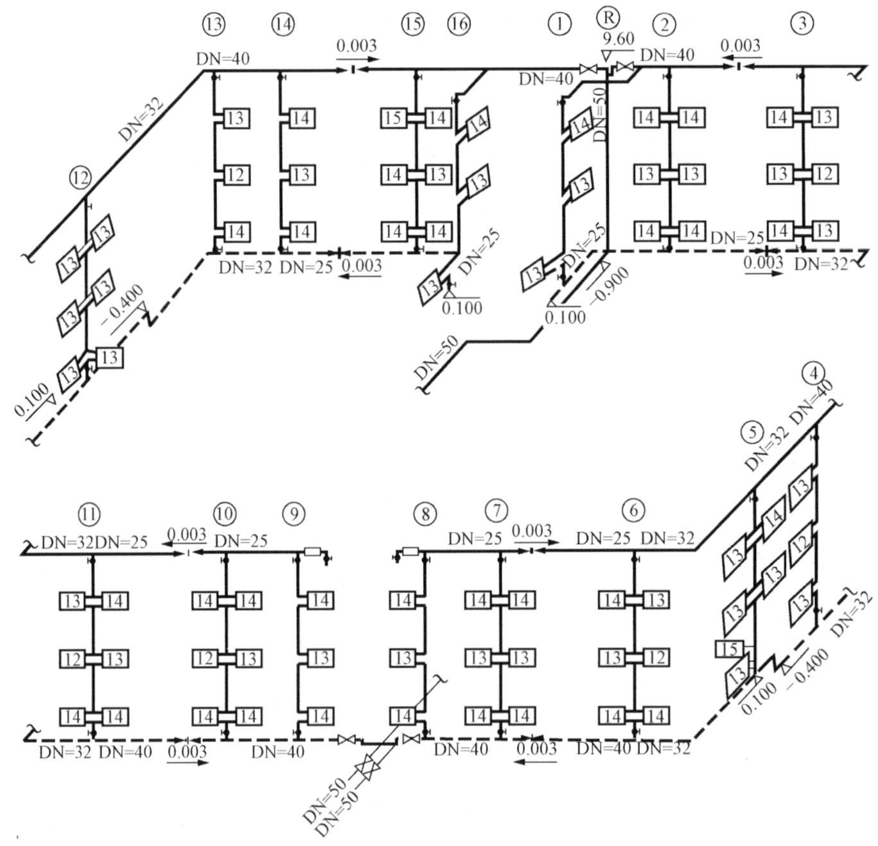

图 11-10 供暖系统图

第三节 室外供热管网的识读

室外供热管网施工图包括供热管网平面布置图、管道纵横断面图。

一、供热管网平面布置图

1. 供热管网平面图的主要内容

(1) 建筑物总平面图的地形、地貌、标高、道路及建筑物的位置等。

(2) 管道的名称、用途、平面位置、标高、管径和连接方式。

(3) 管道地沟的形状、平面尺寸及管道支架的形式、位置、数量。

(4) 阀门的型号、位置、放气装置、疏水及泄水装置的设置情况。

（5）管道辅助设备及管道附件的设置，如伸缩器的型式、位置等。

2. 绘制供热管网平面图的要求

（1）供水管道及蒸汽管道，应敷设在供热介质前进方向的右侧。

（2）供水管用粗实线表示。回水管用粗虚线表示。

（3）在平面图上应绘出经纬网络平面定位线（即城市平面测绘图上的坐标尺寸线）；

（4）在管线的转点及分支点处，标出其坐标位置。一般情况下，东西向坐标用“X”表示，南北向坐标用“Y”表示。

（5）管路上阀门、补偿器、固定点等的确切位置，各管段的平面尺寸和管道规格，管线转角的度数等均需在图上标明。

（6）将检查室、放气井、放水井、固定点进行编号。

（7）局部改变敷设方式的管段应予以说明。

（8）标出与管线相关的街道和建筑物的名称。

从理论上讲，用 X、Y 坐标来确定管线的位置是合理的，但从工程角度看，易出现误差，且施工不便。在工程设计中通常在管线的某些特殊部位以永久性建筑物为基准标出管线的具体位置，与坐标定位相配合。

图 11-11 是某城市集中供热管网中一段管道的平面布置图，制图比例为 1∶500。

图中细线框代表建筑物，线框中的数字表示建筑物楼层数。管道采用直埋敷设。

二、管道纵、横断面图

供热管道纵断面图是依据管网平面图所确定的管道线路，在室外地形图的基础上，沿管线绘制出管道的纵向断面图和地形竖向规划图，主要反映的是管道及构筑物（地沟、管架）在纵、横断面上的布置情况，并将平面上无法表示清楚的立面情况表示出来。在管道的纵断面图上，应表示出：

（1）自然地面和设计地面的高程、管道的高程；

（2）管道的敷设方式；

（3）管道的坡向、坡度；

（4）检查室、排水井和放气井的位置及高程；

（5）与管线交叉的公路、铁路、桥涵、水沟等；

（6）与管线交叉的设施、电缆及其他管道等（如果它们位于供热管道的下方，应注明其顶部高程，如果它们在供热管道的上方，应注明其底部高程）。

由于管道纵断面图没能反映出管线的平面变化情况，所以需将管线平面展开图与纵断面图共同绘在同一图上，这样纵断面图就更完整全面了。

供热管道纵断面图中，纵坐标与横坐标并不相同，通常横坐标的比例采用 1∶500，1∶100 的比例尺。纵坐标采用 1∶50，1∶100，1∶200 的比例尺。

图 11-12 是供热管道纵断面，该图的比例：横坐标（管线延线高度尺寸坐标）为 1∶500；纵坐标（管道高程数值坐标）为 1∶100。

供热管道纵断面图上，长度以“米”为单位，取至小数点后一位数；高程以“米”为单位，取至小数点后两位数；坡度以千（或万）分之有效数字表示。

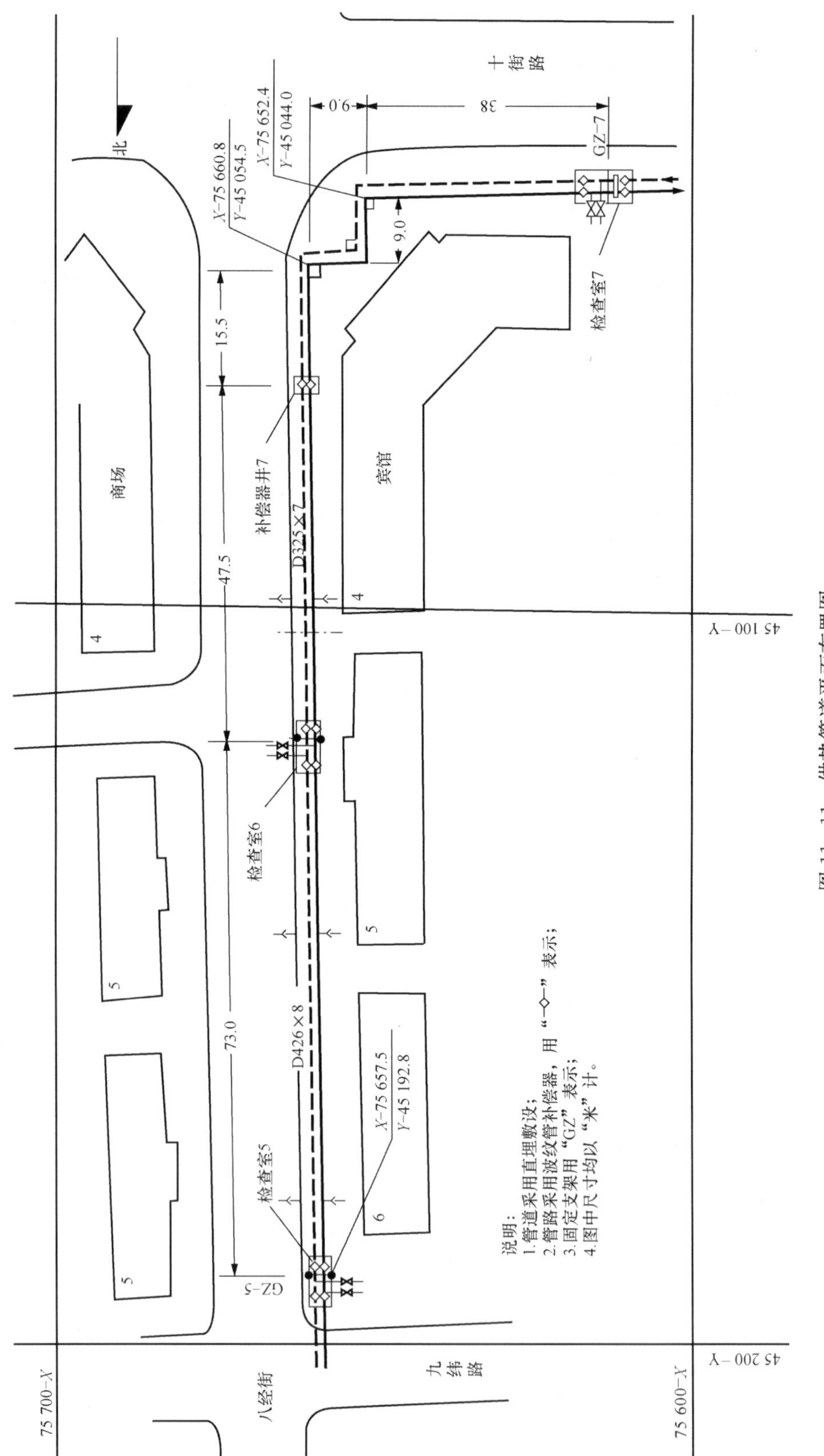

图 11-11 供热管道平面布置图

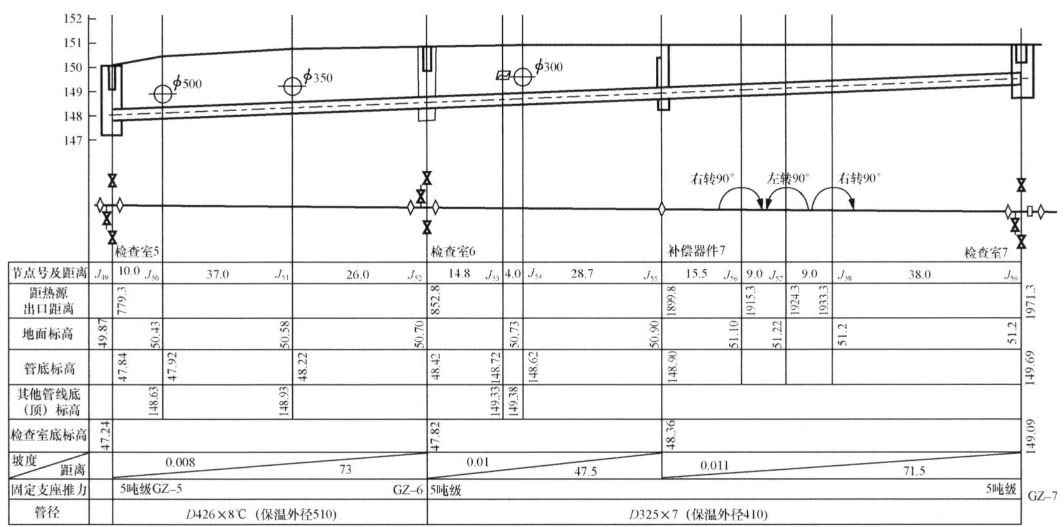

图 11-12　供热管道纵断面

附　　录

附录 1　　居住及公共建筑物供暖室内计算温度

序号	房间名称	室内温度（℃）		序号	房间名称	室内温度（℃）	
		一般	上下范围			一般	上下范围
一、居住建筑				四、学校			
1	饭店、宾馆的卧室与起居室	18	16～20	1	教室、学生宿舍	16	16～18
2	住宅、宿舍的卧室与起居室	18	16～20	2	化学实验室、生物室	16	16～18
3	厨　房	10	5～15	3	其他实验室	16	16～18
4	门厅、走廊	16	14～16	4	礼堂	16	15～18
5	浴室	25	21～25	5	体育馆	15	13～18
6	盥洗室	18	16～20	6	医务室	18	16～20
7	公共厕所	15	14～16	7	图书馆	16	16～18
8	厨房的储藏室	5	可不采暖	五、影剧院			
9	楼梯间	14	12～14	1	观众厅	16	14～18
二、医疗建筑				2	休息厅	16	14～18
1	病房（成人）	20	18～22	3	放映室	15	14～16
2	手术室及产房	25	22～26	4	舞台（芭蕾舞除外）	18	16～18
3	X 光室及理疗室	20	18～22	5	化妆室（芭蕾舞除外）	18	16～20
4	治疗室	20	18～22	6	吸烟室	14	12～16
5	体育疗法	18	16～20	7	售票处（大厅）	12	12～16
6	消毒室、绷带保管室	18	16～18		售票处（小房间）	18	16～18
7	手术、分娩准备室	22	20～22	六、商业建筑			
8	儿童病房	22	20～22	1	商店营业室（百货、书籍）	15	14～16
9	病人厕所	20	18～22	2	副食商店营业室（油盐杂货）	12	12～14
10	病人浴室	25	21～25	3	鱼肉、蔬菜营业室	10	
11	诊室	20	18～20	4	鱼肉、蔬菜储藏室	5	
12	病人食堂、休息室	20	18～22	5	米面储藏室	10	
13	日光浴室	25		6	百货仓库	12	
14	医务人员办公室	18	18～20	7	其他仓库	8	5～10
15	工作人员厕所	16	14～16	七、体育建筑			
三、幼儿园、托儿所				1	比赛厅（体操除外）	16	14～20
1	儿童活动室	18	16～20	2	体息厅	16	
2	儿童厕所	18	16～20	3	练习厅（体操除外）	16	16～18
3	儿童盥洗室	18	16～20	4	运动员休息室	20	18～22
4	儿童浴室	25		5	运动员更衣室	22	
5	婴儿室、病儿室	20	18～22	6	游泳馆、室内游泳池	26	25～28
6	医务室	20	18～22				

续表

序号	房间名称	室内温度（℃）		序号	房间名称	室内温度（℃）	
		一般	上下范围			一般	上下范围
八、图书资料馆建筑					干净区	15	
1	书报资料库	16	15～18		脏区	15	
2	阅览室	18	16～20	9	烧火间	15	
3	目录厅、出纳厅	16	16～18	十二、交通、通信建筑			
4	特藏库	20	18～22	1	火车站		
5	胶卷库	15	12～18		候车大厅	16	14～16
6	展览厅、报告厅	16	14～18		售票、问讯（小房间）	16	16～18
九、公共饮食建筑					机场候机厅	20	18～20
1	餐厅、小吃部	16	14～18	2	长途汽车站	16	14～16
2	休息厅	18	16～20	3	广播、电视台		
3	厨房（加工部分）	16			演播室	20	20～22
4	厨房（烘烤部分）	5			技术用房	20	18～22
5	干货储存	12			布景、道具加工间	16	16～18
6	菜储存	5		十三、生活服务建筑			
7	酒储存	12		1	衣服、鞋帽修理店	16	16～18
8	小冷库			2	钟表、眼镜修理店	18	18～20
	水果、蔬菜、饮料	4		3	电视机、收音机修理店	18	18～20
	食品剩余	2		4	照相馆		
9	洗碗间	20			摄影室	18	
十、洗衣房					洗印室（黑白）	18	18～20
1	洗衣车间	15	14～16		洗印室（彩色）	18	18～20
2	烫衣车间	10	8～12	十四、公共建筑的共同部分			
3	包装间	15		1	门厅、走道	14	14～18
4	接收衣服	15		2	办公室	18	16～18
5	取衣处	10		3	厨房	10	5～15
6	集中衣服处	10		4	厕所	16	14～16
7	水箱间	5		5	电话机房	18	18～20
十一、澡堂、理发馆				6	配电间	18	16～18
1	更衣	22	20～25	7	通风机房	15	14～16
2	浴池	25	24～28	8	电梯机房	5	
3	淋浴室	25		9	汽车库（停车场、无修理间）	5	5～20
4	浴池与更衣之间的门斗	25		10	小型汽车库（一般检修）	12	10～14
5	蒸汽浴室	40		11	汽车修理间	14	12～16
6	盆塘	25		12	地下停车库	12	10～12
7	理发室	18		13	公共食堂	16	14～16
8	消毒室						

附录 2 **室外气象参数**

地名	供暖室外计算温度(℃)	供暖期天数		极端最低温度(℃)	极端最高温度(℃)	起止日期		冬季大气压力(kPa)	室外风速(m/s)		风向及频率		冬季日照率(%)	最大冻土深度(cm)
		日平均温度≤+5℃(+8℃)的天数				日平均温度≤+5℃(+8℃)的起止日期(月、日)			冬季最多风向平均	冬季平均	冬季			
											风向	频率(%)		
北京	−9	129	(149)	−27.4	40.6	11.9～3.17	(11.1～3.29)	102.04	4.8	2.8	CN NNW	19 13 13	67	85
天津	−9	122	(147)	−22.9	39.7	11.16～3.17	(11.4～3.30)	102.66	6.0	3.1	C NNW	13 13	62	69
张家口	−15	155	(177)	−25.7	40.9	10.28～3.31	(10.19～4.13)	93.89	4.3	3.6	NNW	26	67	136
石家庄	−8	117	(140)	−26.5	42.7	11.17～3.13	(11.6～3.25)	101.69	2.3	1.8	C N	32 10	68	54
大同	−17	165	(186)	−29.1	37.7	10.23～4.5	(10.11～4.14)	89.92	3.5	3.0	C N	19 18	67	186
太原	−12	144	(162)	−25.5	39.4	11.2～3.25	(10.23～4.2)	93.29	3.3	2.6	C NNW	26 13	64	77
呼和浩特	−19	171	(188)	−32.8	37.3	10.20～4.8	(10.9～4.14)	90.09	4.5	1.6	C NW	42 7	69	143
抚顺	−21	160	(179)	−35.2	36.9	10.28～4.5	(10.18～4.14)	101.05	2.8	2.8	NE	14 14	60	143
沈阳	−19	152	(177)	−30.6	39.3	11.3～4.3	(10.19～4.13)	102.08	3.2	3.1	N	17	58	148
大连	−11	132	(158)	−21.1	35.3	11.18～3.29	(11.6～4.12)	101.38	7.4	5.8	N	25	66	93
吉林	−25	175	(195)	−40.2	36.6	10.20～4.12	(10.8～4.20)	100.13	4.5	3.0	C SW	24 19	59	190
长春	−23	174	(192)	−36.5	38	10.22～4.13	(10.1～4.20)	99.4	5.1	4.2	SW	20	66	169
齐齐哈尔	−25	186	(204)	−39.5	40.1	10.14～4.17	(10.4～4.25)	100.46	3.0	2.8	NW	16	70	225
佳木斯	−26	183	(205)	−41.1	35.4	10.16～4.16	(10.4～4.26)	101.10	5.0	3.4	SW WSW	20 20	62	220
哈尔滨	−26	179	(198)	−38.1	36.4	10.18～4.14	(10.6～4.21)	100.15	4.7	3.8	S SSW	13 13	63	205

续表

地名	供暖室外计算温度（℃）	供暖期天数 日平均温度≤+5℃（+8℃）的天数		极端最低温度（℃）	极端最高温度（℃）	起止日期 日平均温度≤+5℃（+8℃）的起止日期（月、日）		冬季大气压力（kPa）	室外风速（m/s） 冬季最多风向平均	室外风速（m/s） 冬季平均	风向及频率 冬季 风向	风向及频率 冬季 频率（%）	冬季日照率（%）	最大冻土深度（cm）
牡丹江	−24	180	(200)	−38.3	36.5	10.16～3.13	(10.5～4.22)	99.21	2.5	2.3	C SW	29 15	63	191
上海	−2	62	(109)	−10.1	38.9	12.24～2.23	(11.29～3.17)	102.51	3.8	3.1	NW WNW	14 12	43	8
南京	−3	83	(115)	−14.0	40.7	12.8～2.28	(11.22～3.16)	102.52	3.8	2.6	C NE	25 10	46	9
杭州	−1	61	(102)	−9.6	39.9	12.25～2.23	(11.29～3.10)	102.09	3.6	2.3	C NNW	18	39	—
蚌埠	−4	97	(115)	−19.4	40.7	12.10～2.24	(11.21～3.17)	102.41	3.3	2.6	C ENE	21 10	47	15
南昌	0	35	(83)	−9.3	40.6	12.30～2.2	(12.10～3.2)	101.88	5.4	3.8	N	29	34	—
济南	−7	106	(124)	−19.7	42.5	11.22～3.7	(11.13～3.16)	102.02	4.3	3.2	C ENE	16 15	61	44
郑州	−7	102	(125)	−17.9	43.0	11.24～3.5	(11.12～3.16)	101.28	4.3	3.4	C NE	15 14	53	27
武汉	−2	67	(105)	−18.1	39.4	12.16～2.20	(11.26～3.10)	102.33	4.2	2.7	NNE	19	39	10
长沙	0	45	(84)	−11.3	40.6	12.26～2.8	(12.9～3.2)	101.99	3.7	2.8	NW	31	27	5
拉萨	−6	149	(182)	−16.5	29.4	10.29～3.26	(10.16～4.15)	65.00	2.4	2.2	C E	25 15	77	26
兰洲	−11	135	(160)	−21.7	39.1	11.1～3.15	(10.21～3.29)	85.14	2.2	0.5	C NE	69 4	61	103
西宁	−13	165	(191)	−26.6	33.5	10.20～4.2	(10.8～4.16)	77.51	4.3	1.7	C SE	44 22	70	134
乌鲁木齐	−22	157	(177)	−41.5	40.5	10.24～3.29	(10.16～4.10)	91.99	2.5	1.7	C S	30 11	50	133
哈密	−19	138	(161)	−32.0	43.9	10.29～3.15	(10.19～3.28)	93.97	2.4	2.3	NE	18	74	127
银川	−15	149	(170)	−30.6	39.3	10.30～3.27	(10.19～4.6)	89.57	2.2	1.7	C N	31 11	75	103

附录 3　　渗透空气量的朝向修正系数 n 值

地区名称	朝向							
	北	东北	东	东南	南	西南	西	西北
北京	1.00	0.50	0.15	0.10	0.15	0.15	0.40	1.00
天津	1.00	0.40	0.20	0.10	0.15	0.20	0.40	1.00
塘沽	0.90	0.55	0.55	0.20	0.30	0.30	0.70	1.00
承德	0.70	0.15	0.10	0.10	0.10	0.40	1.00	1.00
张家口	1.00	0.40	0.10	0.10	0.10	0.10	0.35	1.00
唐山	0.60	0.45	0.65	0.45	0.20	0.65	1.00	1.00
保定	1.00	0.70	0.35	0.35	0.90	0.90	0.40	0.70
石家庄	1.00	0.70	0.50	0.65	0.50	0.55	0.85	0.90
邢台	1.00	0.70	0.35	0.50	0.70	0.50	0.30	0.70
大同	1.00	0.55	0.10	0.10	0.10	0.30	0.40	1.00
阳泉	0.70	0.10	0.10	0.10	0.10	0.35	0.85	1.00
太原	0.90	0.40	0.15	0.20	0.30	0.40	0.70	1.00
呼和浩特	0.70	0.25	0.10	0.15	0.20	0.15	0.70	1.00
抚顺	0.70	1.00	0.70	0.10	0.10	0.25	0.30	0.30
沈阳	1.00	0.70	0.30	0.30	0.40	0.35	0.30	0.70
锦州	1.00	1.00	0.40	0.10	0.20	0.25	0.20	0.70
鞍山	1.00	1.00	0.40	0.25	0.50	0.50	0.25	0.55
营口	1.00	1.00	0.60	0.20	0.45	0.45	0.20	0.40
丹东	1.00	0.55	0.40	0.10	0.10	0.10	0.40	1.00
大连	1.00	0.70	0.15	0.10	0.15	0.15	0.15	0.70
长春	0.35	0.35	0.15	0.25	0.70	1.00	0.90	0.40
延吉	0.40	0.10	0.10	0.10	0.10	0.65	1.00	1.00
齐齐哈尔	0.95	0.70	0.25	0.25	0.40	0.40	0.70	1.00
哈尔滨	0.30	0.15	0.20	0.70	1.00	0.85	0.70	0.60
烟台	1.00	0.60	0.25	0.15	0.35	0.60	0.60	1.00
莱阳	0.85	0.60	0.15	0.10	0.10	0.25	0.70	1.00
潍坊	0.90	0.60	0.25	0.35	0.50	0.35	0.90	1.00
济南	0.45	1.00	1.00	0.40	0.55	0.55	0.25	0.15
青岛	1.00	0.70	0.10	0.10	0.20	0.20	0.40	1.00
安阳	1.00	0.70	0.30	0.40	0.50	0.35	0.20	0.70
新乡	0.70	1.00	0.70	0.25	0.15	0.30	0.30	0.15
郑州	0.65	0.90	0.65	0.15	0.20	0.40	1.00	1.00

附录 4　　**一些铸铁散热器规格及其传热系数 K 值**

型　　号	散热面积 (m²/片)	水容量 (L/片)	质量 (kg/片)	工作压力 (MPa)	传热系数计算公式 [W/(m²·℃)]	热水热媒当 Δt=64.5℃ 时的 K 值 [W/(m²·℃)]	不同蒸汽表压力 (MPa) 下的 K 值 [W/(m²·℃)]		
							0.03	0.07	≥0.1
$TC_{0.28/5-4}$，长翼型（大 60）	1.16	8	28	0.4	$K=1.743\Delta t^{0.28}$	5.59	6.12	6.27	6.36
TZ_{2-5-5}（M—132 型）	0.24	1.32	7	0.5	$K=2.426\Delta t^{0.286}$	7.99	8.75	8.97	9.10
TZ_{4-6-5}（四柱 760 型）	0.235	1.16	6.6	0.5	$K=2.503\Delta t^{0.293}$	8.49	9.31	9.55	9.69
TZ_{4-5-5}（四柱 640 型）	0.20	1.03	5.7	0.5	$K=3.663\Delta t^{0.16}$	7.13	7.51	7.61	7.67
TZ_{2-5-5}（二柱 700 型，带腿）	0.24	1.35	6	0.5	$K=2.02\Delta t^{0.271}$	6.25	6.81	6.97	7.07
四柱 813 型（带腿）	0.28	1.4	8	0.5	$K=2.237\Delta t^{0.302}$	7.87	8.66	8.89	9.03
圆翼型	1.8	4.42	38.2	0.5					
单排						5.81	6.97	6.97	7.79
双排						5.08	5.81	5.81	6.51
三排						4.65	5.23	5.23	5.81

附录 5　　**散热器组装片数修正系数 β_1**

每组片数	<6	6～10	11～20	>20
β_1	0.95	1.00	1.05	1.10

附录 6　　**散热器连接形式修正系数 β_2**

连接形式	同侧上进下出	异侧上进下出	异侧下进下出	异侧下进上出	同侧下进上出
M—132 型	1.0	1.009	1.251	1.386	1.396
长翼型（大 60）	1.0	1.009	1.225	1.331	1.369

附录 7　　**散热器安装形式修正系数 β_3**

装置示意	装置说明	系数 β_3
	散热器安装在墙面上加盖板	A=40mm 时 β_3=1.05 A=80mm 时 β_3=1.03 A=100mm 时 β_3=1.02
	散热器装在墙龛内	A=40mm 时 β_3=1.11 A=80mm 时 β_3=1.07 A=100mm 时 β_3=1.06

续表

装置示意	装置说明	系数β_3
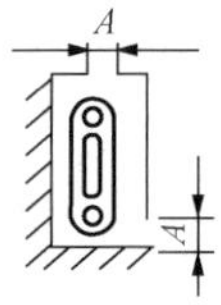	散热器安装在墙面，外面有罩、罩子上面及前面下端有空气流通孔	A=260mm时β_3=1.12 A=220mm时β_3=1.13 A=180mm时β_3=1.19 A=150mm时β_3=1.25
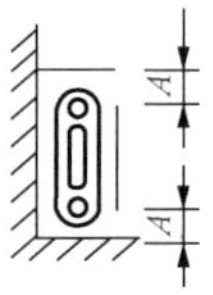	散热器安装形式同前，但空气流通孔开在罩子前面上下两端	A=130mm，孔口敞开时 β_3=1.2 孔口有格栅式网状物盖着时 β_3=1.4
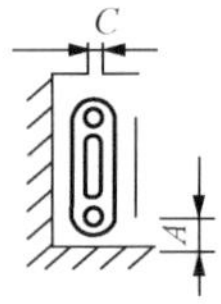	安装形式同前，但罩子上面空气流通孔宽度C不小于散热器的宽度，罩子前面下端的孔口高度不小于100mm，其他部分为格栅	A=100mm时β_3=1.15
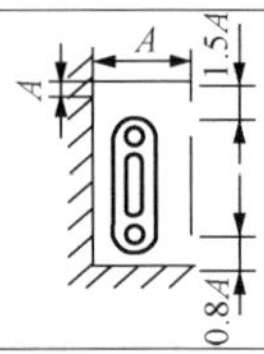	安装形式同前，空气流通口开在罩子前面上下两端，其宽度如图	β_3=1.0
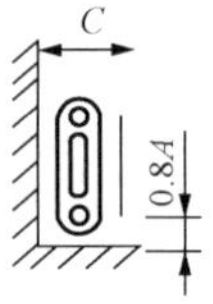	散热器用挡板挡住，挡板下端留有空气流通口，其高度为0.8A	β_3=0.9

附录8　　热水采暖系统管道水力计算表（t_g=95℃，t_h=70℃，K=0.2mm）

公称直径(mm)	15		20		25		32		40		50		70	
内径(mm)	15.75		21.25		27.00		35.75		41.00		53.00		68.00	
G	R	v	R	v	R	v	R	v	R	v	R	v	R	v
30	2.64	0.04												
34	2.99	0.05												
40	3.52	0.06												
42	6.78	0.06												
48	8.60	0.07												
50	9.25	0.07	1.33	0.04										
52	9.92	0.08	1.38	0.04										
54	10.62	0.08	1.43	0.04										
56	11.34	0.08	1.49	0.04										

续表

公称直径（mm）	15		20		25		32		40		50		70	
内径（mm）	15.75		21.25		27.00		35.75		41.00		53.00		68.00	
G	*R*	*v*	*R*	*v*	*R*	*v*	*R*	*v*	*R*	*v*	*R*	*v*	*R*	*v*
60	12.84	0.09	2.93	0.05										
70	16.99	0.10	3.85	0.06										
80	21.68	0.12	4.88	0.06										
82	22.69	0.12	5.10	0.07										
84	23.71	0.12	5.33	0.07										
90	26.93	0.13	6.03	0.07										
100	32.72	0.15	7.29	0.08	2.24	0.05								
105	35.82	0.15	7.96	0.08	2.45	0.05								
110	39.05	0.16	8.66	0.09	2.66	0.05								
120	45.93	0.17	10.15	0.10	3.10	0.06								
125	49.57	0.18	10.93	0.10	3.34	0.06								
130	53.35	0.19	11.74	0.10	3.58	0.06								
135	57.27	0.20	12.58	0.11	3.83	0.07								
140	61.32	0.20	13.45	0.11	4.09	0.07	1.04	0.04						
160	78.87	0.23	17.19	0.13	5.20	0.08	1.31	0.05						
180	98.59	0.26	21.38	0.14	6.44	0.09	1.61	0.05						
200	120.48	0.29	26.01	0.16	7.80	0.10	1.95	0.06						
220	144.52	0.32	31.08	0.18	9.29	0.11	2.31	0.06						
240	170.73	0.35	36.58	0.19	10.90	0.12	2.70	0.07						
260	199.09	0.38	42.52	0.21	12.64	0.13	3.12	0.07						
270	214.08	0.39	45.66	0.22	13.55	0.13	3.34	0.08						
280	229.61	0.41	48.91	0.22	14.50	0.14	3.57	0.08	1.82	0.06				
300	262.29	0.44	55.72	0.24	16.48	0.15	4.05	0.08	2.06	0.06				
400	458.07	0.58	96.37	0.32	28.23	0.20	6.85	0.11	3.46	0.09				
500			147.91	0.40	43.03	0.25	10.35	0.14	5.12	0.11				
520			159.53	0.41	46.36	0.26	11.13	0.15	5.60	0.11	0.57	0.07		
560			184.07	0.45	53.38	0.28	12.78	0.16	6.42	0.12	1.79	0.07		
600			210.35	0.48	60.89	0.30	14.54	0.17	7.29	0.13	2.03	0.08		
700			283.67	0.56	81.79	0.35	19.43	0.20	9.71	0.15	2.69	0.08		
760			332.89	0.61	95.79	0.38	22.69	0.21	11.33	0.16	3.13	0.10		
780			350.17	0.62	100.71	0.38	23.83	0.22	11.89	0.17	3.28	0.10		
800			367.88	0.64	105.74	0.39	25.00	0.23	12.47	0.17	3.44	0.10		

续表

公称直径（mm）	15		20		25		32		40		50		70	
内径（mm）	15.75		21.25		27.00		35.75		41.00		53.00		68.00	
G	R	v	R	v	R	v	R	v	R	v	R	v	R	v
900			462.97	0.72	132.72	0.44	31.25	0.25	15.56	0.19	4.27	0.12	1.24	0.07
1000			568.94	0.80	162.75	0.49	38.20	0.28	18.98	0.21	5.19	0.13	1.50	0.08
1050			626.01	0.84	178.90	0.52	41.93	0.30	20.81	0.22	5.69	0.13	1.64	0.08
1100			685.79	0.88	195.81	0.54	45.83	0.31	22.73	0.24	6.20	0.14	1.79	0.09
1200			813.52	0.96	231.92	0.59	54.14	0.34	26.81	0.26	7.29	0.15	2.10	0.09
1250			881.47	1.00	251.11	0.62	58.55	0.35	28.98	0.27	7.87	0.16	2.26	0.10
1300					271.06	0.64	63.14	0.37	31.23	0.28	8.47	0.17	2.43	0.10
1400					313.24	0.69	72.82	0.39	35.98	0.30	9.74	0.18	2.79	0.11
1600					406.71	0.79	94.24	0.45	46.47	0.34	12.52	0.20	3.57	0.12
1800					512.34	0.89	118.39	0.51	58.28	0.39	15.65	0.23	4.44	0.14
2000					630.11	0.99	145.28	0.56	71.42	0.43	19.12	0.26	5.41	0.16
2200							174.91	0.62	85.88	0.47	22.92	0.28	6.47	0.17
2400							207.26	0.68	101.66	0.51	27.07	0.31	7.62	0.19
2500							224.47	0.70	110.04	0.53	29.28	0.32	8.23	0.19
2600							242.35	0.73	118.76	0.56	31.56	0.33	8.86	0.20
2800							280.18	0.79	137.19	0.60	36.39	0.36	10.20	0.22

注 1. 本表按采暖季平均水温 $t\approx60$℃，相应的密度 $\rho=983.248\text{kg/m}^3$ 条件编制；

2. 摩擦阻力系数 λ 值按下述原则确定：层流区中，按式 $\lambda=\frac{64}{Re}$ 计算；紊流区中，按式 $\frac{1}{\sqrt{\lambda}}=-2\lg\left(\frac{2.51}{Re\sqrt{\lambda}}+\frac{K/d}{3.72}\right)$ 计算；

3. 表中符号：G—管段热水流量，kg/h；R—比摩阻，Pa/m；v—水流速，m/s。

附录 9　　热水及蒸汽采暖系统局部阻力系 ξ 值

局部阻力名称	ξ	说明	局部阻力系数	在下列管径（DN）毫米时的 ξ 值					
				15	20	25	32	40	≥50
双柱散热器	2.0	以热媒在导管中的流速计算局部阻力	截止阀	16.0	10.0	9.0	9.0	8.0	7.0
铸铁锅炉	2.5		旋塞	4.0	2.0	2.0	2.0		
钢制锅炉	2.0		斜杆截止阀	3.0	3.0	3.0	2.5	2.5	2.0
突然扩大	1.0	以其中较大的流速计算局部阻力	闸阀	1.5	0.5	0.5	0.5	0.5	0.5
突然缩小	0.5		弯头	2.0	2.0	1.5	1.5	1.0	1.0
直流三通（图①）	1.0	①　②	90°煨弯及乙字管	1.5	1.5	1.0	1.0	0.5	0.5
旁流三通（图②）	1.5		括弯（图⑥）	3.0	2.0	2.0	2.0	2.0	2.0
合流三通 分流三通（图③）	3.0		急弯双弯头 缓弯双弯头	2.0	2.0	2.0	2.0	2.0	2.0

续表

局部阻力名称	ξ	说　明	局部阻力系数	在下列管径（DN）毫米时的ξ值					
				15	20	25	32	40	≥50
直流四通（图④） 分流四通（图⑤） 方形补偿器 套管被偿器	2.0 3.0 2.0 0.5			1.0	1.0	1.0	1.0	1.0	1.0

附录 10　热水采暖系统局部阻力系数 $\xi=1$ 的局部损失（动压头）值 $\Delta p_d=\rho v^2/2$（Pa）

v	Δp_d	v	Δp_d	v	Δp_d	v	Δp_d	v	Δp_d	v	Δp_d
0.01	0.05	0.13	8.31	0.25	30.73	0.37	67.30	0.49	118.04	0.61	182.93
0.02	0.2	0.14	9.64	0.26	33.23	0.38	70.99	0.50	122.91	0.62	188.98
0.03	0.44	0.15	11.06	0.27	35.84	0.39	74.79	0.51	127.87	0.65	207.71
0.04	0.79	0.16	12.59	0.28	38.54	0.40	78.66	0.52	132.94	0.68	227.33
0.05	1.23	0.17	14.21	0.29	41.35	0.41	82.64	0.53	138.10	0.71	247.83
0.06	1.77	0.18	15.93	0.30	44.25	0.42	86.72	0.54	143.36	0.74	269.21
0.07	2.41	0.19	17.75	0.31	47.25	0.43	90.90	0.55	148.72	0.77	291.48
0.08	3.15	0.20	19.66	0.32	50.34	0.44	95.18	0.56	154.17	0.8	314.64
0.09	3.98	0.21	21.68	0.33	53.54	0.45	99.55	0.57	159.73	0.85	355.20
0.10	4.92	0.22	23.79	0.34	56.83	0.46	104.03	0.58	165.38	0.9	398.22
0.11	5.59	0.23	26.01	0.35	60.22	0.47	108.6	0.59	171.13	0.95	443.70
0.12	7.08	0.24	28.32	0.36	63.71	0.48	113.27	0.60	176.98	1.0	491.62

注　本表按 $t_g=95℃$、$t_h=70℃$，整个采暖季的平均水温 $t\approx60℃$，相应水的密度 $\rho=983.284\text{kg/m}^3$ 编制。

附录 11　一些管径的 λ/d 值的 A 值

公称直径（mm）	15	20	25	32	40	50	70	89×3.5	108×4
外径（mm）	21.25	26.75	33.5	42.25	48	60	75.5	89	108
内径（mm）	15.75	21.25	27	35.75	41	53	68	82	100
$\frac{\lambda}{d}$值（1/m）	2.6	1.8	1.3	0.9	0.76	0.54	0.4	0.31	0.24
A值 $\frac{\lambda}{d}\left(\frac{\text{Pa}}{(\text{kg/h})^2}\right)$	1.03×10^{-3}	3.12×10^{-4}	1.2×10^{-4}	3.89×10^{-5}	2.25×10^{-5}	8.06×10^{-6}	2.97×10^{-7}	1.41×10^{-7}	6.36×10^{-7}

注　本表按 $t_g=95℃$、$t_h=70℃$，整个采暖季的平均水温 $t\approx60℃$，相应水的密度 $\rho=983.284\text{kg/m}^3$ 编制。

附录 12　按 $\xi_{zh}=1$ 确定热水采暖系统管段压力损失的管径计算表

项　目	公称直径 DN（mm）									流速 v	压力损失
	15	20	25	32	40	50	70	80	100	(m/s)	Δp/(Pa)
		138	223	391	514	859	1415	2054	3059	0.11	5.95
		151	243	427	561	937	1544	2241	3336	0.12	7.08
	76	163	263	462	608	1015	1628	2428	3615	0.13	8.31
	83	176	283	498	655	1094	1802	2615	3893	0.14	9.64
	90	188	304	533	701	1171	1930	2801	4170	0.15	11.06
	97	201	324	569	748	1250	2059	2988	4449	0.16	12.59
	104	213	344	604	795	1328	2187	3175	4727	0.17	14.21
	111	226	364	640	841	1406	2316	3361	5005	0.18	15.93
	117	239	385	675	888	1484	2445	3548	5283	0.19	17.75
	124	251	405	711	935	1562	2573	3734	5560	0.20	19.66
	131	264	425	747	982	1640	2702	3921	5838	0.21	21.68
	138	276	445	782	1028	1718	2830	4108	6116	0.22	23.79
	145	289	466	818	1075	1796	2959	4295	6395	0.23	26.01
	152	301	486	853	1122	1874	3088	4482	6673	0.24	28.32
	159	314	506	889	1169	1953	3217	4668	6851	0.25	30.73
	166	326	526	924	1215	2030	3345	4855	7228	0.26	33.23
	173	339	547	960	1262	2109	3474	5042	7507	0.27	35.84
	180	351	567	995	1309	2187	3602	5228	7784	0.28	38.54
	187	364	587	1031	1356	2265	3731	5415	8063	0.29	41.35
	193	377	607	1067	1402	2343	3860	5602	8314	0.30	44.25
水流量	200	389	627	1102	1449	2421	3989	5789	8619	0.31	47.25
G（kg/h）	207	402	648	1138	1496	2499	4117	5975	8897	0.32	50.34
	214	414	668	1173	1543	2577	4246	6162	9175	0.33	53.54
	221	427	688	1209	1589	2655	4374	6349	9453	0.34	56.83
	228	439	708	1244	1636	2733	4503	6535	9731	0.35	60.22
	235	452	729	1280	1683	2811	4632	6722	10009	0.36	63.71
	242	464	749	1315	1729	2890	4760	6909	10287	0.37	67.30
	249	477	769	1351	1766	2968	4889	7096	10565	0.38	70.99
	256	502	810	1422	1870	3124	5146	7469	11121	0.40	78.66
	263	527	850	1493	1963	3280	5404	7842	11677	0.42	86.72
	276	552	891	1564	2057	3436	5661	8216	12233	0.44	95.18
	290	577	931	1635	2150	3593	5918	8590	12789	0.46	104.03
	304	603	972	1706	2244	3749	6176	8963	13345	0.48	113.27
	318	628	1012	1778	2337	3905	6433	9336	13902	0.50	122.91
	332	690	1113	1955	2571	4296	7076	10270	15292	0.55	148.72
	345	753	1214	2133	2805	4686	7719	11203	16681	0.60	176.98
	380	816	1316	2311	3038	5076	8363	12137	18072	0.65	207.71
	415	879	1417	2489	3272	5467	9006	13071	19462	0.70	240.90
	449	1004	1619	2844	3740	6248	10293	14938	22242	0.80	314.64
	484			3200	4207	7029	11579	16806	25023	0.90	398.22
						7810	12866	18673	27803	1.00	491.62
								22407	33363	0.20	707.94

注　按 $G=(\Delta p/A)^{0.5}$ 公式计算，其中 Δp 按附录 3，A 值按附录 4 计算。

附录 13　　　　单管顺流热水采暖系统立管组合部件的 ξ_{zh} 值

<table>
<tr><th colspan="2" rowspan="2">组合部件名称</th><th rowspan="2">图　式</th><th rowspan="2">ξ_{zh}</th><th colspan="8">管　径（mm）</th></tr>
<tr><th colspan="2">15</th><th colspan="2">20</th><th colspan="2">25</th><th colspan="2">32</th></tr>
<tr><td rowspan="6">立
管</td><td rowspan="2">回水干管在地沟内</td><td rowspan="2"></td><td>$\xi_{zh \cdot z}$</td><td colspan="2">15.6</td><td colspan="2">12.9</td><td colspan="2">10.5</td><td colspan="2">10.2</td></tr>
<tr><td>$\xi_{zh \cdot j}$</td><td colspan="2">44.6</td><td colspan="2">31.9</td><td colspan="2">27.5</td><td colspan="2">27.2</td></tr>
<tr><td rowspan="2">无地沟，散热器单侧连接</td><td rowspan="2"></td><td>$\xi_{zh \cdot z}$</td><td colspan="2">7.5</td><td colspan="2">5.5</td><td colspan="2">5.0</td><td colspan="2">5.0</td></tr>
<tr><td>$\xi_{zh \cdot j}$</td><td colspan="2">36.5</td><td colspan="2">24.5</td><td colspan="2">22.0</td><td colspan="2">22.0</td></tr>
<tr><td rowspan="2">无地沟，散热器双侧连接</td><td rowspan="2"></td><td>$\xi_{zh \cdot z}$</td><td colspan="2">12.4</td><td colspan="2">10.1</td><td colspan="2">8.5</td><td colspan="2">8.3</td></tr>
<tr><td>$\xi_{zh \cdot j}$</td><td colspan="2">41.4</td><td colspan="2">29.1</td><td colspan="2">25.5</td><td colspan="2">25.3</td></tr>
<tr><td colspan="2">散热器单侧连接</td><td></td><td>ξ_{zh}</td><td colspan="2">14.2</td><td colspan="2">12.6</td><td colspan="2">9.6</td><td colspan="2">8.8</td></tr>
<tr><td colspan="2" rowspan="2">散热器双侧连接</td><td rowspan="2">d_1
d_2</td><td rowspan="2">ξ_{zh}</td><td>15×15</td><td>20×15</td><td>20×20</td><td>25×15</td><td>25×20</td><td>25×25</td><td>32×20</td><td>32×25</td></tr>
<tr><td>4.7</td><td>15.7</td><td>4.1</td><td>40.6</td><td>10.7</td><td>3.5</td><td>32.8</td><td>10.7</td></tr>
</table>

注　1. $\xi_{zh \cdot z}$ ——代表立管两端安装闸阀；$\xi_{zh \cdot j}$ ——代表立管两端安装截止阀。

2. 编制本表的条件为：

（1）散热器及其支管连接：散热器支管长度，单侧连接 $l_z=1.0$m；双侧连接，$l_z=1.5$m。每组散热器支管均装有乙字弯。

（2）立管与水平干管的几种连接方式见图式所示。立管上装设两个闸阀或截止阀。

3. 计算举例：以散热器双侧连接 $d_1 \times d_2=20 \times 15$ 为例。

首先计算通过散热器及其支管这一组合部件的折算阻力系数 ξ_{zh}

$$\xi_{zh} = \frac{\lambda}{d} l_z + \sum \xi = 2.6 \times 1.5 \times 2 + 11.0 = 18.8$$

其中，$\frac{\lambda}{d}$ 值查附录 11；支管上局部阻力有：分流三通 1 个，合流三通 1 个，乙字管 2 个及散热器，查附录 9，可得 $\sum \xi = 3.0+3.0+2 \times 1.5+2.0=11.0$；

设进入散热器的进流系数 $\alpha = G_z/G_1 = 0.5$，则按下式可求出该组合部件的当量阻力系数 ξ_o 值（以立管流速的动压头为基准的 ξ 值）。

$$\xi_o = \frac{d_1^4}{d_2^4} a^2 \xi_z = \left(\frac{21.25}{15.72}\right)^4 \times 0.5^2 \times 18.8 = 15.7$$

附录 14　　　　单管顺流式流水采暖系统立管的 ξ_{zh} 值

<table>
<tr><th rowspan="4">层数</th><th colspan="4" rowspan="3">单向连接立管管径（mm）</th><th colspan="8">双向连接立管管径（mm）</th></tr>
<tr><th>15</th><th colspan="2">20</th><th colspan="3">25</th><th colspan="2">32</th></tr>
<tr><th colspan="8">散热器支管直径（mm）</th></tr>
<tr><th>15</th><th>20</th><th>25</th><th>32</th><th>15</th><th>15</th><th>20</th><th>15</th><th>20</th><th>25</th><th>20</th><th>32</th></tr>
<tr><td colspan="13">（一）整根立管的折算阻力系 ξ_{zh} 值
（立管两端安装闸阀）</td></tr>
<tr><td>3</td><td>77</td><td>63.7</td><td>48.7</td><td>43.1</td><td>48.4</td><td>72.7</td><td>38.2</td><td>141.7</td><td>52.0</td><td>30.4</td><td>115.1</td><td>48.8</td></tr>
</table>

续表

层数	单向连接立管管径（mm）				双向连接立管管径（mm）							
					15	20		25			32	
					散热器支管直径（mm）							
	15	20	25	32	15	15	20	15	20	25	20	32
（一）整根立管的折算阻力系 ξ_{zh} 值（立管两端安装闸阀）												
4	97.4	80.6	61.4	54.1	59.3	92.6	46.6	185.4	65.8	37.0	150.1	61.7
5	117.9	97.5	74.1	65.0	70.3	112.5	55.0	229.1	79.6	43.6	185.0	74.5
6	138.3	114.5	86.9	76.0	81.2	132.5	63.5	272.9	93.5	50.3	220.0	87.4
7	158.8	131.4	99.6	86.9	92.2	152.4	71.9	316.6	107.3	56.9	254.9	100.2
8	179.2	148.3	112.3	97.9	103.1	172.3	80.3	360.3	121.1	63.5	290.0	113.1
（二）整根立管的折算阻力系数 ξ_{zh} 值（立管两端安装截止阀）												
3	106	82.7	65.7	60.1	77.4	91.7	57.2	158.7	69.0	47.4	132.1	65.8
4	126.4	99.6	78.4	71.1	88.3	111.6	65.5	202.4	82.8	54	167.1	78.7
5	146.9	116.5	91.1	82.0	99.3	131.5	74.0	246.1	96.6	60.6	202	91.5
6	167.3	133.5	103.9	93.0	110.2	151.5	82.5	289.9	110.5	67.3	237	104.4
7	187.8	150.4	116.6	103.9	121.2	171.4	90.9	333.6	124.3	73.9	271.9	117.2
8	208.2	167.3	129.3	114.9	132.1	191.3	99.3	377.3	138.1	80.5	307	130.1

注 1. 编制本表条件：建筑物层高为 3.0m，回水干管敷设在地沟内（见附录 6 图式）；

2. 计算举例：如以三层楼 $d_1\times d_2=20\times15$ 为例。

层立管之间长度为 3.0−0.6=2.4m，则层立管的当量阻力系数为 $\xi_{0.1}=\frac{\lambda_1}{d_1}\cdot l_1+\sum\xi_1=1.8\times2.4+0=4.32$。

设 n 为建筑物层数，ξ_o 代表散热器及其支管的当量阻力系数，ξ_o' 代表立管与供、回水干管连接部分的当量阻力系数，则整根立管的折算阻力系数 ξ_{zh} 为：$\xi_{zh}=n\xi_o+n\xi0.1+\xi_o'=3\times15.6+3\times4.32+12.9=72.7$

附录 15　采暖系统中沿程损失与局部损失的概略分配比例 α

供暖系统形式	摩擦损失	局部损失	供暖系统形式	摩擦损失	局部损失
重力循环热水供暖系统	50	50	高压蒸汽供暖系统	80	20
机械循环热水供暖系统	50	50	室内高压凝水管路系统	80	20
低压蒸汽供暖系统	60	40			

附录 16　在自然循环上供下回双管热水供暖系统中，由于水在管路内冷却而产生的附加压力（Pa）

系统的水平距离（m）	锅炉到散热器的水平距离（m）	自总立管至计算立管之间的水平距离（m）					
		＜10	10～20	20～30	30～50	50～75	75～100
1	2	3	4	5	6	7	8
未保温的明装立管（1）1 层或 2 层的房屋							
25 以下	7 以下	100	100	150	—	—	—
25～50	7 以下	100	100	150	200	—	—
50～75	7 以下	100	100	150	150	200	—
75～100	7 以下	100	100	150	150	200	250

续表

系统的水平距离（m）	锅炉到散热器的水平距离（m）	自总立管至计算立管之间的水平距离（m）					
		<10	10～20	20～30	30～50	50～75	75～100
1	2	3	4	5	6	7	8
（2）3层或4层的房屋							
25以下	15以下	250	250	250	—	—	—
25～50	15以下	250	250	250	350	—	—
50～75	15以下	250	250	250	300	350	—
75～100	15以下	250	250	250	300	350	400
（3）高于4层的房屋							
25以下	7以下	450	500	550	—	—	—
25以下	大于7	300	350	450	—	—	—
25～50	7以下	550	600	650	750	—	—
25～50	大于7	400	450	500	550	—	—
50～75	7以下	550	550	600	650	750	—
50～75	大于7	400	400	450	500	550	—
75～100	7以下	550	550	550	600	650	700
75～100	大于7	400	400	400	450	500	650
未保温的暗装立管 （1）1层或2层的房屋							
25以下	7以下	80	100	130	—	—	—
25～50	7以下	80	80	130	150	—	—
50～75	7以下	80	80	100	130	180	—
75～100	7以下	80	80	80	130	180	230
（2）3层或4层的房屋							
25以下	15以下	180	200	280	—	—	—
25～50	15以下	180	200	250	300	—	—
50～75	15以下	150	180	200	250	300	—
75～100	15以下	150	150	180	230	280	330
（3）高于4层的房屋							
25以下	7以下	300	350	380	—	—	—
25以下	大于7	200	250	300	—	—	—
25～50	7以下	350	400	430	530	—	—
25～50	大于7	250	300	330	380	—	—
50～75	7以下	350	400	400	430	530	—
50～75	大于7	250	300	300	330	380	—
75～100	7以下	350	350	380	400	480	530
75～100	大于7	250	260	280	300	350	450

注　1. 在下供下回系统中，不计算水在管路内冷却而产生的附加压力值。

2. 在单管式系统中，附录值采用本附录所示的相应值的50%。

参 考 文 献

[1] 王宇清. 供热工程. 北京：机械工业出版社，2005.
[2] 马仲元. 供热工程. 北京：中国电力出版社，2004.
[3] 张金和. 水暖通风空调设备安装实习. 北京：中国电力出版社，2001.
[4] 陆耀庆. 实用供热空调设计手册. 北京：中国建筑工业出版社，1994.
[5] 中国建筑工业出版社编. 暖通空调规范. 北京：中国建筑工业出版社，2000.